高等职业教育通信类系列教材

通信基站勘察设计与概预算

（微课版）

主　编　蓝维旱

副主编　刘　洋　董月秋　王　力　范小鹏　袁　炜

参　编　黄梓芊　崔春雷　龚戈勇　林　敏　吴伟平
　　　　张厚利　郑馥杭　江业成　张欣宜

主　审　王海玮　潘　晴

西安电子科技大学出版社

内 容 简 介

本书是在《职业教育提质培优行动计划(2020—2023 年)》和《国家职业教育改革实施方案》(职教 20 条)等文件的指导下，校企联合编写的职业教育新形态教材。全书共包括 7 个项目：工程项目基础认知，通信基站勘察，通信基站设计，定额与概预算认知，概预算实例编制，设计文件的编制、会审与交底，赛证融通之基站仿真实训。每个项目中安排了多个任务，每个任务均根据企业生产实际设置相应教学内容，并配备有微课视频及课后习题。

本书可作为应用型本科及各类职业院校通信专业的教材，也可作为教师、工程技术人员、相关培训机构的参考书和自学者的学习用书。

图书在版编目（CIP）数据

通信基站勘察设计与概预算：微课版 / 蓝维旱主编. -- 西安：西安电子科技大学出版社, 2024. 8. -- ISBN 978-7-5606-7326-4

Ⅰ. TN929.5

中国国家版本馆 CIP 数据核字第 2024F2Z653 号

策　　划　明政珠

责任编辑　贾璐瑶　武翠琴

出版发行　西安电子科技大学出版社（西安市太白南路 2 号）

电　　话　（029）88202421　88201467　　邮　　编　710071

网　　址　www.xduph.com　　电子邮箱　xdupfxb001@163.com

经　　销　新华书店

印刷单位　广东虎彩云印刷有限公司

版　　次　2024 年 8 月第 1 版　　2024 年 8 月第 1 次印刷

开　　本　787 毫米 × 1092 毫米　1/16　　印 张 15

字　　数　351 千字

定　　价　45.00 元

ISBN 978-7-5606-7326-4

XDUP 7627001-1

前 言

《职业教育提质培优行动计划(2020—2023 年)》明确提出，实施职业教育“三教”改革攻坚行动，职业教育教材建设应对接主流生产技术，注重吸收行业发展的新知识、新技术、新工艺、新方法，校企合作开发专业课教材。《国家职业教育改革实施方案》(职教 20 条)指出，高等职业教育应以职业需求为导向，以实践能力培养为重点，深化“产教融合、育训结合”的指导思想。编者结合以上两个文件的精神，围绕通信产业链如何服务行业和对应岗位群进行充分分析，对企业需求和学生就业情况进行深入调研，在与企业专家反复研讨的基础上，针对高等职业院校学生缺乏系统深入的项目实践能力的情况，编写了本书。书中精心设计了以典型项目为载体、以任务为驱动的“教、学、做”一体化的教学内容，融入了“1+X”考证和职业技能竞赛中的相关实训内容，在理论学习上突出实践技能，注重循序渐进和闭环考核，通过理论指导实践，再通过实践检验理论，从而提高学生的综合能力。

本书结构清晰，内容完整，既精细深入又通俗易懂，是集“理、实、视、练”于一体的新形态立体化教材。本书具有如下特色：

(1) “专”“精”“深”。不同于很多类似教材内容讲述泛而不深，本书只进行通信基站工程项目的介绍。编者以参与的国家优质工程“中国铁塔海南省分公司 2015 年西环高铁公众通信网络覆盖基础设施工程”作为精品案例贯穿全书，让学生深入了解基站工程建设各环节实际内容，鼓励学生勇于背负多方重托，掌握必要的技能和证书。通过精品案例教学，本书将爱国、奋斗和锐意进取等价值观“润物细无声”地传授给学生。

(2) “新”。本书紧跟 5G 移动通信设备安装工程建设需要，在项目 4 中实时引入了工业和信息化部通信工程定额质检中心[2021]09 号文关于发布《第五代移动通信设备安装工程造价编制指导意见》相关定额和编制规程内容，并在项目 5 中使用此定额和规程进行了概预算实例编制。

(3) 校企合作，岗课融通。本书由校企专家、教师组成优势互补的编写小组，通过充分的调研和讨论共同完成编写。书中内容包含企业一线最新的工程案例、大量的工程图片、标准的设计方案，让教学接近企业生产，实现岗课融通。

(4) 赛证融通。本书对接“1+X”考证和职业技能竞赛，引入 5G 站点工程软件，完成基站选址、设计、概预算编制、安装部署和基站开通等全生命周期过程，再次强化学生实践能力和职业技能素质培养，为学生的就业打下坚实的基础。

(5) 科学严谨，逐层深入。本书根据项目和任务的不同，科学布置习题，使学生快速掌握相关内容，实现任务目标。本书合理设置教学模块，前面提出实训任务，后面给出实例讲解，既能使学生掌握本任务内容，又能检验前述任务的掌握程度，实现环环相扣、逐层深入。

(6) 教学资源丰富。本书配套建设了 PPT、视频、图片、教学案例、习题与答案等数字化资源并在学银在线平台建设了在线课程，以推进信息技术与教学的深度融合，促进教学混合化，满足学生多样化和个性化的学习需求。

各项目对应的内容和参考学时如下表所示。

项 目	内 容	参考学时
项目 1	工程项目基础认知	4
项目 2	通信基站勘察	6
项目 3	通信基站设计	10～12
项目 4	定额与概预算认知	6～8
项目 5	概预算实例编制	6～8
项目 6	设计文件的编制、会审与交底	4
项目 7	赛证融通之基站仿真实训	12～14
合计学时		48～56

本书由广东交通职业技术学院、深圳职业技术大学、广东工程职业技术学院、广东机电职业技术学院等一线教学团队联合中通服咨询设计研究院有限公司和中国铁塔股份有限公司海南省分公司编写。蓝维旱任主编并负责项目 1、项目 4 和项目 5 的内容，刘洋负责项目 3 的内容，董月秋负责项目 2 的内容，袁炜负责项目 6 的内容，王力和范小鹏负责项目 7 的内容，黄梓芊、崔春雷、龚戈勇、林敏、吴伟平、张厚利、郑馥杭、江业成和张欣宜等人参与了资料整理和图文处理等工作。本书在编写过程中，得到了编者所在单位领导的大力支持和帮助，在此表示衷心的感谢！

本书配套有大量线上课程相关文档、课件、视频演示讲解和课后习题等立体化资源，读者可以发送邮件到 hexy@gdsdxy.cn 联系获取，也可以登录西安电子科技大学出版社官网(http://www.xduph.com)进入本书详情页下载。书中涉及的个人信息等敏感数据都经过脱敏处理。

由于编者水平有限，书中难免存在不足之处，欢迎广大同行和读者提出宝贵意见和建议。

编 者

2024 年 2 月

目　　录

项目 1　工程项目基础认知

项目概述

本项目主要对工程项目与建设流程及产业、设计与技能证书进行简单介绍。首先，在详细介绍通信工程与其他建设工程项目建设内容异同点的基础上，从产业链的角度介绍工程服务，引出工程设计，最后介绍工程设计的重要作用，引导同学们掌握必要技能和参加工作后积极考取相关证书。

项目目标

(1) 了解工程项目的种类和特点，掌握工程项目的建设流程。

(2) 探究产业链与工程服务，理解工程设计担负的多方重托，了解需要考取的相关技能证书。

知识导图

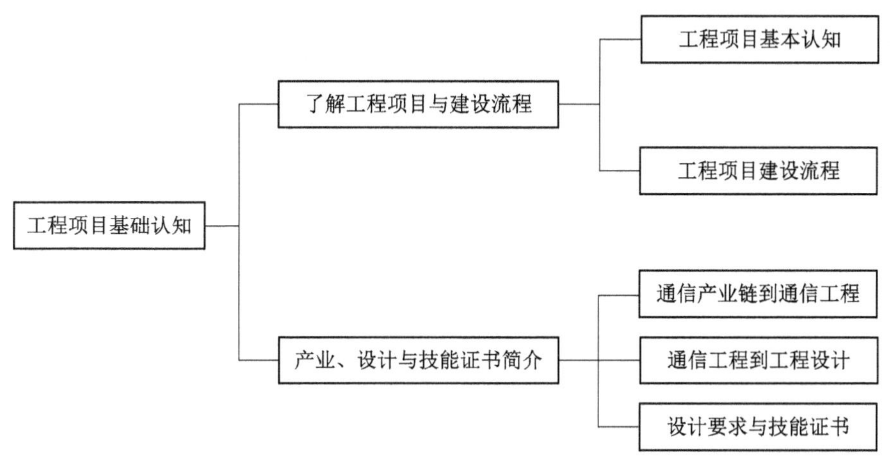

任务 1.1 了解工程项目与建设流程

课前引导

初学本课程，你了解什么是工程项目吗？工程项目有什么特点？是否想知道实际的通信工程建设流程和每个建设阶段的具体内容？

任务描述

通过本任务的学习，了解工程项目的定义、特点和分类，了解工程项目所涉及的相关专业，熟悉通信工程在各个建设阶段需要完成的建设内容。

任务目标

掌握工程项目建设总体流程和三大阶段的具体工作内容。

工程项目基本认知

1.1.1 工程项目基本认知

本节主要介绍工程项目的定义、特点和分类及工程项目所涉及的相关专业。

1. 工程项目的定义

工程项目是以工程建设为载体的项目，是作为被管理对象的一次性工程建设任务。它以建筑物或构筑物为目标产出物，需要支付一定的费用，按照一定的程序，在一定的时间内完成，并应符合质量要求。

2. 工程项目的特点

(1) 明确性。工程项目一般是为了谋取特定的经济效益或社会效益，或者两者兼得。

(2) 整体性。在建设中实行统一核算、统一管理。

(3) 程序性。一般项目的建设需要经过提出项目建议书、进行可行性研究、设计、建设准备、建设施工和竣工验收交付使用六个阶段。

(4) 约束性。工程项目在建设过程中受到的约束条件主要有：

① 时间约束，即要有合理的建设工期时间限制；

② 资源约束，即有一定的投资总额、人力、物力等条件限制；

③ 质量约束，即每项工程都有预期的生产能力、产品质量、技术水平或使用效益的目标要求。

(5) 一次性。工程项目建设具有特定的任务和固定的建设地点，需要根据实际条件进行专门的设计和施工生产活动，且资金一旦投入则具有不可逆性。

(6) 风险性。工程项目建设期间的物价变动、市场需求、资金利率等相关因素的不确定性会带来较大风险。

3. 工程项目的分类

为了加强工程项目的建设管理，正确反映工程建设的内容及规模，可按不同标准、原则或方法对工程项目进行分类，如图 1.1 所示。

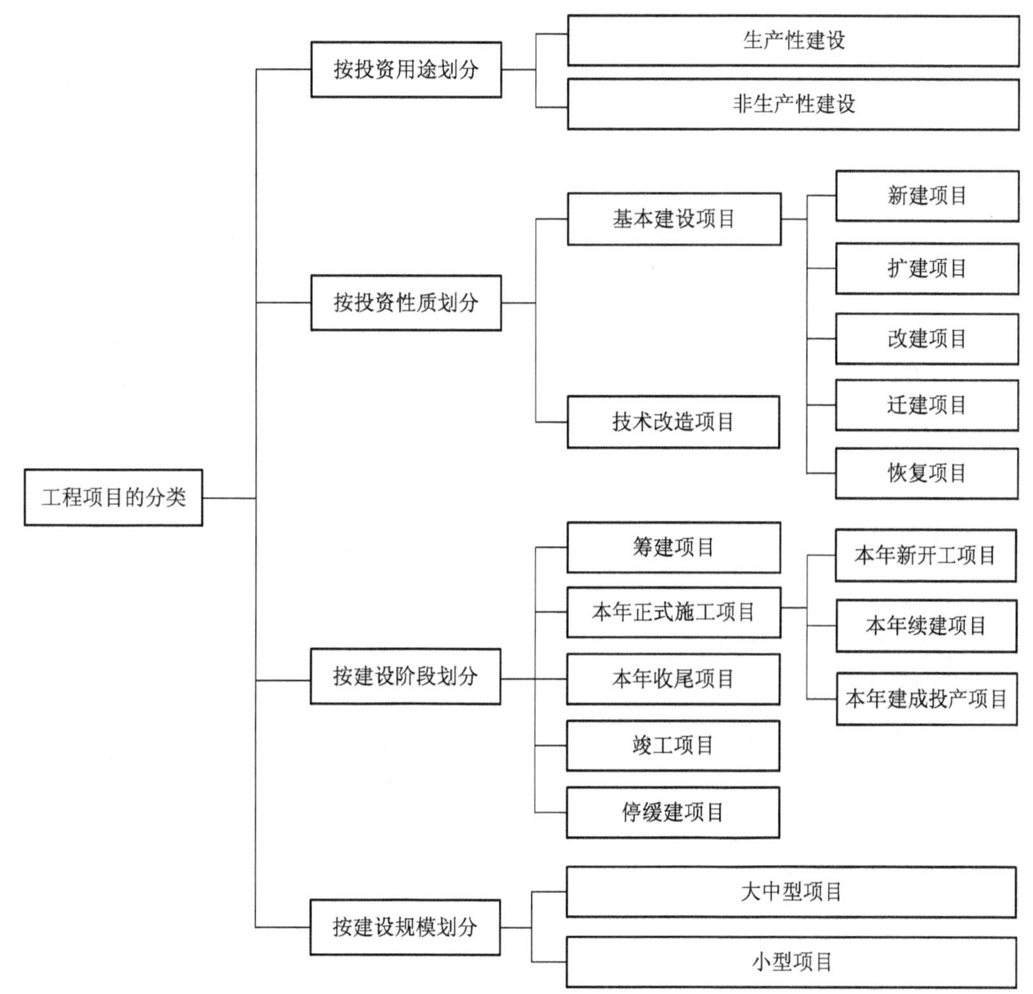

图 1.1　工程项目的分类

(1) 按投资用途的不同，可以将工程项目划分为生产性建设和非生产性建设两大类。生产性建设是指直接用于物质生产或为满足物质生产而进行的建设；非生产性建设一般是指用于满足人民物质生活和文化生活需要而进行的建设。

(2) 按投资性质的不同，可以将工程项目划分为基本建设项目和技术改造项目。其中，基本建设项目可进一步划分为新建项目、扩建项目、改建项目、迁建项目和恢复项目。

① 新建项目是指从无到有开始建设的项目，或将原有规模很小的项目经过重新设计、扩大而进行的建设，其新增固定资产价值是原有项目的 3 倍及以上。

② 扩建项目是指为了扩大产品的生产能力和效益而进行扩充建设的项目。

③ 改建项目是指为了提高生产效率、改进产品质量而进行技术改造的项目。

④ 迁建项目是指因各种原因搬迁到其他地方建设的项目。

⑤ 恢复项目是指因各种不可抗力造成损坏或报废而重新投资建设的项目。

(3) 按建设阶段的不同，可以将工程项目划分为筹建项目、本年正式施工项目、本年收尾项目、竣工项目、停缓建项目。其中，本年正式施工项目又可以进一步划分为本年新开工项目、本年续建项目和本年建成投产项目。

① 本年新开工项目是指本年度新开工建设的项目。

② 本年续建项目是指本年度之前已完成部分建设，本年度继续进行建设的项目。

③ 本年建成投产项目是指本年度完成了项目的主体和配套建设，可以投入生产产生效益的项目。

(4) 按建设规模的不同，可以将工程项目划分为大中型项目和小型项目。

4. 工程项目所涉及的相关专业

工程项目建设是国民经济的重要组成部分，影响着人民生活的方方面面。工程项目所涉及的相关专业有建筑工程、水利工程、公路工程、铁路工程和通信工程等。根据一级建造师专业科目大纲“专业工程管理与实务”，可将一级建造师考试专业分为建筑工程、公路工程、铁路工程、民航机场工程、港口与航道工程、水利水电工程、机电工程、矿业工程、市政公用工程、通信与广电工程 10 个大类专业，如图 1.2 所示。

(a) 建筑工程

(b) 公路工程

(c) 铁路工程

(d) 民航机场工程

(e) 港口与航道工程

(f) 水利水电工程

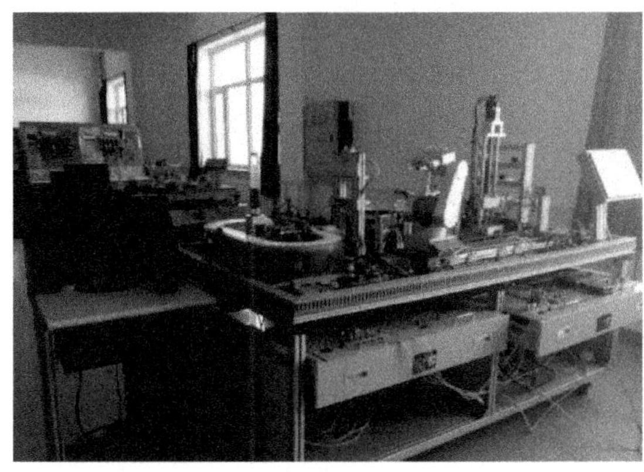

(g) 机电工程

(h) 矿业工程

(i) 市政公用工程

(j) 通信与广电工程

图 1.2　一级建造师考试专业种类

1.1.2　工程项目建设流程

工程项目建设应遵循一定的流程。通信工程是大类工程项目的一种，故通信工程应遵循大类工程项目的一般建设流程。各类工程由于有其自身的特点，故在每个阶段的具体工作内容有细微的区别。

1. 总体流程

总体而言，工程项目建设流程可分为立项阶段、实施阶段和验收投产阶段，如图 1.3 所示。

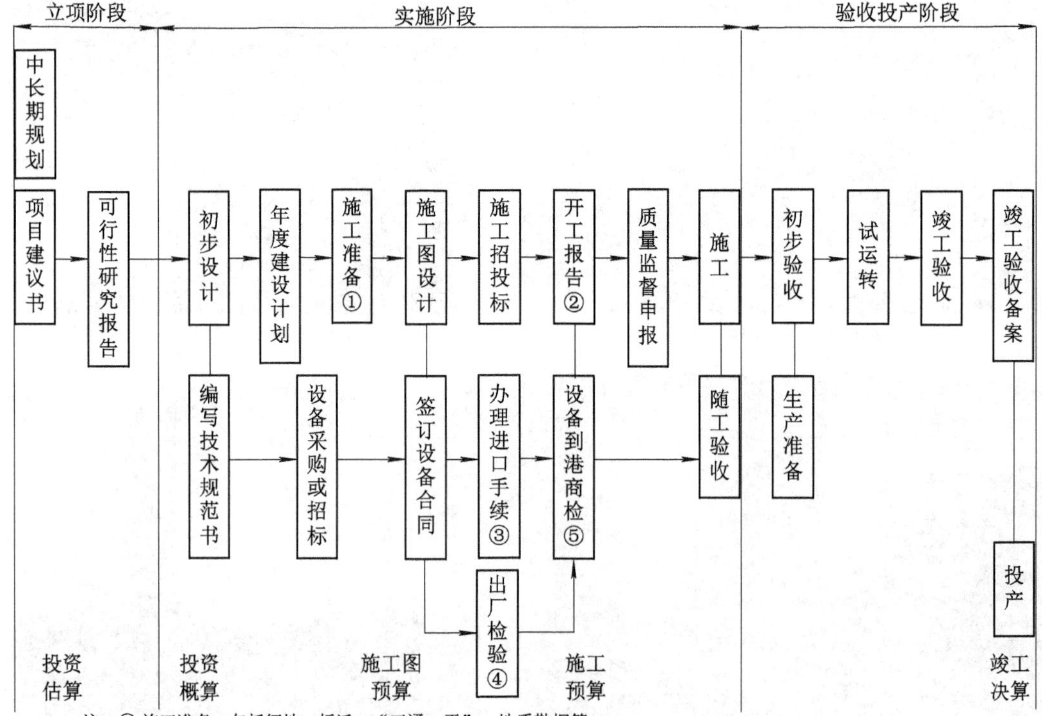

注：① 施工准备：包括征地、拆迁、“三通一平”、地质勘探等。

② 开工报告：属于引进项目或设备安装项目(没有新建机房)，设备发运后，即可写出开工报告。

③ 办理进口手续：引进项目按国家有关规定办理报批及进口手续。

④ 出厂检验：对复杂设备(无论购置国内的还是国外的)都要进行出厂检验工作。

⑤ 非引进项目为设备到货检查。

图 1.3　工程项目建设流程

立项阶段的主要工作有编写项目建议书和可行性研究报告两部分。在此阶段，工程造价表征为投资估算。

实施阶段是三大阶段中投入人力、物力和财力最多的一个阶段，需要完成的工作主要有初步设计、年度建设计划、施工准备、施工图设计、施工招投标、开工报告、质量监督申报和施工。初步设计是进入实施阶段的第一项内容，此时的工程造价表征为投资概算，而施工图设计完成的工程造价则演化为施工图预算。完成施工招投标，确定与施工单位签订合同后，施工单位根据自身施工组织设计方案编写施工预算。

验收投产阶段完成的工作主要有初步验收、试运转、竣工验收和竣工验收备案。在根据施工合同完成相应的工作任务后，施工单位自检合格则向建设单位发起初步验收。各项技术指标达到合同要求、无问题后进入试运转阶段。经过三个月或半年试运转无其他问题，则可发起竣工验收，全面检验建设成果、设计和工程质量。竣工验收合格则进行竣工验收备案，这样就完成了整个项目建设流程。竣工决算则包括从筹划到竣工投产全过程的全部实际费用。

2. 立项阶段

立项阶段是工程项目建设流程的第一个阶段，一般包括编写项目建议书和可行性研究报告两个内容。

工程项目的立项阶段

1) 项目建议书

项目建议书的主要作用是为拟建设的项目提供初步说明，论述其建设的必要性、重要性、条件的可行性和获得的可能性。项目建议书的结构如图 1.4 所示，一般包括以下几个方面：项目概述；建设方案；投资估算；项目进度；采购方式；经济分析与风险分析。当然，不同工程项目的建议书结构和内容是有区别的，因为没有哪两个工程项目是完全一样的。

一、项目概述
(一) 订单编号
(二) 项目概况
二、建设方案
(一) 建设内容
(二) 建设规模
(三) 建设方案
三、投资估算
(一) 估算编制依据
(二) 估算编制说明
(三) 估算内容
四、项目进度
五、采购方式
六、经济分析与风险分析
(一) 经济分析
十年 敏感性分析
五年敏感性分析
(二) 风险分析

图 1.4　项目建议书的结构示意图

2) 可行性研究报告

可行性研究是项目建设前具有决定性意义的工作，它在投资决策之前对拟建项目进行全面的技术、经济等方面的科学论证，综合论证项目建设的必要性，包括财务上的盈利性、经济上的合理性、技术上的先进性和适应性，以及建设条件的可能性和可行性，从而为投资决策提供科学依据。可行性研究报告的结构如图 1.5 所示。一般包括项目概述、业务预测和拟建规模、建设方案、建设进度及安排建议、投资估算、经济评价。

一、项目概述......1
1、可行性研究的依据和范围......1
1.1 依据......1
1.2 范围......1
2、项目提出的背景和投资的必要性......1
2.1 项目背景......1
2.2 投资的必要性......3
3、简要结论......3
二、业务预测和拟建规模......5
1、业务预测......5
2、拟建规模......6
3、拟建项目的构成......7
三、建设方案......8
1、无线网络覆盖建设方案......8
1.1 基站到铁轨的距离......8
1.2 重叠切换带......8
1.3 站间距要求......8
1.4 塔高......12
1.5 小结......13
2、电源建设方案......14
2.1 外电引接方案比选......14
2.2 铁路引电建设方案......19
3、塔桅......22
3.1 概述......22
3.2 技术要求......24
3.3 工艺及材料要求......25
3.4 塔桅建设规模......26
4、基础配套......26
4.1 机房要求......26
4.2 机房温湿度要求......29
4.3 消防要求......29
4.4 动力与环境监控......29
5、光（电）缆敷设......29
5.1 本工程光缆敷设......29
5.2 本工程电缆敷设......32
5.3 本工程光（电）缆敷设路由选择......34
6、抗震加固......34
6.1 抗震设防......34
6.2 机房楼面荷载......35
6.3 设备安装......35
7、防雷接地......36
7.1 通信防雷接地......36
7.2 高铁防雷接地......36
7.3 本期工程防雷接地......37
8、其他可行性条件分析......37
8.1 节能......37
8.2 电磁辐射保护......37
8.3 环保分析......38
8.4 劳动保护......39
8.5 消防安全......39
8.6 劳动定员......39
8.7 人员培训......40
四、建设进度及安排建议......41
五、投资估算......43
六、经济评价......44
1、经济评价基础数据的测算......44
1.1 主要依据......44
1.2 基础数据......44
2、财务评价......45
2.1 财务评价基本数据表......45
2.2 财务评价指标的计算结果......46
2.3 财务评价指标分析......46
3、结论......51

图 1.5　可行性研究报告的结构示意图

一般而言，可行性研究是立项的最后一个环节，项目是否能立项进入实施阶段或者终止，都会在这个步骤确定，具体在可行性研究批复中进行明确，如图 1.6 所示。

关于中国铁塔XX省分公司
2015年XX高铁公众通信网络覆盖基础设
施工程的可行性研究批复

建设维护部：

运营发展部组织相关单位对《中国铁塔XX省分公司2015年XX高铁公众通信网络覆盖基础设施工程可行性研究报告》进行了审查，现批复如下：

一、XX省邮电规划设计院有限责任公司(以下简称XX院)编制的《中国铁塔XX省分公司2015年XX高铁公众通信网络覆盖基础设施工程可行性研究报告》符合该工程可研委托函的要求，可据此进行二阶段设计。本工程编号为XXXXXXXX。

……

五、其他要求说明。

1. 本工程创新引电方案涉及通信、铁路二个行业，请设计单位在方案编制过程中严格遵守涉及安全的强制性条文规范、技术标准等。

2. 本项目无线网络覆盖涉及三家运营商6个系统，请设计单位进行无线规划时，既要满足有效覆盖，又要防止系统间干扰。请建设单位要求严格控制建设规模和成本，确保工程造价低于三家基础运营商共建共享价格，打造优质高效的示范项目。

3. 根据《中国铁塔股份有限公司工程项目管理办法(试行)》要求，加强精细化管理，划小项目颗粒度，按单站点进行项目管理并核算成本，并及时录入项目管理系统。落实项目责任制，对项目的可行性、合理性和经济性负责。

六、要求于XXXX年XX月XX日前完成初步设计。

七、本工程联系人。

客户经理：……

工程经理：……

设计负责人：……

附件：可研会审纪要。

中国铁塔股份有限公司XX省分公司

XXXX年XX月XX日。

图 1.6 可行性研究批复示意图

3. 实施阶段

工程项目的实施阶段

实施阶段是工程项目建设流程的第二个阶段，主要包括初步设计、年度建设计划、施工准备、施工图设计、施工招投标、开工报告、质量监督申报和施工等。

1) 初步设计

初步设计是根据批准的可行性研究报告或设计任务书编制的。初步设计文件由设计说明书(包括设计总说明书和各专业的设计说明书)、设计图和工程概算书等组成。

对于通信工程，初步设计须满足保证通信质量的要求，做到技术先进、经济合理、安全适用，能满足施工、运营和使用的要求。一般而言，初步设计应达到以下深度：

(1) 设计方案的评选和确定。

(2) 主要设备材料订货参照。

(3) 建设投资控制依据。

(4) 施工图设计或技术设计控制依据。

(5) 施工准备和生产准备参照依据。

初步设计批复如图 1.7 所示。批准后的初步设计，是编制技术设计和施工图设计的依据，也是确定建设项目总投资、编制建设计划和投资计划、控制工程拨款、组织主要设备材料订货，以及进行生产和施工准备等的依据。经批准的初步设计，一般不得随意修改、变更。如有重大变更时，须报原审批单位重新批准。

关于中国铁塔XX省分公司
2015年西环高铁公众通信网络覆盖基础设施工程初步设计的批复

建设维护部：

运营发展部组织相关单位对《中国铁塔XX省分公司XXXX年XX高铁公众通信网络覆盖基础设施工程初步设计》进行了审查，现批复如下：

一、XX省邮电规划设计院有限责任公司编制的《中国铁塔XX省分公司2015年XX高铁公众通信网络覆盖基础设施工程初步设计》（全一册设计）符合该工程可行性研究报告批复的要求，可据此进行工程实施。

……

附件：1. 投资预算表

2. 设计会审纪要

中国铁塔股份有限公司XX省分公司

XXXX 年 XX 月 XX 日

图 1.7　初步设计批复示意图

2) 年度建设计划

年度建设计划是依据工程项目建设总进度计划和批准的设计文件进行编制的。工程项目建设必须具有经过批准的初步设计和总概算，综合平衡资金、物资、设计、施工能力等因素后才能列入年度建设计划。经批准的年度建设计划是进行建设拨款或贷款的主要依据，应包括建设拨款计划、设备和主材采购(储备)储备贷款计划、工期组织配合计划等内容。

3) 施工准备

施工准备是建设程序中的重要环节，是衔接基本建设和生产的桥梁。建设单位应根据建设项目或单项工程的技术特点，适时组成机构，做好以下几项工作：

(1) 制定建设工程管理制度，落实管理人员。

(2) 汇总拟采购设备、主材的技术资料。

(3) 落实施工和生产物资的供货来源。

(4) 落实施工环境的准备工作，如征地、拆迁、“三通一平”(通水、通电、通路和平整土地)等。通信工程规模较小，占地面积有限，且大多建设在交通便利、人员较为密集的场所，因此一般不存在“三通一平”。

4) 施工图设计

施工图设计是根据已批准的初步设计或技术设计进行的。施工图设计要求绘制出正确、完整和详尽的建筑和设备安装图纸，使得有关方能根据图纸安排设备和材料的订货，制作各种非标设备，以及安排施工。在施工图设计阶段，应该按施工图编制施工图预算。审定后的施工图预算是建设工程施工和预算包干工程结算的依据。

5) 施工招投标

施工招投标是建设单位将工程项目进行发包，鼓励施工企业投标竞争，从中评定出技术和管理水平高、信誉可靠且报价合理的中标企业。本着公开、公平和公正的原则推行施工招投标对于择优选择施工企业、确保工程质量和工期具有重要意义。

6) 开工报告

开工报告是经施工招投标、签订承包合同后，建设单位在落实年度资金拨款、设备和主材的供货及工程管理组织后，于开工前 1 个月会同施工单位向主管部门提交的文件。

7) 质量监督申报

通信工程通常为限额工程且建设规模较小，所以通信单项工程一般不实行施工准可或开工报告审批制度，在开工前向通信管理局工程质量监督中心进行质量监督申报即可，如图 1.8 所示。

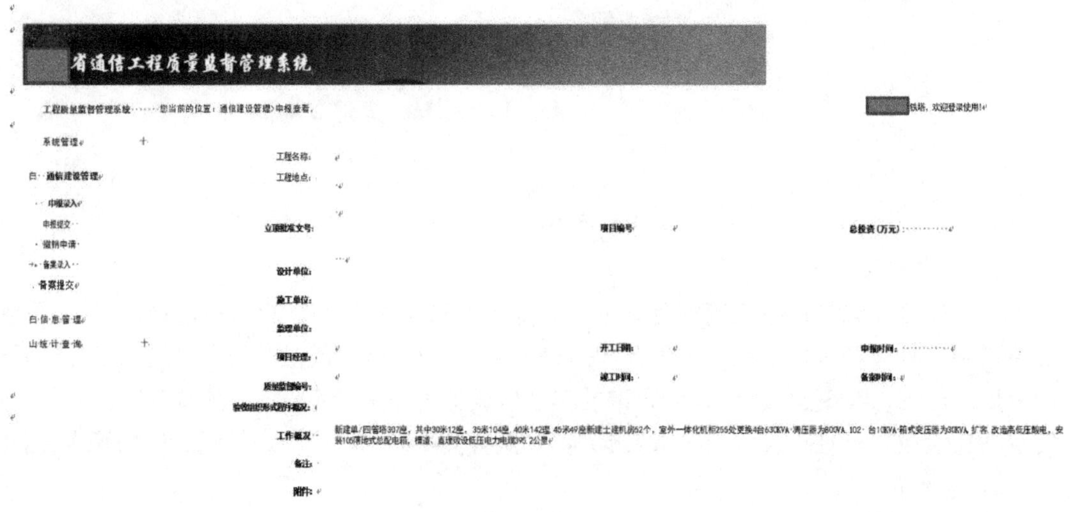

图 1.8　质量监督申报示意图

8) 施工

前期准备完成后进入施工阶段，简称开工。以通信基站建设为例，需要进行铁塔开挖、钢筋笼绑扎、预埋件安装、混凝土浇筑、铁塔安装和机房配套等工作，如图 1.9 所示。施工是构成工程实体的重要阶段，直接关系到项目能否按期、按质交付。

(a) 铁塔开挖

(b) 钢筋笼绑扎

(c) 预埋件安装

(d) 混凝土浇筑

(e) 铁塔安装

(f) 机房配套

图 1.9 通信基站工程建设施工阶段的主要工作

4. 验收投产阶段

工程项目的验收投产阶段

验收投产阶段是工程项目建设流程的最后一个阶段，一般包括初步验收、试运转、竣工验收和竣工验收备案等。

1) *初步验收*

初步验收一般是指由施工企业完成施工承包合同工程量后，依据合同条款向建设单位申请项目完工验收，提出交工报告，由建设单位或其委托的监理公司组织相关设计、施工、维护、档案及质量管理等部门参加，检验单项工程各项技术指标是否达到合同要求。

除小型项目外，其他所有新建、扩建、改建等项目以及技术改造项目，都应在完成施工调测之后进行初步验收。初步验收的时间应在原定计划建设工期内进行。

初步验收工作包括检查工程质量、审查交工资料、分析投资效益，以及对发现的问题提出处理意见，并组织相关责任单位落实解决。

2) *试运转*

试运转指由建设单位负责组织，供货厂商及设计、施工和维护部门参加，对设备、系统的性能、功能和各项技术指标以及设计和施工质量等进行全面考核。试运转期内，如发现有质量问题，由相关责任单位负责免费返修，对于通信建设项目，网络和电路运行正常即可组织竣工验收的准备工作。

3) 竣工验收

竣工验收是工程建设过程的最后一个环节，是全面考核建设成果、检验设计和工程质量是否符合要求、审查投资使用是否合理的重要步骤。竣工验收对保证工程质量、促进建设项目及时投产、发挥投资效益、总结经验教训有重要作用。

竣工项目验收前，建设单位应向主管部门提出竣工验收报告，编制项目工程总决算(小型项目在竣工验收后 1 个月内将决算报上级主管部门，大中型项目在竣工验收后 3 个月内将决算报上级主管部门)，并系统整理出相关技术资料(包括竣工图纸、测试资料、重大障碍和事故处理记录)，清理所有财产和物资等，报上级主管部门审查。

竣工项目经验收交接后，应迅速办理固定资产交付使用的转账手续(竣工验收后 3 个月内)，技术档案则移交维护单位统一保管。

通信工程由于自身特殊性，特别是基站单项工程建设规模和投资金额较小，工程数量巨大，一般由建设单位组织，设计、施工、监理等单位参与完成竣工验收，如图 1.10 所示。

竣工验收证书

<table>
<tr><td>建设项目名称</td><td colspan="3"></td></tr>
<tr><td>建设单位名称</td><td></td><td>设计单位名称</td><td></td></tr>
<tr><td>监理单位名称</td><td></td><td>施工单位名称</td><td></td></tr>
<tr><td colspan="4">验收意见：
本工程经建设单位、监理单位、施工单位，按照批准的设计文件、施工及验收技术规范要求和施工单位的交工资料，对工程验收进行检查验证，工程量已全部完成，工程质量达到规定和设计要求，验收质量评定为:
验收质量评定：
☑优良　　□合格　　□不合格
工程遗留问题：
无</td></tr>
<tr><td colspan="2">建设单位(盖章)
建设单位负责人(签名)
日期

监理单位(盖章)
监理单位负责人(签名)
日期</td><td colspan="2">设计单位(盖章)
设计单位负责人(签名)
日期

施工单位(盖章)
施工单位负责人(签名)
日期</td></tr>
</table>

图 1.10　竣工验收示意图

4) 竣工验收备案

建设工程竣工验收备案是指建设单位在建设工程竣工验收后，将建设工程竣工验收报告和规划、公安消防、环保等部门出具的认可文件或者准许使用文件报建设行政主管部门审核的行为。

由于通信工程自身项目特点，通信工程通过验收后在通信管理局工程质量监督中心进行备案，如图 1.11 所示。

通信工程竣工验收备案表

XX省通信工程质量监督中心：

中国铁塔XX省分公司XXXX年XX高铁公众通信网络覆盖基础设施工程已组织竣工验收，现将工程验收情况概述如下：

<table>
<tr><td>工程名称</td><td colspan="5">中国铁塔XX省分公司2015年XX高铁公众通信网络覆盖基础设施工程</td></tr>
<tr><td>工程地点</td><td colspan="5">XX省XX高铁沿线</td></tr>
<tr><td>开工日期</td><td></td><td>竣工日期</td><td></td><td>监督申报号</td><td></td></tr>
<tr><td colspan="4">单　　位</td><td>负责人</td><td>联系电话</td></tr>
<tr><td>建设单位</td><td colspan="3">中国铁塔股份有限公司XX省分公司</td><td></td><td></td></tr>
<tr><td rowspan="2">设计单位</td><td colspan="3">XX省邮电规划设计院有限责任公司</td><td></td><td></td></tr>
<tr><td colspan="3">XX电信规划设计院有限公司</td><td></td><td></td></tr>
<tr><td rowspan="2">施工单位</td><td colspan="3">中铁XX电气化局集团有限公司</td><td></td><td></td></tr>
<tr><td colspan="3">XX省电信工程有限公司</td><td></td><td></td></tr>
<tr><td rowspan="2">监理单位</td><td colspan="3">XX管理咨询有限公司</td><td></td><td></td></tr>
<tr><td colspan="3">XX项目管理股份有限公司</td><td></td><td></td></tr>
<tr><td>验收组织形式
程序
概况</td><td colspan="5">竣工验收期间成立了验收委员会，验收委员会对该工程的竣工报告、初步决算、档案资料进行了审查。
验收委员会认为：中国铁塔XX省分公司XXXX年XX高铁公众通信网络覆盖基础设施工程已按批准的设计规模建成，经初步验收和试运行表明：本工程设计、施工质量优良，设备的各项性能达到设计要求，设备运行稳定可靠，并形成生产能力，工程总评价为优良。初步决算符合工程实际和有关规定，维护人员已培训到位，能够满足投产的要求，档案资料满足归档要求，同意工程竣工投产。</td></tr>
<tr><td>备案意见</td><td colspan="5"></td></tr>
<tr><td>备案管理部门负责人</td><td></td><td>经办人</td><td></td><td>日期</td><td></td></tr>
</table>

图 1.11　通信工程竣工验收备案示意图

■ 课后习题

一、单项选择题

1. 为了形成特定的生产能力或使用效能而进行投资建设的工程项目会形成(　　)。

A. 固定资产　　B. 流动资产
C. 无形其他资产　　D. 其他资产

2. 在进行可行性研究报告编制时编制的工程造价是(　　)。

A. 总概算　　B. 投资估算
C. 修正概算　　D. 施工图预算

3. (　　)表示每个工程项目都是一个有始有终的过程。

A. 唯一性　　B. 目标的明确性
C. 一次性　　D. 约束性

4. (　　)是工程项目的特征之一，如果推倒重来则会带来重大的损失，所以工程项目在建设过程中必须慎重。

A. 风险性　　B. 固定性
C. 单向性　　D. 不可逆转性

5. 工程项目三大阶段中，工作量最大，投入的人力、物力、财力最多的是(　　)。

A. 准备阶段　　B. 立项阶段
C. 实施阶段　　D. 竣工验收和总结评价阶段

6. 新建地面塔类型的通信基站，完成工程项目的征址工作属于项目(　　)的任务。

A. 准备阶段　　B. 决策阶段
C. 实施阶段　　D. 策划阶段

7. 通信基站工程项目是进行一阶段设计还是二阶段设计，需要(　　)在项目准备阶段进行明确。

A. 项目咨询单位　　B. 项目施工单位
C. 项目业主　　D. 政府管理部门

8. 通信建设项目的过程后评估实质上就是对项目投资整个生命周期的回顾，(　　)不属于过程后评估中对准备阶段的评估。

A. 征地拆迁工作的评估　　B. 勘察设计的评估
C. 项目变更情况的评估　　D. 资金落实情况的评估

9. 一旦完成了(　　)，就意味着立项阶段的结束。

A. 项目建议书　　B. 可行性研究报告
C. 可行性研究批复　　D. 概预算

二、多项选择题

1. 通信基站建设项目与其他大类工程一样，遵循相似的建设流程和建设阶段，其中建设阶段有(　　)。

A. 准备阶段　　B. 立项阶段
C. 实施阶段　　D. 投产验收阶段

2. 竣工验收是工程建设过程的最后一个环节，参与验收的参建单位主要有(　　)。

A. 建设单位　　B. 设计单位

C. 监理单位　　D. 施工单位

三、判断题

1. 通信工程完成施工准备之后即可马上动工，无须进行质量监督申报。(　　)

2. 初步验收必须由建设单位组织相关设计、施工、维护、档案及质量管理等部门参加。(　　)

3. 对通信建设项目进行经济评价主要是为项目在经济上是否可行提供可靠的决策依据。(　　)

习题与答案

任务 1.2　产业、设计与技能证书简介

课前引导

通过任务 1.1 的学习，大家知道了工程设计是工程项目建设流程的重要一环。那么，工程设计处于通信产业链的哪个模块？在不同专业和不同阶段的工程设计中需要完成哪些内容？为什么说工程设计担负着多方重托？工程设计需要掌握哪些必要的技能，考取哪些证书？请大家就上述问题进行探讨。

任务描述

通过本任务的学习，了解通信产业链划分；通过了解设计专业和工作内容，思考成为一名合格的设计人需要掌握哪些必要的技能，考取哪些证书。

任务目标

(1) 能够描述通信产业链的组成和通信工程的种类。

(2) 能够描述不同工程设计专业和设计阶段的工作内容和深度要求。

(3) 能够了解工程设计人需要掌握的必要技能和考取的相关证书。

1.2.1　通信产业链到通信工程

通信产业链到通信工程

通信产业链主要由通信运营商、设备供应商、信息和通信技术(ICT)、终端制造商、芯片制造商、通信测试商、服务支撑商等组成。

(1) 通信运营商通过通信网络为用户提供语音和数据等业务。运营商在整个产业链中占据核心地位，它依据市场需求制定行业进展策略，掌握着产业链的进展方向。

(2) 设备供应商为运营商提供各种通信设备，是使通信网络更新换代变为事实的助推者。

(3) ICT 为运营商提供 IT 软、硬件设备。

(4) 终端制造商为用户和运营商提供各种手机和电话终端。

(5) 芯片制造商为设备商提供各种芯片硬件。

(6) 通信测试商为运营商提供网络测试软件及工具。

(7) 服务支撑商为运营商提供设计、施工、维护等支撑工作。

通信工程是通信产业链的重要一环，只有通过通信工程建设才能完成网络搭建，为广大用户提供网络服务。根据工业和信息化部 2016 年 12 月 30 日发布的《关于印发信息通信建设工程预算定额、工程费用定额及工程概预算编制规程的通知》(工信部通信〔2016〕451 号) (简称为 451 定额)，将通信工程进行归类，如表 1.1 所示。

表 1.1　通信工程的种类

<table>
<tr><th colspan="2">专业类型</th><th>单项工程名称</th><th>备注</th></tr>
<tr><td colspan="2">电源设备安装工程</td><td>××电源设备安装工程(包括专用高压供电线路工程)</td><td></td></tr>
<tr><td rowspan="4">有线通信设备安装工程</td><td>传输设备安装工程</td><td>(1) ××数字复用设备及光、电设备安装工程；
(2) ××中继设备、光放设备安装工程</td><td></td></tr>
<tr><td>交换设备安装工程</td><td>××通信交换设备安装工程</td><td></td></tr>
<tr><td>数据通信设备安装工程</td><td>××数据通信设备安装工程</td><td></td></tr>
<tr><td>视频监控设备安装工程</td><td>××视频监控设备安装工程</td><td></td></tr>
<tr><td rowspan="4">无线通信设备安装工程</td><td>微波通信设备安装工程</td><td>××微波通信设备安装工程(包括天线、馈线)</td><td></td></tr>
<tr><td>卫星通信设备安装工程</td><td>××地球站设备安装工程(包括天线、馈线)</td><td></td></tr>
<tr><td>移动通信设备安装工程</td><td>(1) ××移动控制中心设备安装工程；
(2) 基站设备安装工程(包括天线、馈线)；
(3) 分布系统设备安装工程</td><td></td></tr>
<tr><td>铁塔安装工程</td><td>××铁塔安装工程</td><td></td></tr>
<tr><td colspan="2">通信线路工程</td><td>(1) ××光缆、电缆线路工程；
(2) ××水底光缆、电缆工程(包括水线房建筑及设备安装)；
(3) ××用户线路工程(包括主干及配线光缆、电缆、交接及配线设备、集线器、杆路等)；
(4) ××综合布线系统工程；
(5) ××光纤到户工程</td><td>进局及中继光(电)缆工程可按每个城市作为一个单项工程</td></tr>
<tr><td colspan="2">通信管道工程</td><td>××路(××段)、××小区通信管道工程</td><td></td></tr>
</table>

1.2.2 通信工程到工程设计

由任务 1.1 可知，工程设计在工程建设流程中占据着重要一环。优质的通信工程设计可以给通信工程项目在建设、营运和发展过程中带来较高的投资效益，达到综合利用资源，节约能源、节约用地的要求。下面主要介绍工程设计专业和设计阶段。

1. 工程设计专业

工程设计包括以下专业：

(1) 电源设计专业。该专业工作人员主要承揽通信电源系统工程的规划、勘察、设计工作，并提供相应的技术咨询业务。

工程设计专业划分

(2) 交换设计专业。该专业工作人员主要承揽核心网及相关支撑网络和计算机系统的工程规划、设计、优化及技术咨询业务。

(3) 传输设计专业。该专业工作人员主要从事传输设备工程及管道、线路的规划、设计和技术咨询工作，提供从接入层网络到核心层网络，从前期技术咨询、规划到中期方案设计、施工图设计，最后到传输网络分析和优化一整套的解决方案。

(4) 数据通信设计专业。该专业工作人员主要承揽各基础数据通信网、宽带 IP 网络、运营支撑系统等项目的方案设计、工程设计、系统咨询、网络优化等业务，为客户提供全面的方案。

(5) 无线设计专业。该专业工作人员主要承揽全方位的无线网络咨询规划设计，承担长期演进(LTE)通信、5G-NR(New Radio)、无线局域网、无线接入网、集群通信、微波通信等系统的网络规划、工程设计和网络优化服务以及相关的技术咨询、培训服务。

(6) 建筑设计专业。该专业工作人员主要承揽各行业综合类建筑设计业务，包括综合大楼、通信机房、通信铁塔、通信辅助设施以及各种民用建筑等的设计。

(7) 网络规划与研究专业。该专业工作人员立足于信息通信业，为各级政府、行业管理机构、通信运营商、设备制造商以及信息通信相关企业等提供综合咨询服务。研究队伍涵盖管理、经济、财务、无线传输、交换、数据、情报等专业，具备完整的知识结构，可为客户提供高价值的综合解决方案。

设计专业种类与通信工程种类基本相呼应，再次印证了工程设计是工程建设的灵魂，是科学技术转化为生产力的纽带，是处理技术与经济关系的关键性环节，也是控制工程造价的重点阶段。

2. 工程设计阶段

工程设计阶段一般是指工程项目完成决策，下达设计任务书后，从设计准备开始到施工图设计结束这一时间段。根据工程复杂度和设计任务书的要求，可采用相应的设计深度。

工程设计阶段划分

三阶段设计：技术复杂且缺乏经验的项目，采用初步设计、技术设计、施工图设计。

二阶段设计：一般工程建设项目，采用初步设计和施工图设计。

一阶段设计：小型和技术简单的项目，直接采用一阶段施工图设计。

1) 初步设计

初步设计是根据批准的可行性研究报告或设计任务书编制的初步设计文件。初步设计文件由设计说明书(包括设计总说明书和各专业的设计说明书)、设计图和工程概算书等组成。

对于通信工程，初步设计须保证通信质量，做到技术先进、经济合理、安全适用，能满足施工、运营和使用的要求。一般而言，初步设计的深度应达到：

(1) 设计方案的评选和确定依据；

(2) 主要设备材料订货参照；

(3) 建设投资控制依据；

(4) 施工图设计或技术设计控制依据；

(5) 施工准备和生产准备参照依据。

经批准的初步设计，是编制技术设计和施工图设计的依据，也是确定建设项目总投资、编制建设计划和投资计划、控制工程拨款、组织主要设备材料订货、进行生产和施工准备等的依据，一般不得随意修改、变更。如有重大变更，须报原审批单位重新批准。

2) 技术设计

技术设计是对一些技术复杂或有特殊要求的建设项目所增加的一个设计阶段。技术设计应根据批准的初步设计文件编制，其内容根据工程的特点和需求而定，深度应能满足确定设计方案中重大技术问题、有关科学试验和设备制造方面的要求，主要包括：

(1) 特殊工艺流程方面的试验、研究和确定；

(2) 新型设备的试验、研制及确定；

(3) 某些技术复杂需慎重对待的问题的研究和方案确定等。

技术设计阶段应在初步设计总概算的基础上编制出修正总概算，技术设计文件要报主管部门批准。

3) 施工图设计

根据已批准的初步设计或技术设计进行施工图设计。施工图设计要求绘制出正确、完整和详尽的建筑及设备安装图纸，使得有关方根据图纸安排设备和材料的订货，制作各种非标设备以及安排施工。在施工图设计阶段，应该按施工图编制施工图预算。审定后的施工图预算是建设工程施工和预算包干工程结算的依据。

1.2.3　设计要求与技能证书

工程设计是工程建设的灵魂，是处理技术与经济关系的关键性环节，也是各参建单位的纽带，担负着多方重托，需要掌握各种技能，考取相应证书。

1. 设计要求

设计要求

设计工作处于工程前期的重要阶段，具有规范性强、目标性强、不可复制、立足于工程实际且高于工程实际的特点，并强调实际与理论相结合。设计阶段的失误就意味着重大失误，因此设计的准确性就显得尤为重要。通信工程设计必须以现有国际、国家及相关技术体制标准为依据，以实际网络建设目标、工程需要为出发点。此外，通信工程设计要求站在全程和全网的高度，为不同的网络资源进行调配，达到合理、最优的网络优化。在实际工程建设中，各参建单位对设计有着不同的要求，如表 1.2 所示。

表 1.2 各参建单位对设计的要求

参建单位	设 计 要 求	参建单位	设 计 要 求
建设单位	(1) 经济合理、技术先进、全程全网； (2) 做详细、全面的勘察设计和方案比选； (3) 处理好局部与整体、近期与远期的关系； (4) 采用与挖潜新技术	施工单位	(1) 设计的各种方法、方式在施工中可实施； (2) 图纸设计尺寸规范、准确无误； (3) 明确原有、本期、今后扩容各阶段工程的关系； (4) 预算的器材、主要材料不缺、不漏； (5) 概预算金额计算准确
管理单位	(1) 设计规范； (2) 依据充分； (3) 概预算准确	维护单位	(1) 安全； (2) 维护便利，机房安排合理，布线合理，维护仪表、工具配备合理

2. 技能证书

技能证书

在工程建设中，各参建单位对设计均有着不同的要求，设计人担负着多方的重托，因此设计人需要掌握必要的技能与证书。一般而言，进入通信工程行业的人员可以通过考取一些技能证书来展现和提升自己的实力，如图 1.12 所示。

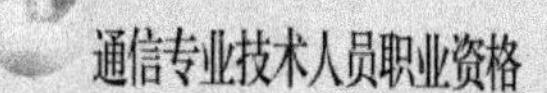

(a) 通信工程师证书

咨询工程师(投资)
Consulting Engineer
本证书由中华人民共和国人力资源和社会保障部、国家发展和改革委员会监制，中国工程咨询协会颁发，表明持证人通过国家统一组织的考试，具有咨询工程师(投资)的职业水平和能力。

(b) 咨询工程师证书

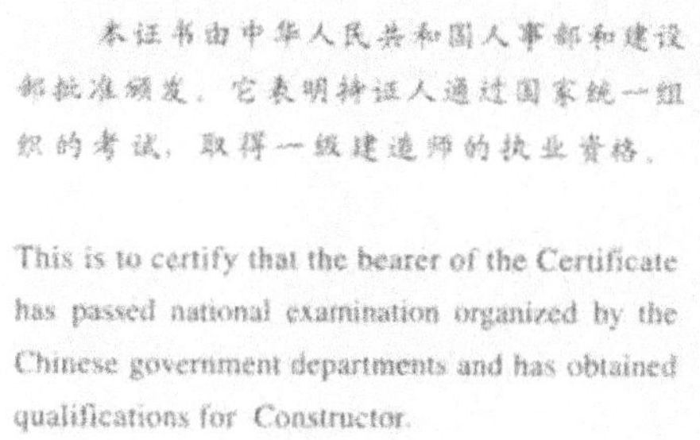

本证书由中华人民共和国人事部和建设部批准颁发。它表明持证人通过国家统一组织的考试，取得一级建造师的执业资格。

This is to certify that the bearer of the Certificate has passed national examination organized by the Chinese government departments and has obtained qualifications for Constructor.

(c) 一级建造师证书

图1.12　技能证书参考示意图

1) 通信工程师证书介绍

通信工程师是指能在通信领域中从事研究、设计、制造、运营工作以及在国民经济各部门和国防工业中从事开发、应用通信技术与设备工作的高级工程技术人才。

(1) 报考条件。

根据《通信专业技术人员职业水平评价暂行规定》《通信专业技术人员初级、中级职业水平考试实施办法》(国人部发〔2006〕10 号)的规定，报名参加通信专业技术人员初级、中级职业水平考试的人员，必须遵守《中华人民共和国宪法》《中华人民共和国电信条例》和国家有关电信工作规章制度，恪守职业道德。

报名参加通信专业技术人员初级职业水平考试的人员，除具备上述基本条件外，还应符合下列条件之一：

① 取得中专及以上学历或学位的；

② 高等院校通信工程专业应届毕业生。

报名参加通信专业技术人员中级职业水平考试的人员，除具备上述基本条件外，还应符合下列条件之一：

① 取得通信工程专业大学专科学历，从事通信专业工作满 5 年；

② 取得通信工程专业大学本科学历，从事通信专业工作满 4 年；

③ 取得通信工程专业双学士学位或研究生班毕业，从事通信专业工作满 2 年；

④ 取得通信工程专业硕士学位，从事通信专业工作满 1 年；

⑤ 取得通信工程专业博士学位；

⑥ 取得其他工程类专业上述学历或学位，其从事通信工程专业工作年限相应增加 2 年。

通信专业技术人员职业水平评价分初级、中级和高级三个级别层次。初级、中级职业水平采用考试的方式评价。高级职业水平实行考试与评审结合的方式评价，具体办法另行制定。

(2) 考试科目。

通信专业初级、中级职业水平考试均设“通信专业综合能力”和“通信专业实务”2个科目。初级职业水平考试不分专业。中级职业水平考试“通信专业实务”科目分交换技术、传输与接入、终端与业务、互联网技术和设备环境 5 个专业类别，考生在报名时可根据实际工作岗位选择其一，“通信专业综合能力”科目则不分专业。

(3) 就业情况。

考取通信工程师证书专业人员可以从事通信技术工程、有线传输工程、无线通信工程、电信交换工程、数据通信工程、移动通信工程、电信网络工程、通信电源工程等工作，与通信工程类别基本对应。

2) 咨询工程师证书介绍

咨询工程师是指从事各种咨询活动的管理工程师。一般来说，咨询工程师应具备熟练的专业技术和经营管理知识、丰富的实际工作经验、广泛的社会联系和良好的社会信誉。咨询工程师能在工程建设的各个阶段，为业主、承包商等提供各种形式和内容的咨询服务。

(1) 报考条件。

根据《咨询工程师(投资)职业资格考试实施办法》的规定，报考咨询工程师考试需要满足以下条件之一：

① 取得工学学科门类专业，或者经济学类、管理科学与工程类专业大学专科学历，累计从事工程咨询业务满 8 年。

② 取得工学学科门类专业，或者经济学类、管理科学与工程类专业大学本科学历或学位，累计从事工程咨询业务满 6 年。

③ 取得含工学学科门类专业，或者经济学类、管理科学与工程类专业在内的双学士，或者工学学科门类专业研究生班毕业，累计从事工程咨询业务满 4 年。

④ 取得工学学科门类专业，或者经济学类、管理科学与工程类专业硕士学位，累计从事工程咨询业务满 3 年。

⑤ 取得工学学科门类专业，或者经济学类、管理科学与工程类专业博士学位，累计从事工程咨询业务满 2 年。

⑥ 取得经济学、管理学学科门类其他专业，或者其他学科门类各专业的上述学历或学位人员，累计从事工程咨询业务年限相应增加 2 年。

(2) 考试科目。

咨询工程师考试共有 4 个科目，分别为“宏观经济政策与发展规划”“工程项目组织与管理”“项目决策分析与评价”“现代咨询方法与实务”。

(3) 就业情况。

咨询工程师的工作是智力型工作，咨询工程师的管理内容视委托情况而变化，可以从事项目建设流程三大阶段除工程项目实体之外的其他工作，具有职业的规范性和服务的有偿性。

3) 一级建造师证书介绍

拥有一级建造师证书是建设工程行业的一种执业资格，也是担任大型工程项目经理的前提条件。建造师是指从事建设工程项目总承包和施工管理关键岗位的执业注册人员。建造师是懂管理、懂技术、懂经济、懂法规，综合素质较高的复合型人员，既要有理论水平，也要有丰富的实践经验和较强的组织能力。建造师注册受聘后，可以建造师的名义担任建设工程项目施工的项目经理，从事其他施工活动的管理，从事法律、行政法规或国务院建设行政主管部门规定的其他业务。建造师的职责是根据企业法定代表人的授权，对工程项目自开工准备至竣工验收，实施全面的组织管理。

(1) 报考条件。

凡遵守国家法律、法规，具备以下条件之一者，可以申请参加一级建造师执业资格考试：

① 取得工程类或工程经济类专业大学专科学历，从事建设工程项目施工管理工作满 4 年；

② 取得工学门类、管理科学与工程类专业大学本科学历，从事建设工程项目施工管理工作满 3 年；

③ 取得工学门类、管理科学与工程类专业硕士学位，从事建设工程项目施工管理工作满 2 年；

④ 取得工学门类、管理科学与工程类专业博士学位，从事建设工程项目施工管理工作满 1 年。

(2) 考试科目。

一级建造师考试包括“建设工程经济”“建设工程项目管理”“建设工程法规及相关知识”“专业工程管理与实务”4 个科目。其中，“通信与广电工程”是一级建造师资格考试中“专业工程管理与实务”科目中的一个类别。

(3) 就业情况

建造师是以专业技术为依托、以工程项目管理为主业的执业注册人员，近期以施工管理为主。

■ 课后习题

一、单项选择题

1. 工程项目造价随着项目不同阶段的开展越来越精细化，其中(　　)是施工图设计的造价。

A. 投资估算　　B. 预算　　C. 概算　　D. 结算

2. 复杂的工程需要进行三阶段设计，其中经批准的(　　)，一般不得随意修改、变更。如有重大变更，须报原审批单位重新批准。

A. 总体设计　　B. 初步设计　　C. 技术设计　　D. 施工图设计

3. 施工图预算是在(　　)阶段编制的确定工程造价的文件。

A. 方案设计　　B. 初步设计　　C. 技术设计　　D. 施工图设计

4. 在通信产业链中，设计行业属于(　　)。

A. 运营商系列　　B. 厂商系列

C. 终端商系列　　D. 服务商系列

5. 经济合理、技术先进的多方案比选是(　　)对设计单位的要求。

A. 建设单位　　B. 监理单位

C. 施工单位　　D. 维护单位

6. 拥有(　　)是建设工程行业的一种执业资格，也是担任大型工程项目经理的前提条件。

A. 工程师证书　　B. 造价工程师证书

C. 一级建造师证书　　D. 咨询工程师证书

7. 在通信产业划分中，下面属于服务行业的是(　　)。

A. 中国移动　　B. 设计单位

C. 施工单位　　D. 监理单位

二、多项选择题

通信设计单位作为工程建设的先行单位，担负着多方重托，那么从事工程建设的设计单位需要满足哪些单位的要求？(　　)

A. 运营商　　B. 施工单位

C. 监理单位　　D. 维护单位

三、判断题

1. 高等院校通信工程专业应届毕业生不可以参加通信工程师初级水平考试。(　　)

2. 取得工学学科门类专业，或者经济学类、管理科学与工程类专业大学专科学历，累计从事工程咨询业务满 8 年可以参加咨询工程师考试。(　　)

3. 咨询工程师既可以作为咨询方为业主单位提供咨询服务，又可以为同一工程的施工单位提供咨询服务。(　　)

4. 取得工程类或工程经济类专业大学专科学历，从事建设工程项目施工管理工作满 4 年可以考取一级建造师证书。(　　)

5. 我国对建设项目一般按初步设计和施工图设计两个阶段进行，但对于技术复杂而又缺乏经验的项目可实施三阶段设计。(　　)

6. 施工图设计应提供完整和尽可能详尽的建筑、安装施工图纸，使得各有关方面能据此安排设备和材料的订货。(　　)

习题与答案

项目 2　通信基站勘察

项目概述

本项目内容主要包括勘察初步认知、站址筛查和设计勘察。首先，介绍了勘察的定义与目的、勘察步骤以及勘察工器具的使用方法；然后，讲解了通信基站工程站址筛查的注意事项和信息采集；最后，介绍了设计勘察相关内容，包括不同阶段勘察的注意要点、信息收集和勘察报告撰写。

项目目标

(1) 掌握通信工程勘察步骤以及勘察工器具的使用。
(2) 掌握站址筛查的注意事项，完成站址筛查信息采集和勘察报告撰写。
(3) 掌握已选站址再确认的内容，完成设计勘察的信息采集和勘察报告撰写。

知识导图

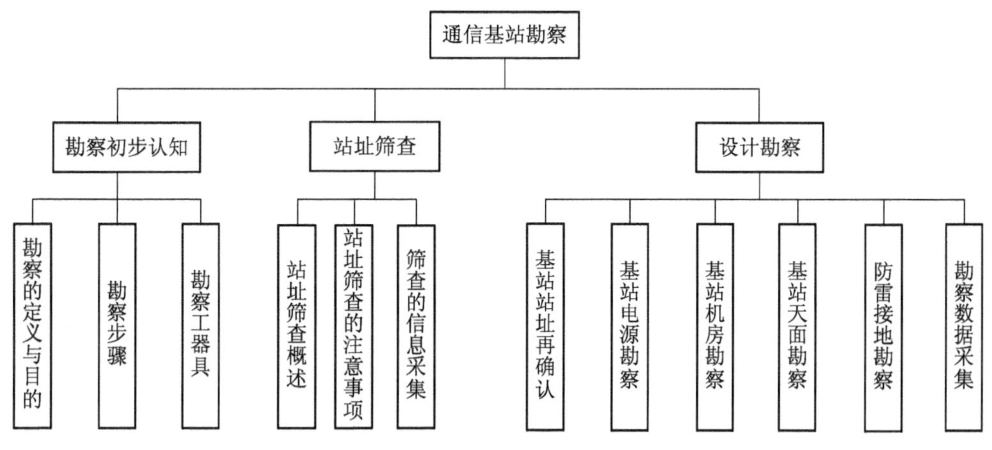

任务 2.1 勘察初步认知

课前引导

在了解通信工程设计的作用和目的之后，大家有没有考虑到做好基站工程设计首先需要开展哪一步工作？开展这一步工作有哪些步骤？需要使用哪些工器具？

任务描述

本任务需要学习通信基站勘察的目的、步骤和工器具的使用。

任务目标

(1) 了解勘察的定义与目的，掌握通信工程勘察的步骤。
(2) 掌握站表、手持式 GPS 定位仪、指北针、激光测距仪等工器具的使用方法。

2.1.1 勘察的定义与目的

勘察的定义与目的

工程勘察是运用多种科学技术方法，通过现场测量、测试、观察、勘探、试验和鉴定等手段查明工程建设项目地点的地形、地貌、土质、水文等自然条件，搜集工程设计所需要的各种业务、技术、经济以及社会等有关资料，在全面调查研究的基础上，结合初步拟定的工程设计方案，进行认真的分析、研究和综合评价等工作。

工程勘察的目的是为设计和施工提供可靠的依据，包括工程可行性研究报告勘察、工程方案勘察、初步设计勘察和施工图测量等内容。勘察应多方案一起进行，并积极征询建设单位及其他相关部门的意见，注意近期与远期、局部与整体的发展情况，收集配套工程与设施的相关资料。

通信工程勘察包括勘察和现场测量两个工序，根据工程规模大小可分为方案勘察、初步设计勘察和现场测量三个阶段。对建设规模较大、技术较复杂的三阶段设计的工程，需要先进行方案勘察。对于二阶段设计的工程，应根据设计任务书的要求先进行初步设计勘察再完成现场测量；对于一阶段设计的工程，勘察和现场测量则同时进行。

需要注意的是，对通信基站工程，主要分为站址筛查和设计勘察两步。

2.1.2 勘察步骤

勘察步骤

工程建设流程包括甲方下达设计任务书、勘察设计单位勘察设计、设计文件会审和投入施工等内容。勘察的内容和步骤如图 2.1 所示。

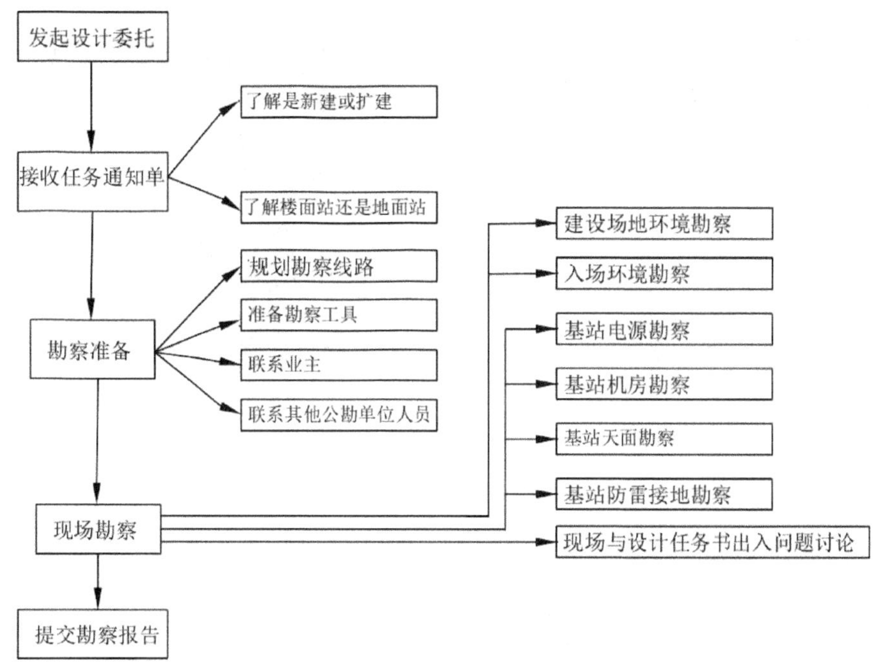

图 2.1　通信基站勘察的内容和步骤

1. 接收任务通知单

勘察人员在接到勘察通知单后，首先需要明确本次工程基站建设的性质，比如是地面站还楼面站，是新建站还是扩建站，这些信息对于勘察工作很重要，因为不同项目勘察的侧重点是不同的。

2. 勘察准备

根据任务通知单，进行勘察线路规划，准备勘察工器具，联系业主和相关人员。

3. 现场勘察

项目确定后勘察主要是对施工环境的勘察，包括建设场地环境、入场条件，以及根据业主已有的设备选择满足设计任务书的设计方案。在现场勘察中，如果发现与设计任务书有较大出入的问题，应上报原下达任务书的单位重新审定，并在设计中特别加以论证说明。

2.1.3　勘察工器具

勘察工器具

基站勘察使用到的工器具包括站表、手持式 GPS 定位仪、指北针、卷尺和相机等。

1. 站表

站表用来提供基站名称、WGS84 经纬度信息、地址以及铁塔和机房等基本信息。

2. 手持式 GPS 定位仪

手持式 GPS 定位仪可以用来测量站点经纬度和海拔高度，也可以作导航使用。在使用时一定要注意，只有 GPS 显示 4 条及以上的信号强度时才可以读数，否则读取的信息是不准确的，如图 2.2 所示。

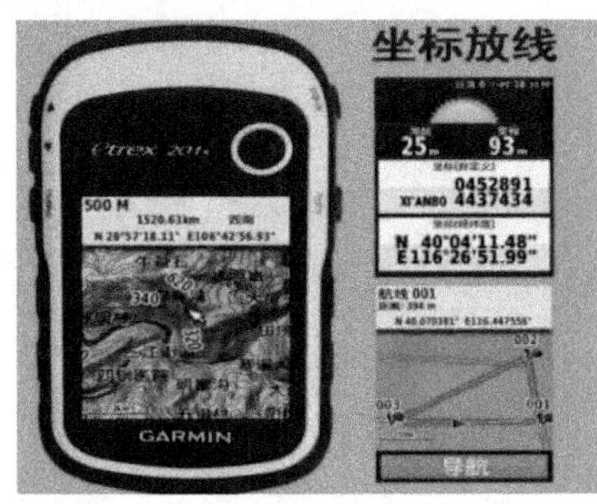

(a) 手持式 GPS 定位仪

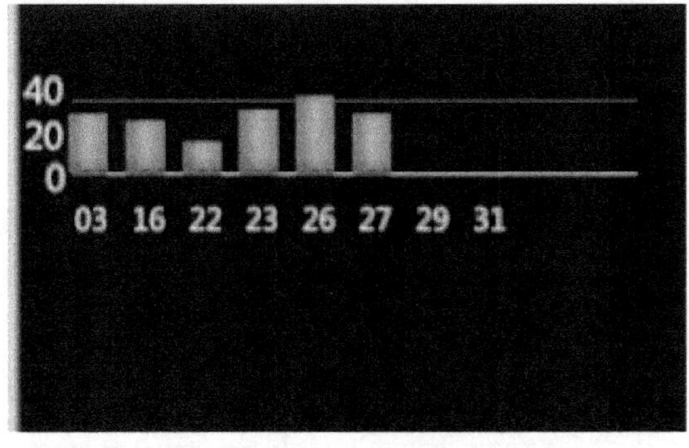

(b) 信号强度显示

图 2.2　手持式 GPS 定位仪

3. 指北针

指北针用来提供机房、铁塔的方位，可 360° 定位环拍以及辅助确定方位角，如图 2.3 所示。使用时注意不要靠近金属，防止产生磁化，影响测量结果。

图 2.3　指北针

4. 卷尺

卷尺用来测量机房、天面尺寸以及走线和路由长度等，如图 2.4 所示。

图 2.4　卷尺

5. 相机

相机用来辅助记录机房、天面与周围环境，如图2.5所示。

图2.5　相机

6. 激光测距仪(选配)

测量建筑的高度或长度最好使用激光测距仪，也可以用卷尺来替代，所以一般作为选配工器具。基站勘察时常见的激光测距仪如图2.6所示。

图2.6　激光测距仪

7. 角度仪(选配)

角度仪用于测量角度。基站勘察时一般用于测量天线的下倾角，使用方法如图2.7所示。

图2.7　角度仪测量天线下倾角的示意图

■ 课后习题

一、单项选择题

1. 通信基站勘察一般要遵循的步骤是(　　)。

A. ①设计任务书；②勘察准备；③现场勘察；④分布任务

B. ①设计任务书；②分布任务；③勘察准备；④现场勘察

C. ①设计任务书；②现场勘察；③勘察准备；④分布任务

D. ①设计任务书；②现场勘察；③分布任务；④勘察准备

2. 下面哪种工器具不属于通信基站勘察必需的？(　　)

A. 米尺　　B. 测距仪　　C. 照相机　　D. 光时域反射仪

二、多项选择题

1. 工程勘察是运用各种手段收集建设地点的信息以支撑设计所需的(　　)资料来指导工程设计。

A. 经济　　B. 社会　　C. 技术　　D. 业务

2. 外出勘察涉及人员、车辆、仪表和工作进度等方面，所以在勘察前要做好各方面的准备工作，包括(　　)。

A. 制定勘察计划

B. 收集与工程有关的文件、图纸和资料

C. 准备勘察工器具

D. 人员组织

3. 一般而言，在工程实施之前需要进行勘察确认，包括(　　)。

A. 可行性研究报告勘察　　B. 方案勘察

C. 初步设计勘察　　D. 施工图测量

三、判断题

1. 在现场勘察中，如果发现与设计任务书有较大出入的问题，应上报原下达任务书的单位重新审定，并在设计中特别加以论证说明。(　　)

2. 通信基站工程勘察包括勘察和现场测量两个工序，对于一阶段设计，勘察和现场测量同时进行。(　　)

习题与答案

任务 2.2　站址筛查

课前引导

在进行物业洽谈前，首先需要确定基站站址，请思考：作为一名设计人员，如何选择符合无线环境和配套建设环境的站址？在站址筛查中需要关注和采集哪些信息？

任务描述

通过本任务的学习，学生能够具备站址筛查的能力，独立完成勘察报告的撰写。

任务目标

(1) 了解站址筛查时的注意事项。

(2) 能独立进行站址筛查，掌握相关信息采集和勘察报告撰写的内容。

2.2.1　站址筛查概述

基站选址是对规划输出方案的无线环境再确认，所以站址选择应尽量与规划报告要求保持一致。如果不能选到理论站点，则需要在搜索圈内挑选备选站点。备选站点要求满足小区结构，其偏差不应大于基站覆盖半径(R)的 1/8，如图 2.8 所示。

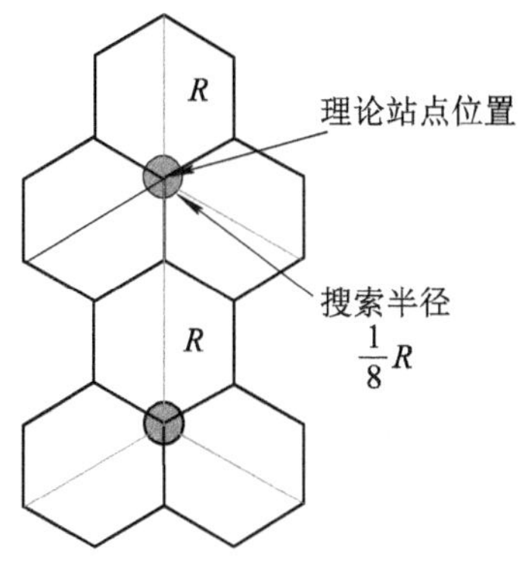

图 2.8　基站选址要求

完成无线环境的确认后，还需要考虑土建铁塔环境、资源摸查等内容，确定无误后再进行物业洽谈、签订合同，如图 2.9 所示。一旦完成物业洽谈，就进入工程实施的环节，所以在筛查选址时必须认真谨慎，遵照通信基站选址相关法律条文和规定，注意避开不利的建站因素。

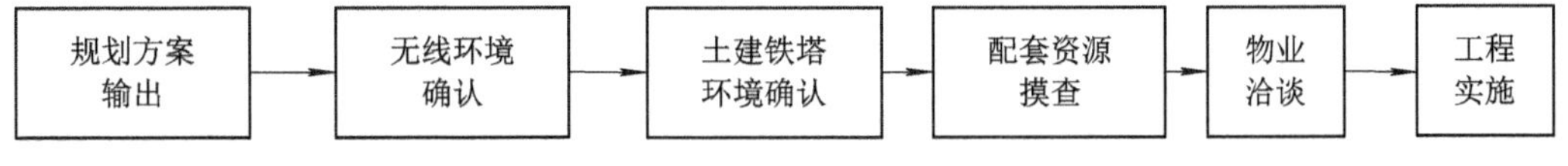

图 2.9　基站选址的确认步骤

2.2.2　站址筛查的注意事项

站址筛查的注意事项

站址筛查的注意事项主要有以下几点：

(1) 站址选择应满足通信网络规划和通信技术要求，同时应结合水文、气象、地理、地形、地质、地震、交通、城市规划、土地利用、名胜古迹、环境保护、投资效益等因素及生活设施综合比较选定。场地建设不应破坏当地文物、自然水系、湿地、基本农田、森林和其他保护区。

(2) 站址的占地面积应满足业务发展的需要，同时应节约用地。

(3) 站址应有安全环境，不应选择在生产及存储易燃、易爆、有毒物质的建筑物和堆积场附近。

① 站址与加油、加气站的距离应满足 GB 50156—2012《汽车加油加气站设计与施工规范》4.0.4～4.0.9 条强制性条文的规定。一般不宜小于 1.5 倍杆(塔)高，具体距离与加油、加气站的等级有关。

② 站址与石油库的距离应满足 GB 50074—2014《石油库设计规范》4.0.11 条的规定。石油库的储罐区或水运装卸码头与架空通信线路(或通信发射塔)、架空电力线路的安全距离，不应小于 1.5 倍杆(塔)高；石油库的铁路罐车和汽车罐车装卸设施、其他易燃可燃液体设施与架空通信线路(或通信发射塔)、架空电力线路的安全距离，不应小于 1.0 倍杆(塔)高；以上各设施与电压不小于 35kV 的架空电力线路的安全距离不应小于 30m。

(4) 站址不宜在大功率无线电发射台、大功率发射设备、雷达站和具有电焊设备、X 光设备或生产强脉冲干扰的热合机、高频炉的企业附近。大功率发射设备和雷达站如图 2.10 所示。

(a) 大功率发射设备

(b) 雷达站

图 2.10 大功率发射设备和雷达站附近避免选址

(5) 站址应避开断层、土坡边缘、古河道，有可能塌方、滑坡、泥石流及含氡土壤的威胁和有开采价值的地下矿藏或古迹遗址的地段，对于不利地段应采取可靠措施。例如，应避免在土坡边缘选址，如图 2.11(a)所示。

(6) 站址不应选择在易受洪水淹灌的地区，例如应避免在图 2.11(b)所示的低洼地段选址。无法避开时，可选在场地高程高于计算洪水水位 0.5m 以上的地方；仍达不到上述要求时，应符合 GB 50201—2014《防洪标准》的如下要求。

① 城市已有防洪设施，并能保证建筑物的安全时，可不采取防洪措施，但应防止内涝对生产的影响。

② 城市没有设防时，通信建筑应采取防洪措施，洪水计算水位应将浪高及其他原因的壅水增高考虑在内。

③ 洪水频率应按通信建筑的等级确定：特别重要的及重要的通信建筑防洪标准等级为Ⅰ级，重现期(年)为 100 年；其余的通信建筑为Ⅱ级，重现期(年)为 50 年。

(a) 土坡边缘

(b) 低洼地段

图 2.11　土坡边缘和低洼地段附近避免选址

(7) 局、站址选择时应符合通信安全保密、国防、人防、消防等要求。

(8) 站址应避免选择在森林中。如出于覆盖目的无法避免时，应保持天线高于树顶，并在站址的周围设置防火隔离带。

(9) 站址应避开雷击高发区，基站虽然有防雷措施，但如果地网不符合要求或者防雷模块故障，一旦发生雷击就可能危及机房设备安全。

(10) 覆盖重要道路的基站，原则上应建在道路规划的红线外，铁塔距离道路基线必须大于自身塔高(含避雷针高度)一定距离以上。

(11) 站址应避开易于引发潜在不良性反应的场所，如图 2.12 所示，应避免在幼儿园、小学、医院等附近选址，宏站天线应避免主瓣方向直接指向 100 m 距离内有人员经常出现的暴露区域，必要时天线可采用美化方式处理。

(a) 幼儿园

(b) 医院

图 2.12　幼儿园和医院附近避免选址

(12) 站址不宜设置在铁路线路安全保护区内，站址边、杆塔中心离铁路设施的距离应符合国家标准、行业标准和铁路安全防护要求。如图 2.13 所示，分布在铁路沿线两侧的基站跟铁轨需保持一定的安全距离。

图 2.13　铁路附近选址要设安全距离

(13) 站址不宜靠近高压电线，若因条件限制需设在高压电线附近，则与高压电线的水平间距宜大于电力铁塔高度与 50 m 防雷间距之和。当基站设置塔、桅杆等天线支撑物时，杆塔中心离高压线的水平距离宜大于杆塔的高度。如图 2.14 所示，如果在高压电线附近选址，必须按照上述要求设置安全距离。

图 2.14　高压电线附近选址要设安全距离

(14) 站址不宜设置在高压油管、天然气管、燃气管附近，当基站设置塔、桅杆等天线支撑物时，杆塔中心离上述管道的水平距离宜不小于杆塔的高度，同时宜大于 50 m。如图 2.15 所示，如果在石油管道或天然气管道附近选址，则需按上述要求设置安全距离。

(a) 石油管道

(b) 天然气管道

图 2.15　石油管道、天然气管道附近选址要设安全距离

(15) 当站址设置在飞机场或飞机航道附近时，其高度应符合机场净空高度要求和航空管理要求，并按航空部门的有关规定涂刷标志油漆、设置航空障碍标志等，如图2.16所示。

图2.16　机场附近选址要设安全距离

(16) 在地震区，通信建筑应避开抗震不利地段，当条件不允许时，应采取有效措施；对危险地段，严禁建造特殊设防类(甲类)、重点设防类(乙类)通信建筑，不应建造标准设防类(丙类)通信建筑。

(17) 楼顶站址不应选择在危房、待拆迁房屋，年代久远、梁柱或承重墙体有明显裂缝、传力路径不明的建筑结构上，以及楼面环境差、维护困难或墙体严重剥落的地方，如图2.17所示。

(a) 危房　　(b) 天面不整

图2.17　避免选址在危房或楼面环境差的楼层

2.2.3　站址筛查的信息采集

完成选址后，需要收集记录相关的信息，比如站名、地址、经纬度(精确到小数点后6位)和拍摄环境照，生成选址报告，以便后续审核所选位置的无线环境和土建建设环境是否有利于工程建设。

站址筛查的信息采集

1. 勘察报告应包括的内容

勘察报告应包括以下内容：

(1) 网络现状；设计的目标、考虑；整个网络的基站布局、方案。

(2) 每个基站的设置；所选站点的优缺点及存在的问题；建站的合理性和必要性(设站理由和建站后的效果)。

(3) 要有简要结论；资源调查表；配置表。

(4) 照片勘察记录表等。

(5) 大致路由图，设备配置。

(6) 电源的引电方案、路由，地网的方案及引入路由，设备配置等。

2. 勘察报告表

勘察报告的格式和内容可以根据建设方要求或设计公司自身情况进行修正。一般而言，通信基站在筛查选址时应该采集如表 2.1 所列的信息。

表 2.1　勘察报告表

<table>
<tr><td rowspan="3">基本信息</td><td>站名</td><td></td><td>运营商</td><td></td><td rowspan="2">基站地址</td><td rowspan="2"></td></tr>
<tr><td>需求经度</td><td></td><td>需求纬度</td><td></td></tr>
<tr><td>实际经度</td><td></td><td>实际纬度</td><td></td><td>与订单偏移距离
(手动计算)</td><td></td></tr>
<tr><td rowspan="3">楼面站</td><td>建筑物类型</td><td></td><td>是否能获取楼面
结构情况</td><td></td><td>维护是否方便</td><td></td></tr>
<tr><td>建筑物总楼层</td><td></td><td>机房所在楼层</td><td></td><td>铁塔所在楼层</td><td></td></tr>
<tr><td>是否需要
接地引线</td><td></td><td>外墙是否
开裂漏水</td><td></td><td></td><td></td></tr>
<tr><td rowspan="4">地面站</td><td>是否存在危险源</td><td></td><td>是否在河道/铁
路/高速附近</td><td></td><td>是否地势低洼，
需要抬高</td><td></td></tr>
<tr><td>是否需要护坡、
挡土墙</td><td></td><td>是否需要
修建围墙</td><td></td><td>是否需要修建道路</td><td></td></tr>
<tr><td>是否需要
二次
搬运</td><td></td><td>是否需要
外引接地</td><td></td><td>是否有较深垃圾
回填土质</td><td></td></tr>
<tr><td>施工吊装机械是
否可以入场</td><td></td><td>施工空间
是否足够</td><td></td><td>是否需要地勘</td><td></td></tr>
<tr><td rowspan="2">铁塔</td><td>楼面站：拟建
楼面高度/m</td><td></td><td>地面站：拟建场
地海拔高度/m</td><td></td><td></td><td></td></tr>
<tr><td>铁塔类型</td><td></td><td>铁塔高度/m</td><td></td><td></td><td></td></tr>
<tr><td>外电引入
(选填)</td><td>引入类型</td><td></td><td>引入电压/V</td><td></td><td>引入距离/m</td><td></td></tr>
<tr><td>特殊情况说明</td><td colspan="6"></td></tr>
<tr><td colspan="7">勘察人签字：(所有公勘人员签字)　　　　单位：　(所有公勘单位)

勘察日期：　　　年　　　月　　　日</td></tr>
</table>

3. 现场勘察照片

勘察照片一般包括 360° 环拍、机房建设位置、铁塔和天线拟安装的位置等照片。

(1) 360° 环拍时，从正北方向开始，顺时针每隔 45° 拍 1 张照片，共 8 张照片，记录在如表 2.2 所示位置。

表 2.2　360° 环拍照

315°	0°	45°
270°	—	90°
225°	180°	135°

(2) 拟建机房选址照一般需要拍摄远景照和近景照，照片记录在表 2.3 所示位置。

表 2.3　拟建机房远景照和近景照

远景照(机房所处地全景照片)	近景照(机房所处地全景照片)

(3) 拟建铁塔选址地照片记录在表 2.4 所示位置。

表 2.4 拟建铁塔选址照

拟建铁塔选址地照片

(4) 站点位置照(平面照片、不利建站因素照片)记录在如表 2.5 所示位置。

表 2.5 站点位置照

站点位置照(平面照片、不利建站因素照片)

■ 课后习题

站址筛查

一、单项选择题

1. 通信基站站址确定的步骤是(　　)。

A. ① 规划输出；② 无线土建环境确定；③ 资源摸查；④ 物业洽谈

B. ① 物业洽谈；② 规划输出；③ 无线土建环境确定；④ 资源摸查

C. ① 物业洽谈；② 资源摸查；③ 规划输出；④ 无线土建环境确定

D. ① 规划输出；② 物业洽谈；③ 资源摸查；④ 无线土建环境确定

2. 在进行通信基站站址筛查时，不正确的说法是(　　)。

A. 城区选址需要综合考虑电磁波传播、基站站间距等因素

B. 选址在高山或高层建筑楼顶

C. 站址选址在需要重点覆盖区域

D. 避免选址在有干扰源附近

3. 基站选址应尽量和规划输出报告保持一致，如果不能选到理论站点，则需要在搜索圈内挑选备选站点。备选站点要求满足小区结构，其偏差不应大于基站覆盖半径的(　　)。

A. 1/8　　B. 1/4　　C. 1/2　　D. 3/4

4. 关于勘察记录中现场勘察照片的拍摄，下面说法不正确的是(　　)。

A. 从正北方向开始　　B. 顺时针拍摄

C. 每隔 30° 或 45° 拍摄 1 张照片　　D. 没有要求

二、多项选择题

1. 下列关于站址筛查的做法正确的是(　　)。

A. 避免雷达等强干扰源　　B. 天线正前方 200 m 不应有阻挡

C. 避开金属反射　　D. 无其他要求

2. 勘察报告表应包括的内容有(　　)。

A. 经纬度和地址　　B. 拟定铁塔类型

C. 天线挂高　　D. 外市电引入类型

3. 勘察报告表需要拍摄的内容包括(　　)。

A. 主选址位置　　B. 拟定安装铁塔位置

C. 拟建机房位置　　D. 360° 环拍

三、判断题

1. 站址应有安全环境，不应选择在生产及储存易燃、易爆、有毒物质的建筑物和堆积场附近。(　　)

2. 站址不应选择在易受洪水淹灌的地区；无法避开时，可选在场地高程高于计算洪水水位 0.4 m 以上的地方。(　　)

3. 楼顶站址可以选择在危房、待拆迁房屋以及年代久远、梁柱或承重墙体有明显裂缝、传力路径不明的建筑结构上，或者楼面环境差、维护困难或墙体严重剥落的地方。(　　)

4. 在密集市区选取候选站点时，站点位置越高越好。(　　)

5. 铁塔距铁路线路或高压线等安全保护区必须大于自身塔高(含避雷针高度)一定距离以上。(　　)

6. 楼面站勘察报告表填写的天线挂高指的是楼层高度与铁塔高度之和。(　　)

7. 基站勘察时需要综合考虑各方的需求，如果是联合勘察，则需要各公勘单位签字确认勘察结果。(　　)

习题与答案

任务 2.3　设 计 勘 察

课前引导

设计勘察

完成站址筛查及物业洽谈之后需要进行设计前的信息采集。请问是否需要对已选站址信息进行再确认？在设计勘察过程需要完成哪些任务？

任务描述

通过本任务的学习，学生能够掌握电源、机房、天面和防雷接地的勘察要点，具备基站工程勘察能力，独立完成勘察报告的撰写。

任务目标

(1) 掌握基站工程设计勘察要点。

(2) 能独立进行基站设计勘察，掌握相关信息采集和勘察报告撰写的规范。

2.3.1 站址再确认

当筛查选址站点被确定并完成物业洽谈之后，需要进场设计勘察与测量。首先需要进行基站站址的再确认，一般需要确认以下内容：

(1) 已选站址所在地区的地理环境、当地经济和话务需求满足建站目的和基站类型。

(2) 站址附近无强功率发射设备(如微波台或电台)和较少人为干扰(如电焊机、高频电炉、火花干扰等)。

(3) 已选站址与周围临近站点布置合理，满足小区蜂窝结构。

(4) 已选站址周围比较开阔，50 m 半径范围内无高层建筑或障碍阻挡。

(5) 已选站址位置借助相应的铁塔能满足天线挂高需求，机房空间满足本期和未来业务的要求。

(6) 已选站址机房楼板承重经鉴定后大于 6 kN/m^2，符合安全防火和抗震等有关规定。

(7) 已选站址供电方便，并能提供 8 kW 及以上的三相交流电。

(8) 已选站址周围环境较安全，利于无人值守，交通方便，汽车能到楼下。站址楼梯应有足够宽度，以便通信设备及安装器材的搬运。

(9) 已选站址所在楼房 8～10 年内不会拆迁。

(10) 已选站址所在楼房业主明确，有合法的产权手续，并可签订长期租约。

2.3.2 基站电源勘察

基站电源勘察一般需要收集以下信息：

(1) 了解市电引入来源及市电容量，比如，是高压引电还是低压引电。如果是低压引电，是从业主配电柜的空气开关引接还是引自公用变压器。

(2) 了解基站附近的市电情况，如市电性质、电压波动范围、停电频繁程度。

(3) 了解基站是否需要装设固定油机，如需要，安装在哪里；如不需要，是否安装市电/油机转换开关，并明确安装位置。

(4) 勘察外市电引入的方案及路由，是否需要新建变压器？市电由哪里引，属于哪个区的供电范围，采用哪种敷设方式(穿管还是直接敷设，走线井还是走外墙，架空还是埋地等)？

(5) 市电引入机房的方案及路由，从市电/油机转换开关如何引入机房，并估计路由长度。

2.3.3　基站机房勘察

基站机房勘察一般需要收集以下信息：

(1) 了解业主提供的建设面积适合作室内机房还是一体化机柜。

(2) 机房房屋结构勘察墙体应是混凝土、砖砌或框架结构。

(3) 已有机房长度、宽度和高度的勘察测量，判断其是否满足本期新增机柜的需求或已有机柜的剩余空间是否满足本期设备安装的需求。

(4) 已有机房的门、窗是否漏水，机房高度是否高于周边地势或洪水线位 0.5 m 以上。

(5) 馈线孔洞剩余数量或者空间的勘察。

(6) 地排安装位置、地排剩余空洞勘察。

(7) 空调铭牌、投入使用日期、空调数量和制冷量勘察。

(8) 如果是新建站，则需要对上述内容进行大致安装位置、数量要求等方面的勘察和测量，机房大小、相关线缆和洞口的勘察。

2.3.4　基站天面勘察

基站天面勘察一般需要收集以下信息：

(1) 勘察时需要画出完整详细的天面图，标明楼面所有设施(楼梯间、电梯房、水塔、空调冷凝器、微波天线、卫星天线、广告牌、女儿墙等对天线布放有影响的设施)，确定磁北方向，标明层高、楼高。

(2) 根据 360° 环拍，确定定向天线的方向及各小区的方位，相邻小区的最小夹角应大于 80° 。

(3) 勘察站点周边环境、周边业主对基站的接收程度和造价，确定本次安装什么类型的天线。

(4) 勘察确定天线抱杆安装位置及长度，以覆盖为主，但要尽量缩短电缆的长度。无女儿墙或女儿墙高度低于 0.8m 的天线抱杆应采用楼面安装。天线位置的确定应注意有无阻挡(广告牌、冷却塔等)，必须与施工单位、设备厂家及建设单位取得一致意见，并且经业主同意。若需建塔，建塔位置、高度应与铁塔设计单位及业主取得一致意见。

(5) 勘察确定天线抱杆长度以及天线安装时应注意本身楼体及相邻楼体可能造成的阴影影响。

(6) 共享铁塔时应该勘察抱杆的角度是否满足覆盖方位，剩余空间和挂高是否满足覆盖要求。

(7) 天面具有微波天线或使用微波进行传输时需要现场确定方向和位置，微波天线和基站天线不要相互阻挡辐射方向。

(8) 勘察室外走线，要求尽量减少对天面的占用和干扰，天线的布置不能封住天面入口。同时应该根据现场确定走线架或塑料套管方案。

2.3.5 防雷接地勘察

对于室外天馈系统，接地引入方式可以采取自建地网、搭接楼顶避雷带或利用已有地网；对于室内接地，可以采取自建地网、搭接大楼主钢筋和大楼总地排等方式。室内外接地都需要根据具体情况，即现场勘察情况来确定，所以现场勘察应注意以下事项。

(1) 机房所在建筑物地网，是否可用(地网的接地电阻小于 10Ω)，如可用，接地线由哪里引；如不可用，明确自建地网位置，同时需要画出地网制作位置与建筑物相对位置示意图及新旧地网连接位置。

(2) 了解土壤性质，如泥地、沙砾、碎石等的估算电阻率，初定接地极根数，必要时要测量地阻率。

(3) 确定机房所在地是否为雷区以及建筑物的防雷情况，例如有无避雷带，避雷带是否可靠，是否安装了避雷针。

(4) 记录接地线如何引入机房(走线井还是走外墙，是否穿管，与地网在哪连接)，并估计路由长度。

(5) 对于已有机房，则需要勘察确定是否有室内外接地极，地排与室内外接地极是否采用 95 mm^2 的黄绿线或扁铁且接触良好，如图 2.18 所示。地排与接地点如图 2.18 所示。

(a) 95 mm^2 的黄绿线与接地极相连

(b) 扁铁与接地极相连

图 2.18　地排

2.3.6 勘察数据采集

根据网络需求做出目标站点资料表，一般需要收集以下信息：

(1) 勘察工作严格按“基站勘察情况表”的要求收集数据。

(2) 每个站点必须拍摄的照片包括 360° 环拍 8 张(0°、45°、90°、135°、180°、225°、270°、315°)、天面图 1 张、机房图 1 张、站点全景图 1 张。按顺序拍摄，并将照片按站点整理成册。

(3) 除按“基站勘察情况表”的要求收集数据外，每个站点必须画出详细的天面图并在图上标明天线及走线架的位置，同时必须画出详细的机房设备布置图。

(4) 对所选的每个站点必须有文字描述，说明该站点的优缺点、能否满足设站的要求，要有明确结论，最终完成勘察报告的输出。

1. 勘察报告表

勘察报告的格式和内容可以根据建设方要求或设计公司根据自身情况进行修正。本次以共址站为例展示设计勘察需要填写的信息内容，如表 2.6 所示。

表 2.6　勘 察 报 告 表

基本信息	站名		运营商需求方		原运营商归属	
	需求经度		需求纬度		基站地址	
	实际经度		实际纬度		与订单偏移距离	
楼面站	建筑物类型		是否能获取楼面结构情况		维护是否方便	
	建筑总楼层		机房所在楼层		铁塔所在楼层	
铁塔	原有塔型		原有塔高		原有平台数	
	是否有空余抱杆		空余抱杆数量			
机房	机房类型		机房尺寸(长 × 宽)/(m × m)		馈线窗空余情况(剩余孔数、孔径)	
一体化机柜	原有一体化机柜数量		原有一体化机柜外尺寸(长 × 宽 × 高)/(mm × mm × mm)			
交流配电箱	原有交流配电箱型号		原有 SPD 大小		交流输出空开情况	
开关电源	原有开关电源型号		原有开关电源使用年限		原有开关电源负载信息(电流)	
	原有开关电源负载信息(电压)		原有整流模块型号		原有整流模块数量	

续表

蓄电池	原有蓄电池型号		原有蓄电池使用年限		原有蓄电池组数	
	原有蓄电池总容量/(A·h)					
主设备	BBU 型号		BBU 机框剩余插槽			
	传输设备型号		板卡剩余光口数量和速率		机柜剩余插槽	
外电引入	原有引入类型		原有外电电压		原有外电距离	
天线	已有天线数量和型号		已有天线挂高		已有天线方位角	
	拟建天线数量和型号		拟建天线方位角		拟建天线方位角	
其他	原有空调情况		原有动环监控情况		原有接地情况	
特殊情况说明						
勘察人签字：			单位：			
勘察日期：　　年　　月　　日						

2. 现场勘察照片

勘察照片一般包括 360° 环拍、机房建设位置、铁塔和天线拟安装的位置等照片。

(1) 360° 环拍照，从正北开始，顺时针每隔 45° 拍 1 张，共 8 张，记录在表 2.7 所示位置。

表 2.7　环 拍 照 片

315°	0°	45°
270°	—	90°
225°	180°	135°

(2) 机房(或室外一体化机柜)照片。根据机房的类型拍摄相应的照片，记录在表 2.8 所示位置。

表 2.8　机房/机柜照片

机房(或室外一体化机柜)整体照	租用机房、彩钢房楼下梁、柱照片	室外走线架照片	空调室外机照片
机房内四角拍摄设备照 1	机房内四角拍摄设备照 2	机房内四角拍摄设备照 3	机房内四角拍摄设备照 4

(3) 铁塔及天面照片。对于共址站勘察，需要拍摄原有铁塔平台和抱杆照片，记录在表 2.9 所示位置，以便确认是否需要新增铁塔资源。

表 2.9 铁塔和天面照片

铁塔整体照	近景 1(利旧铁塔空余平台信息)	近景 2(利旧铁塔空余平台信息)	楼面站天面整体照
原有天线照	拟建天线安装位置 1	拟建天线安装位置 2	拟建天线安装位置 3

(4) 机房设备照片。需要拍摄机房电源设备和基站主设备照片，记录在表 2.10 所示位置。

表 2.10 机房设备照片

交流挂箱照片 1 (整体照)	交流挂箱照片 2 (铭牌照)	交流挂箱照片 3 (SPD 照)	交流挂箱照片 4 (输出分路照)
开关电源照片 1 (整体照)	开关照片 2 (铭牌照)	开关电源照片 3 (输出分路照)	开关电源照片 4(整流模块及监控模块照)

续表

电池照片 1(整体照)	电池照片 2(参数信息)	电池照片 3(投产标签照)	电池照片 4(走线照)
综合柜照片 1 (开柜整体照)	综合柜照片 2 (配电单元照)	综合柜照片 3 (可用空间照)	综合柜照片 4 (内部设备照，可多张)
空调照片 1(整体照)	空调照片 2(铭牌照)	空调照片 3(投产标签照)	
地排照片	馈线窗照片	室内走线架照片	室内走线架两端墙面 照片
BBU 整体照片	BBU 插槽照片	传输设备整体照片	板卡和传输光口照片

(5) 室外一体化机柜设备照片。需要拍摄室外一体化站的电源设备和基站主设备照片，记录在表 2.11 所示位置。

表 2.11 室外一体化机柜设备照片

集成电源单元照片	电池照片	防雷地排照片	保护地排照片	一体化柜照片 (可用空间照)

BBU 整体照片	BBU 插槽照片	传输设备整体照片	板卡和传输光口照片

■ 课后习题

一、单项选择题

1. 选址之后，不需要再确认的是(　　)。

A. 覆盖目的　　B. 话务需求

C. 资源配套　　D. 无需再确认

2. 外市电勘察需要注意市电情况，需要记录在勘察报告中的内容包括(　　)。

A. 市电性质　　B. 电压波动范围

C. 停电频繁程度　　D. 以上都正确

二、多项选择题

1. 已选站址的再确认内容包括(　　)。

A. 地理环境　　B. 供电情况

C. 交通条件　　D. 站点承载力情况

2. 外市电的敷设方式有(　　)。

A. 架空线路　　B. 地埋敷设

C. 套管敷设　　D. 附挂(如附墙)

3. 开关电源勘察时除了需要关注开关电源柜铭牌和投入使用日期，还需在勘察表中记录(　　)。

A. 开关电源容量　　B. 现网电流

C. 整流模块类型　　D. 输出端子使用情况

4. 勘察时需要画出完整详细的天面图，标明楼面所有设施，包括(　　)。

A. 天面的所有设施　　B. 确定磁北方向

C. 标明层高、楼高　　D. 女儿墙高度和厚度

5. 室外天馈接地可根据实际情况灵活选择，包括的方式有(　　)。

A. 自建地网　　B. 楼顶避雷带

C. 利用已有地网　　D. 以上都正确

6. 设计勘察时，勘察报告应记录的内容包括(　　)。

A. 环拍　　B. 天面图整体照

C. 机房四角照　　D. 设备整体和局部照

三、判断题

1. 设计勘察是在业主已完成物业谈判的基础上进行再确认，并且完成相关的勘察测量和相关信息的采集。(　　)

2. 已选站址周围应比较开阔，40 m 半径范围内无高层建筑或障碍阻挡。(　　)

3. 对于机房空间，首先应判断已有机柜的剩余空间是否满足本期设备安装的需求，再判断是否满足新增机柜的需求。(　　)

4. 现场勘察时确认机房有馈线窗就行了，不需要关注孔洞。(　　)

5. 室外走线时要尽量减少对天面的占用和干扰，天线的布置不能封住天面入口。(　　)

6. 无论是搭接机房所在建筑物地网情况还是自建地网，要求接地电阻应小于 10 Ω。(　　)

7. 通常自建地网在室内有两个出土点，通过铜铁转换排与 95 mm^2电源线将汇流排与出土的接地扁钢连接起来。(　　)

习题与答案

项目 3　通信基站设计

项目概述

完成勘察之后就进入了工程设计环节。本项目结合课程特点和无线设备安装工程内容，介绍了铁塔和机房设计、电源配套设计、主设备设计、设计出图等内容。

铁塔设计的重点在于掌握铁塔特点和根据不同的场景选择铁塔进行建设。机房设计的重点在于机房内部部署设计，包括机柜设计、走线架设计、空调设计等内容。电源配套设计主要介绍交、直流电源系统，从整体逻辑架构到各分部电源模块设计，要求学生掌握设计思路、计算方法并完成设计。主设备设计的重点是各代移动通信系统基站主设备的组成、模块和勘察设计以及根据设备型号进行相关配置和连接。防雷接地设计不再单独介绍，而是穿插在上述设计中。最后进行设计出图和综合实训，完成新建站和共址站的方案设计，检验同学们对上述设计内容的理解程度和熟练度。

项目目标

(1) 掌握铁塔和机房的设计内容、方法和步骤。

(2) 了解基站电源配套组成，掌握交、直流电源系统的计算和配置方法。

(3) 掌握各代移动通信网络无线主设备的物理形式，完成主设备设计。

(4) 掌握工程设计出图绘制要点，能够完成设计出图。

知识导图

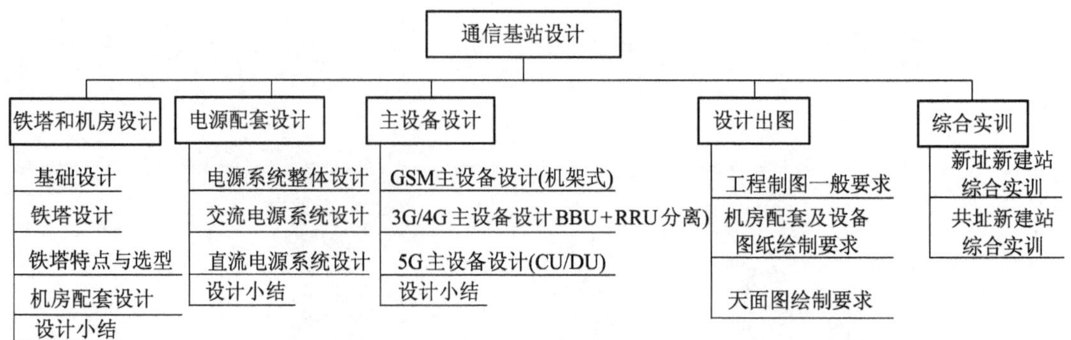

任务 3.1　铁塔和机房设计

课前引导

完成勘察之后就进入了工程设计环节。基站工程设计先要进行铁塔和机房设计，请大家结合勘察内容，思考在这个模块需要完成哪些设计内容并达到哪些设计要求。

任务描述

本任务主要介绍铁塔和机房的基础设计、铁塔的特点与选型以及机房配套设计等内容。通过本任务的学习，学生能够根据铁塔特点设计合适高度的铁塔，同时根据征址面积和场景完成机房配套设计。

任务目标

(1) 掌握不同铁塔的优缺点和适用场景，能够根据实际情况完成铁塔配套设计。

(2) 掌握机房装修工艺、荷载、照明、走线架、机柜和空调设计。

3.1.1　基础设计

通信基站建设属于无线通信设备安装工程的一种。无线通信设备安装工程除了移动通信设备安装工程之外，还有铁塔安装工程。铁塔主要用于天线、射频拉远单元(RRU)或有源天线处理单元(AAU)的挂载，是通信基站建设的重要组成部分。下面主要介绍简单的铁塔和机柜基础设计。在基站工程设计图纸中，统一使用的单位为 mm，如果没有标注比例，一般为 1∶1，即图纸上的尺寸为物体的实距。

1. 铁塔基础设计

铁塔基础设计

铁塔基础设计一般有如下要求：

(1) 铁塔基础设计应综合考虑铁塔塔型、基础作用力、地质条件、场地条件、当地施工技术水平和地方标准等因素。铁塔基础平面图如图 3.1 所示。其中，DL 表示地梁，同时要求基础底板的最小配筋率为 0.15%并按实际情况设计。

(2) 地脚锚栓规格及布置应与铁塔底部法兰相匹配，地脚锚栓应用微膨胀细石混凝土将底脚板下的空间填充密实。

(3) 基础混凝土浇筑施工前，必须按精度要求预埋定位地脚螺栓，预埋前应去除地脚螺栓表面污垢、浮锈，施工过程中如钢筋位置与地脚螺栓预埋位置相矛盾，应以地脚螺栓为准(钢筋避让原则)，待地脚螺栓定位调整满足要求后方可浇筑混凝土。

(4) 基础防雷接地应根据基站构筑物的形式、地理位置、周边环境、地质气候条件、土壤组成、土壤电阻率等因素进行设计，基站的工频接地电阻值宜控制在10Ω以内。一般水平接地体的镀锌扁钢尺寸不小于 40 mm × 4 mm，垂直接地体使用的镀锌角钢尺寸不小于 50 mm × 5 mm。接地大样如图3.2所示。

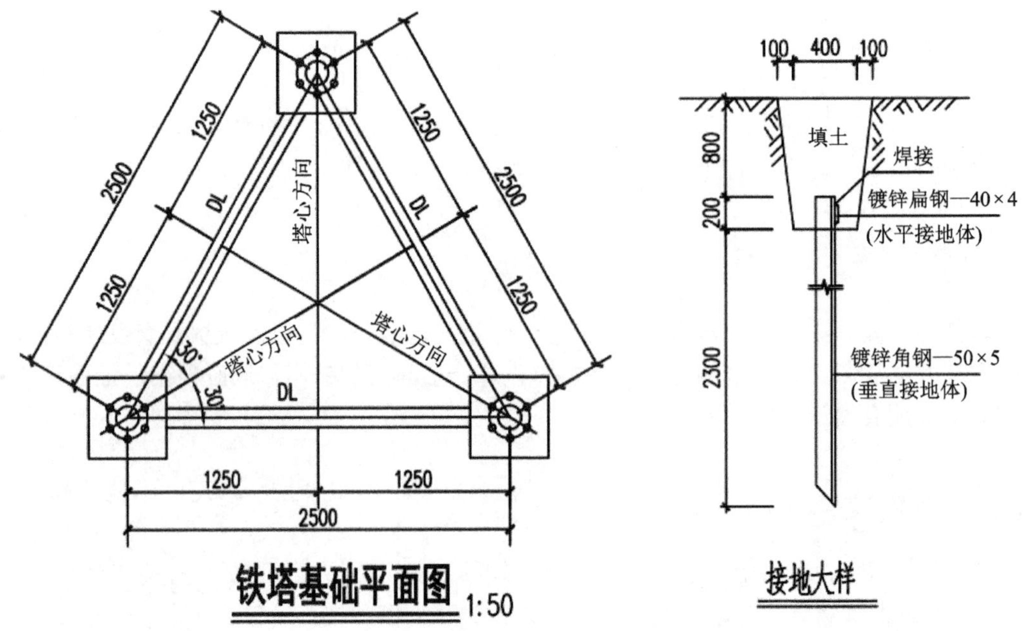

图3.1　铁塔基础平面图　　　　图3.2　接地大样示意图

(5) 铁塔基础回填土要求做地坪硬化，素土夯实(夯实系数一般不小于0.95)，并按实际环境进行设计，如图3.3所示。

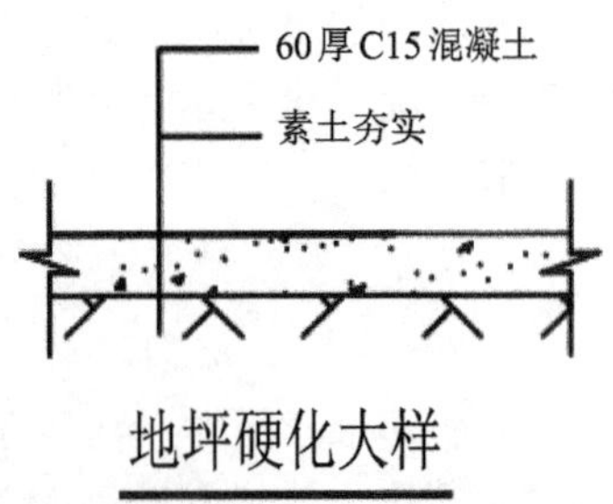

素土夯实，夯实系数不小于0.95；60厚C15混凝土，按2 m分仓跳格浇筑。硬化地坪尺寸由建设单位和监理单位依据实际征址面积现场确认。

图3.3　地坪硬化大样示意图

注：

① 地面夯实系数是衡量土壤或材料在夯实过程中密实程度的一个指标，系数越高，表明土壤或材料的密实程度越高。

② 60厚C15混凝土，指的是土壤表层使用C15型号混凝土，厚度为60 mm。

2. 机柜基础设计

以图 3.4 中机柜基础设计为例，下面简单介绍机柜基础设计的要求。

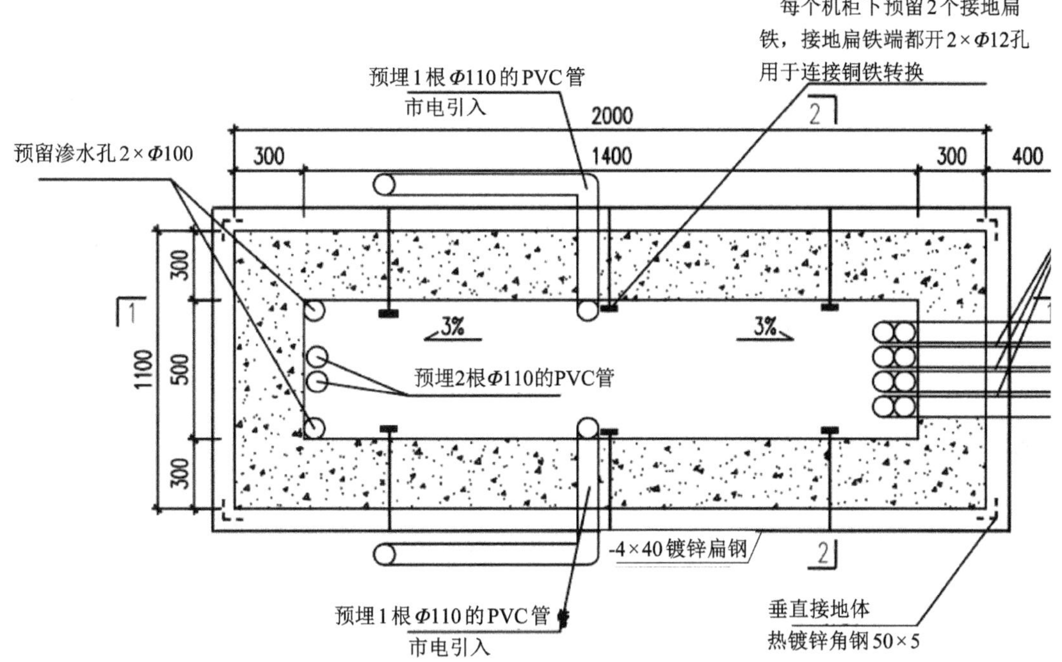

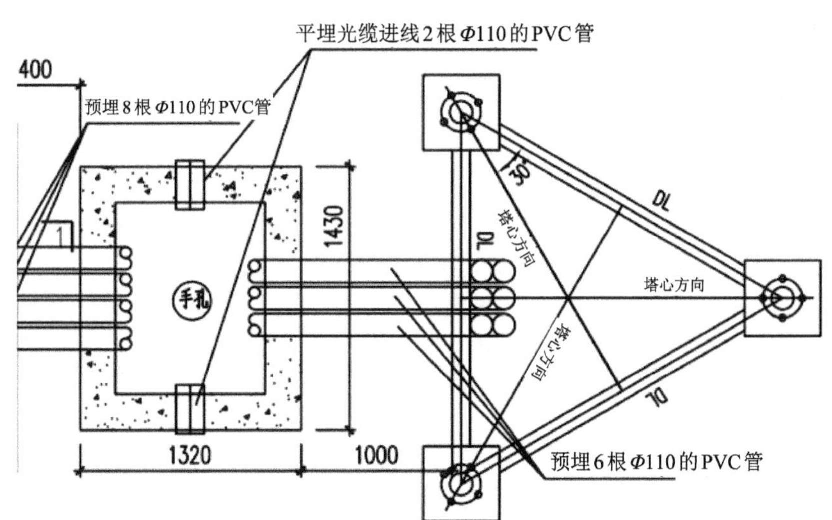

图 3.4　机柜基础设计示意图

(1) 自然地坪标高为 -0.3 m。

(2) 基础设计要求落在实土层上，基础下 500 mm 范围内将土夯实，夯实系数达 0.96，确保承载力特征值 f_{ak} 大于 100 kPa。

(3) 一体化机柜基础设计使用强度等级为 C25 及其以上的碎石混凝土。

(4) 需要提前确定机柜数量和安装位置，预埋管道并保证良好的弯折角度。

(5) 机柜基础要求与塔基基础做成一个联合地网。

上述基础设计内容，主要基于图 3.4 进行简单工艺介绍，涉及土建结构等内容以结构专业设计为准。

铁塔设计

3.1.2　铁塔设计

工程中应根据建站环境、岩土环境、铁塔安装是否便利，综合建设成本，设计满足天线挂载的铁塔类型。铁塔设计使用年限为 50 年(塔房一体化为 20 年)，结构安全等级为二级，抗震设防类别为丙类。

铁塔设计风压应根据地理环境、气象条件、地震等因素进行合理的计算，以确保铁塔的安全稳定。依照国家标准《建筑结构荷载规范》GB 50009—2012 中的相关条文，对风荷载计算中的主要参数作出统一规定，并计算出单副天线的风荷载值。

铁塔应根据不同加工工艺及运输条件合理确定分段长度，抱杆需与管塔塔身固定并在各个方向上保持垂直。抱杆必须足够坚固，应采用直径不小于 70 mm、壁厚不小于 4 mm 的钢管。塔身应有可靠的防雷接地措施，如安装避雷针时应保证天线在避雷针的 45° 保护范围内。

铁塔所有构件(含地脚螺栓)均进行热镀锌处理，镀锌层表面应光滑且具有实用性，在连接处不容许有毛刺。塔体所用钢管为无缝管，其机械性能、力学性能、化学性能均要满足现行规范。铁塔设计需要考虑塔身重量、地脚螺栓重量、压力、剪力和跨矩形等因素。一般铁塔设计需要标明铁塔编号、塔重、风压等参数，如表 3.1 所示。

表 3.1　铁塔基本参数示意

<table>
<tr><td rowspan="2">铁塔编号</td><td rowspan="2">塔重
(不含地脚螺栓)/t</td><td rowspan="2">地脚
螺栓重/t</td><td colspan="3">简化至塔脚平面形心处
标准组合</td><td colspan="3">简化至塔脚平面形心处
合力基本组合</td></tr>
<tr><td>压力
/kN</td><td>剪力
/kN</td><td>弯矩
/(kN •m)</td><td>压力
/kN</td><td>剪力
/kN</td><td>弯矩
/(kN •m)</td></tr>
<tr><td rowspan="5">3GT-30-0.95B</td><td>8.66106</td><td>0.756625</td><td>76</td><td>130</td><td>2590</td><td>80</td><td>182</td><td>3626</td></tr>
<tr><td colspan="4">一个塔脚反力标准组合</td><td colspan="4">一个塔脚反力基本组合</td></tr>
<tr><td colspan="2">受压控制</td><td colspan="2">受拉控制</td><td colspan="2">受压控制</td><td colspan="2">受拉控制</td></tr>
<tr><td>压力
/kN</td><td>剪力
/kN</td><td>压力
/kN</td><td>剪力
/kN</td><td>压力
/kN</td><td>剪力
/kN</td><td>压力
/kN</td><td>剪力
/kN</td></tr>
<tr><td>1250</td><td>84</td><td>1140</td><td>82</td><td>1678</td><td>118</td><td>1605</td><td>115</td></tr>
</table>

铁塔地脚锚栓、法兰螺栓、铁塔主材间连接应配置双母一垫，地脚栓应注意防腐防锈。

3.1.3　铁塔特点与选型

铁塔特点与选型

铁塔建设高度应与网络规划站点的天线挂高保持一致，并结合当地的建设条件选择不同的塔型。

常见的通信铁塔类型如图 3.5 所示。

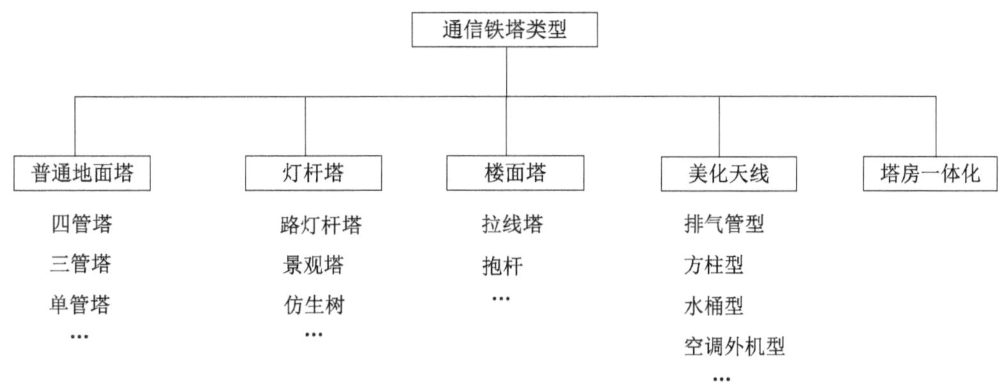

图 3.5　常见的通信铁塔类型

1. 普通地面塔

普通地面塔指的是建设在郊区、乡镇和农村等地面用于无线站点覆盖的通信铁塔，主要包括四管塔、三管塔、单管塔、角钢塔和地面拉线塔等类型。下面主要介绍四管塔、三管塔和单管塔。

1) 四管塔

四管塔的实体照片如图 3.6 所示。顾名思义，四管塔就是塔身由四根管支撑而成的钢结构铁塔，其优缺点如下。

(1) 优点：

① 结构整体性能良好，刚度大，技术成熟，运输方便；

② 容易进行抱杆扩容，应用场景广泛。

(2) 缺点：施工面积大，占地面积大，安装要求较高。

图 3.6　四管塔的实体照片

2) 三管塔

三管塔的实体照片如图 3.7 所示。三管塔与四管塔的结构差别不大，最大区别在于管身数量不同，且三管塔的塔身重量较低。其优缺点如下。

(1) 优点：

① 占地面积小(相对四管塔和角钢塔)，经济性能好，运输方便；

② 容易进行抱杆扩容，应用场景广泛。

(2) 缺点：基础施工面积较大，塔身刚度较弱，安装要求较高。

图 3.7　三管塔的实体照片

3) 单管塔

单管塔的实体照片如图 3.8 所示。顾名思义，单管塔就是塔身只有一根管。单管塔的优点包括体型简洁、占地面积小、受力性能好、可重复利用；施工安装速度快，适用于具备吊装设备操作条件下的各类场景。缺点则是长悬臂结构的抗风性能较差，杆顶位移较大，有施工条件限制，且造价相对传统铁塔高，安装天线、维护相对较难。

图 3.8　单管塔的实体照片

2. 灯杆塔

灯杆塔是一种美化通信塔，一般会在铁塔顶部预设灯头，整体看起来是一个大型灯杆。它的结构为单管型插接和法兰型连接类型，通信天线一般安装在固定支臂上。灯杆塔种类较多，如图 3.9 和图 3.10 所示。

(a) 普通灯杆塔

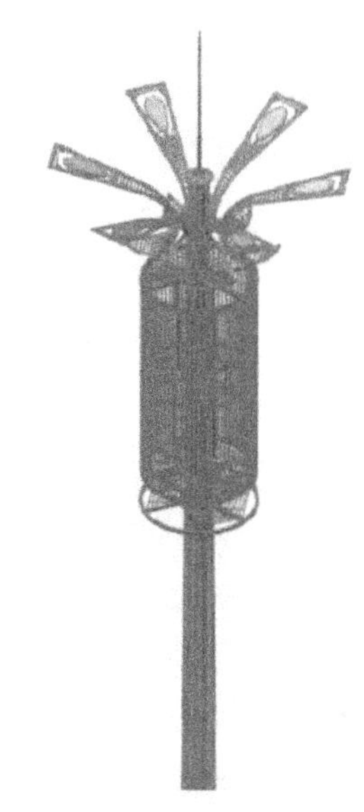

(b) 风帆型灯杆塔

图 3.9　灯杆塔类型一

(a) 飘带型灯杆塔

(b) 双轮型灯杆塔

图 3.10　灯杆塔类型二

普通灯杆塔和风帆型灯杆塔的优点是体型简洁、占地面积小、受力性能好，相对普通地面塔养护期较短，以及施工安装速度快；缺点是可挂载天线较少且对施工场所有条件限制。

飘带型灯杆塔和双轮型灯杆塔的优缺点与普通型灯杆塔和风帆型灯杆塔相似，但飘带型灯杆塔的飘带较长，会影响天线挂高。

3. 楼面塔

顾名思义，楼面塔是安装在房屋屋顶的，用于挂载通信设备的铁塔。根据铁塔天面占用空间、安装要求可分为楼面抱杆和其他楼面塔。

图 3.11 所示为常见的几种楼面抱杆类型。楼面抱杆的优点是占地面积小、设置灵活、周期短、成本低、施工简单；缺点是天线数量受限，需设置多根抱杆，对建筑物外观影响较大。

(a) 配重式抱杆

(b) 附墙抱杆

(c) 锚栓固定抱杆

(d) 配重＋钢结构抱杆

图 3.11 楼面抱杆类型

图 3.12 所示为其他几种常见的楼面塔类型，这类塔型的优点是可挂载天线数量多(相对单根抱杆)、结构可靠、可以现场组装、安装方便；缺点是占地面积大、对房屋结构要求较

高、构件多、搬迁重复利用较困难、易引起施工纠纷，且后期天线维护也较为困难。

(a) 增高架

(b) 拉线桅杆

(c) 支撑杆

图 3.12　楼面塔其他类型

4. 美化天线

美化天线也称作伪装天线，即在不增大传播损耗的情况下，通过各种手段对天线的外表进行伪装和修饰，以减少居民对无线电磁环境的恐惧和抵触，同时减少建设阻力和逼迁现象的发生。

图 3.13 所示为常见的楼面美化天线，这类美化天线的优点是简洁美观、周期短、成本低、施工简单、与周边环境融合；缺点是造价较高、维护不便。图 3.14 所示为地面美化树，其优点是伪装性能好，与周围环境协调；缺点是可挂载天线较少(相对普通地面塔)、造价高。

(a) 排气管型美化天线

(b) 方柱型美化天线

(c) 水桶型美化天线

(d) 空调外机型美化天线

图 3.13 楼面美化天线

5. 塔房一体化

如图 3.15 所示，塔房一体化是一种新型的基础设施，它将通信设备和通信塔结合在一起，创造了一种集成化的解决方案。它的主要优点是装修面积小、无需地基开挖、安装快速、可重复利用；缺点是可挂载天线较少、造价高。

图 3.14 美化树

图 3.15 塔房一体化

3.1.4 机房配套设计

机房设计

机房配套作为基站的重要组成部分，承载着通信基站的电源系统、传输系统、监控系统等重要设施，其设计自然也成为基站设计的重要内容。

1. 机房类型和工艺装修等设计

1) 机房类型

机房是通信基站室内的重要配套设施。根据建站环境及要求选取适宜的机房类型是通信设计人的一项基本能力。目前，移动通信基站的机房主要有 4 种类型。

(1) 地面新建通信基站专用机房，如自建砖混机房、彩钢板机房等；

(2) 租用民房(如住宅、宾馆等)改造的基站机房；

(3) 在承重要求满足的房屋上搭建简易机房；

(4) 一体化机柜。

常见的几种机房如图 3.16 所示。

(a) 自建砖混机房

(b) 彩钢板机房

(c) 一体化机柜一

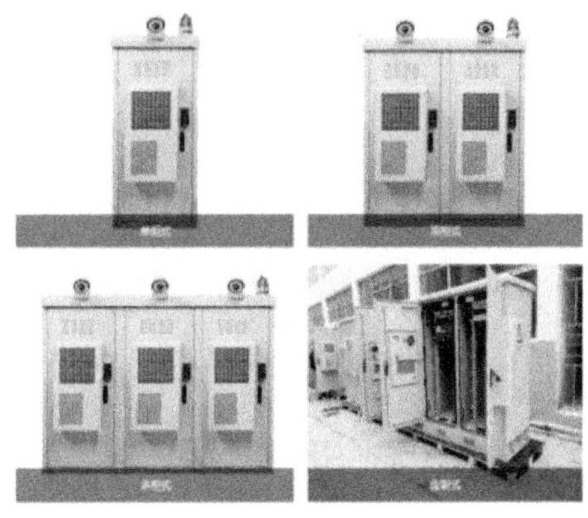

(d) 一体化机柜二

图 3.16　常见的几种机房

2) 机房工艺要求

自建机房工艺如图 3.17 所示。自建机房的墙体应采用实心墙，以便设备对墙加固。新建彩钢板机房墙体也应满足挂墙设备(空调、配电箱)的安装要求。由于基站为无人值守站，基站机房应满足防火、防盗、防水、防潮等要求。机房门窗应具有较好的防尘、防水、抗风、隔热、节能等性能。移动通信基站应根据基站设备的安装位置合理预留电力电缆和光缆的接入孔。机房应设置高度、大小合适的馈线窗，平时不使用的馈线孔应用防火泥封堵。机房必须有足够的空间高度，以便安装机架、走线梯和布放电缆，一般要求机房净高不小于 2.7 m。移动基站机房要求采用外开门，建议采用防火、防盗门，门宽不小于 900 mm，门高一般为 2000 mm。

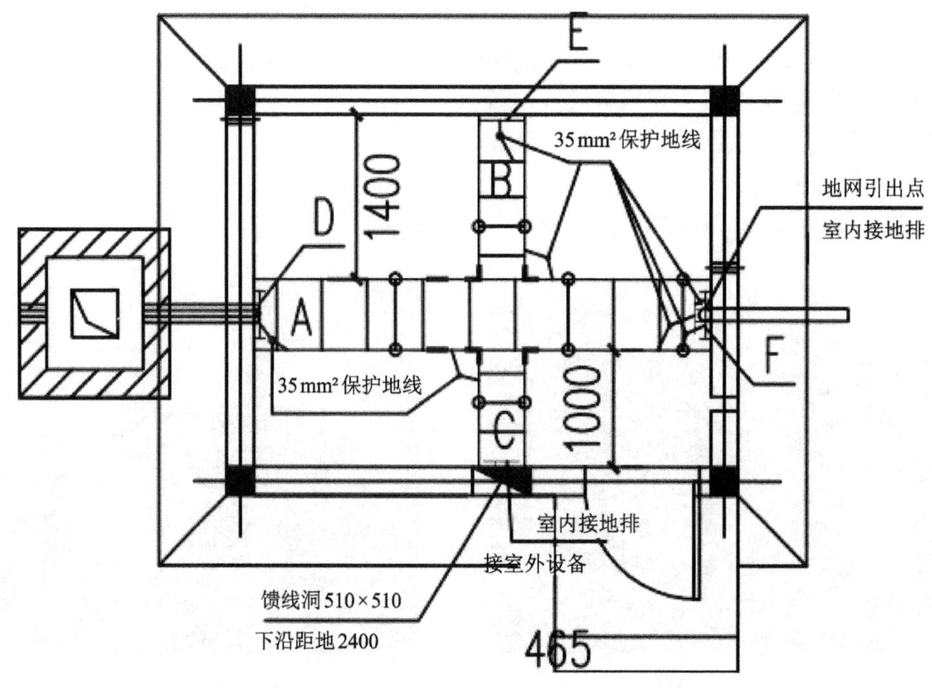

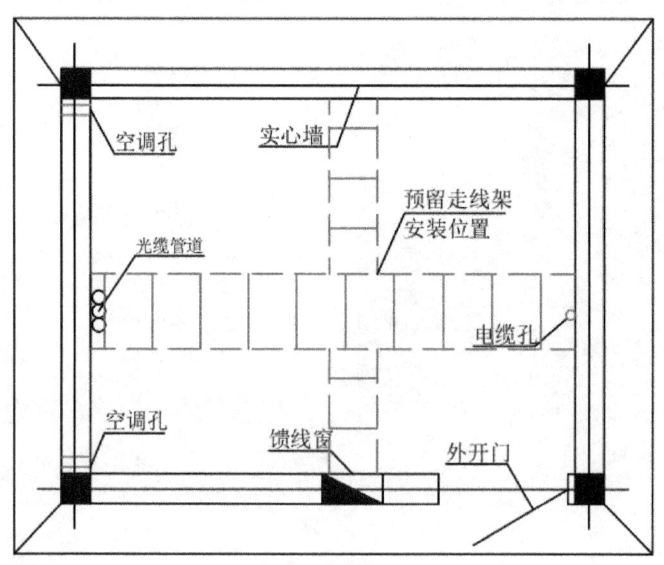

图 3.17　机房工艺示意图

3) 机房装修要求

机房装修需满足通信工艺要求。装修材料应采用不燃烧、耐久、不起灰、环保的材料，不得使用木地板、木隔墙、吊顶及塑料壁纸等材料。机房不设吊顶，不采用活动地板(地面无特殊要求时)。楼面、地面、墙面、顶棚面的面层材料，应采用光洁、耐磨、耐久、不起尘、防滑、不燃烧、环保材料，同时要求机房在任何情况下均不得出现结露状态。

4) 机房楼面等效均布活荷载要求

机房楼面均布活荷载要求为 $6\,\mathrm{kN/m^2}$(同机房内有更高荷载要求设备时，按高荷载要求)，有蓄电池组的机房楼面均布活荷载要求为 $10\,\mathrm{kN/m^2}$。利旧机房改造时，应根据基站设备的重量、地面尺寸、排列方式及原有机房建筑结构的梁板布置和配筋情况进行核算。当楼地面为预制板时，应加强楼面的整体性，防止产生裂缝。当机房楼面均布活荷载达不到规范要求时，需要对机房进行加固。

5) 机房电气照明要求

基站机房的照明需满足国家和行业标准要求，一般水平面照度为300 lx(距地面0.8 m)；直立面照度为100 lx(距地面1.4 m)，详见图3.18，具体要求如下：

(1) 机房的主要光源应采用荧光灯。

(2) 照明电应与工作电(设备用电及空调用电)分开布放。

(3) 机房内应配置应急灯。当正常照明系统发生故障时，应急灯能提供应急照明。

(4) 不允许有太阳光直射进机房。如果机房有窗户，必须用遮光纸进行避光处理或用水泥、砖将窗户封闭。

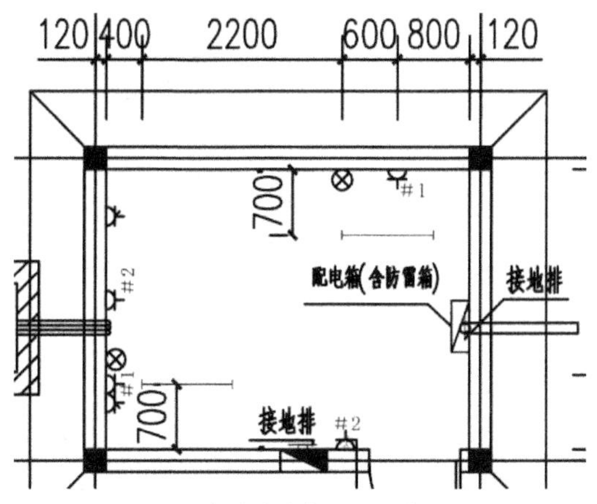

(a) 机房内电气照明示意图

图例	名称	规格	数量	备注	供货方式	安装施工单位
	单相空调插座（三孔）	10A/250V	2个	下沿距地2.80m	甲指乙供	土建施工单位
	单相带地应急灯插座（五孔）	10A/250V	2个	下沿距地1.80m	甲指乙供	
	单相带地日用插座（五孔）	10A/250V	2个	下沿距地0.5m	甲指乙供	
	单相两位开关	10A/250V	1个	下沿距地1.40m	甲指乙供	
	单管电子日光灯	220V/18W	2盏	LED灯安装	甲指乙供	
⊗	应急灯(挂墙)	220V,60W	2只	下沿距地2.00m	甲指乙供	
	配电箱(含防雷箱)		1台	下沿距地1.40m	甲供	
	接地排	−80x8x280	2件	24个Ø8、2个Ø10接线孔	甲供	

(b) 机房电气照明安装材料表

图3.18　机房电气照明设计的要求

6) 机房环境要求

机房应保持整洁干净，没有灰尘及杂物。工程剩余材料要堆放整齐，并附有余料清单。同时，需要在机房显眼处安装“基站十不准”“基站火警处理程序”等警示牌。

2. 走线架设计

走线架设计需要根据机柜和线缆路由走向进行设计，详见图 3.19。基站机架要求为上走线。机架除与地面加固和架间相连外，还应与走线架加固连接，同时要考虑抗震加固措施。室内走线架一般采用 600 mm 宽的标准定型产品，安装在机架上方，上沿距机房地面高度一般为 2200～2600 mm。如果是在原有走线架上方再新增一层走线架，新增走线架与原有走线架之间须间隔 200 mm 以上。走线架采用顶棚吊挂、侧边支撑及终端与墙加固等方式加固。安装室内走线架时，要求保证其整体不晃动、牢固可靠，同时走线架上均要敷设接地线，与机房室内接地排连接。

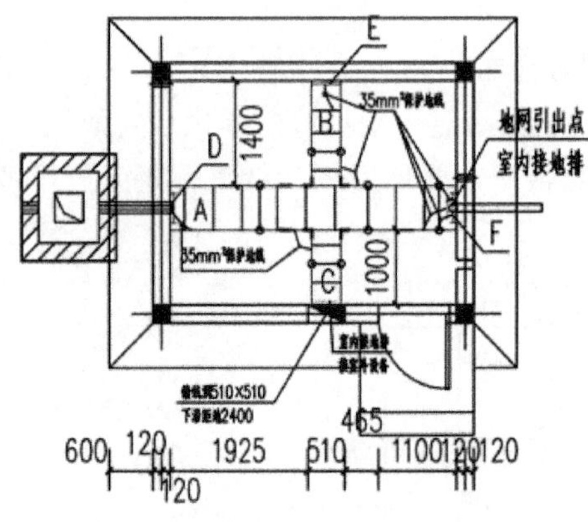

(a) 走线架工程制图

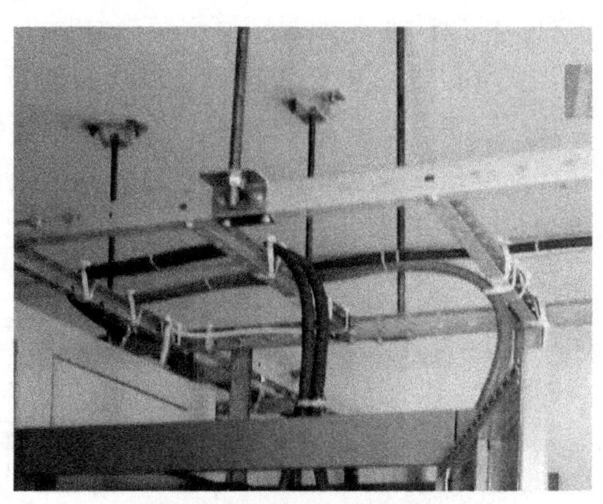

(b) 走线架在机柜上方的走线

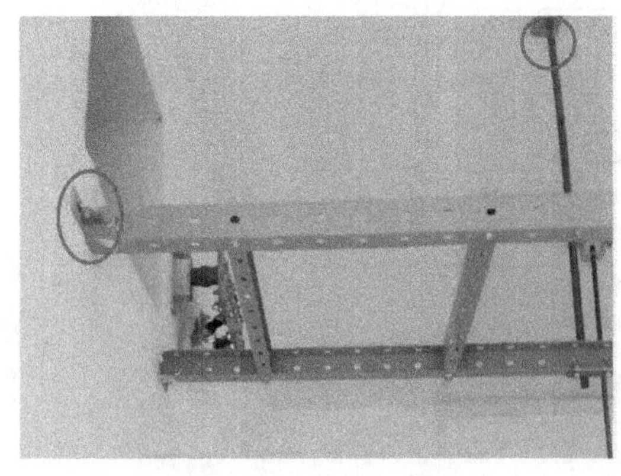

(c) 走线架对墙加固

(d) 走线架吊挂加固

图 3.19　走线架安装设计示意图

3. 机架设计

综合柜/室外机柜主要用于安装运营商主设备，如 BBU、传输设备和光纤配线箱(ODF)设备等。机房内设备应处于同一平面，排列要整齐紧密，设备应安装在设计指定的机柜位，设备之间应保留至少 1U(1U=44.5 mm)的散热空间，如图 3.20 中所示。

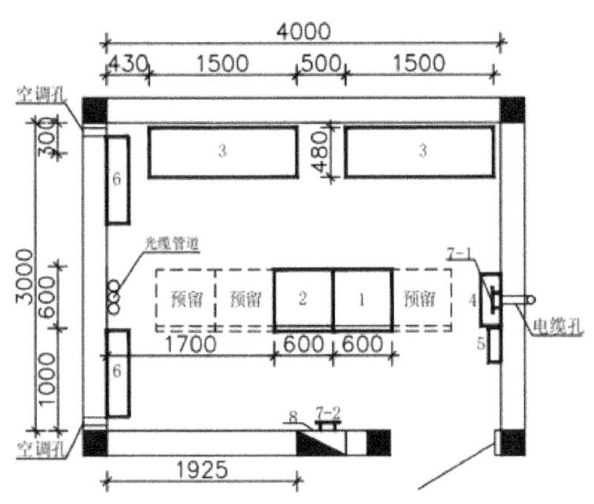

(a) 机架设备设计图

(b) 机柜安装图

(c) 室内机柜设备安装图

(d) 室外机柜设备安装图

图 3.20　机架设计示意图

为了便于维护管理，机房内机架应保留必要的维护走道宽度。机房内设备应按性能及规格分区排列，相同高度、宽度和厚度的机架应尽可能排列在一起。具体位置应合理安排，尽可能缩短架间电缆长度。

4. 空调

空调的作用是对密闭空间、房间或区域的空气进行温度、湿度、风速、洁净度等方面的调节。对于通信基站机房，空调最重要的作用是制冷。

机房热量主要包括设备本身和辅助设备产生的热量、一级照明发热、室外传导热、对流热和放射热等。机房制冷量按照 150～200 W/m^2 计算，基站设备按照设备的功耗计算。

工程中制冷量的估算如下：

$$Q_t = Q_1 + Q_2$$

其中，Q_t为总制冷量(单位为 kW)，Q_1为室内设备负荷(不应列入室外功耗，如 RRU 功耗)，Q_2为环境热负荷(通常为机房面积 × 0.18 kW/m^2)

根据估算得到的制冷量，计算对应空调功率：

$$P = \frac{Q_t}{1500 \times 1.162} \text{匹}$$

5. 动力及环境监控

基站是无人值守站，因此应设置基站监控器及温感探头、防火烟感探头、红外防盗探头等。基站监控器可通过传输线路将过温、消防、门禁的信号传向交换局监控中心。基站常见的动力及环境监控(简称动环监控)安装示意图如图 3.21 所示，主要有壁挂安装和机柜内安装两种方式。

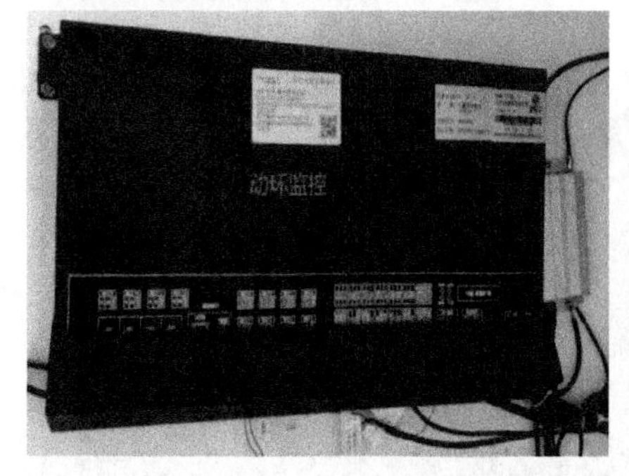

(a) 壁挂安装　　　　(b) 机柜内安装

图 3.21　动环监控安装示意图

动环监控系统的基本要求如下：

(1) 对分布的动力及环境图像系统内的设备进行遥测、遥信、遥控、遥调，实时监视系统和设备的运行状态，记录和处理相关数据，及时侦测故障、通知人员处理。

(2) 监控系统的软、硬件应采用模块化结构，具有灵活性和扩展性，以适应不同规模的监控系统网络和不同数量监控对象的需要。

(3) 监控系统不应影响被监控设备的正常工作，不应改变具有内部自动控制功能的设备的原有功能。

(4) 监控系统应具有良好的电磁兼容性。

(5) 监控系统应能适应多种传输方式，不应对通信传输产生影响。

(6) 监控系统应具有自诊断功能，对数据紊乱、通信干扰等可自动恢复；对通信中断、软硬件故障等应能及时诊断出故障并进行告警；监控系统出故障时不应影响被监控设备的正常工作和控制功能。

(7) 监控系统应具有友好的人机对话界面和汉字支持能力；故障告警应具有明显清晰的可闻、可视信号。

(8) 监控系统的告警精确率及控制精确率要求达到 100%，系统的某一子系统运行不正常时，应不影响系统其他子系统的正常运行。

(9) 监控系统应具有火灾自动报警功能。

3.1.5　设计小结

铁塔和机房设计小结

铁塔和机房的设计步骤总结如下：

(1) 根据天线挂高、天线数量和建站环境选择铁塔类型并进行相关内容设计；

(2) 根据征址面积、设备空间需求和站点环境选择合适的机房；

(3) 根据设备(机柜)类型和数量，合理完成机房内的设备设计；

(4) 根据设备平面布置图完成走线架和路由设计。

■ 课后习题

一、单项选择

1. 在工业开发区、大型工矿企业、城市郊区、乡镇、田野、丘陵、山区等对景观要求低且易于征地的区域较适宜建设(　　)。

A. 拉线塔　　B. 角钢塔　　C. 单管塔　　D. 灯杆景观塔

2. 壁挂的空调主机不能安装在(　　)，以免滴水损坏设备。

A. 墙壁　　B. 门口　　C. 设备顶部　　D. 门上

3. 进行地网建设时，引下线宜采用圆钢或扁钢，垂直接地体所用扁钢厚度不应小于(　　)。

A. 2 mm　　B. 3 mm　　C. 4 mm　　D. 5 mm

4. 以下哪些功能不属于通信基站动环监控的功能模块？(　　)

A. 市电监控　　B. 蓄电池电压监控

C. 开关电源　　D. 红外

5. 基站地网的工频接地电阻宜控制在(　　)以内。

A. 1 Ω　　B. 5 Ω　　C. 10 Ω　　D. 20 Ω

6. 对景观有特殊要求的景区、公园、广场等适宜建设(　　)。

A. 单管塔　　B. 三管塔　　C. 仿生树　　D. 一体化塔房

7. 铁塔地脚锚栓、法兰螺栓、格构式铁塔主材间连接应配置(　　)。

A. 一母一垫　　B. 一母双垫

C. 双母一垫　　D. 双母双垫

8. 自建机房设置馈线窗时，应高度合适、大小适应，平时不使用的馈线孔应(　　)。

A. 用防火泥封堵　　B. 用塑料封堵

C. 用胶布封堵　　D. 不用封堵

9. 机房楼面荷载必须满足设计要求，当布放蓄电池时要求机房楼面均布活荷载不小于(　　)。

A. $6\,kN/m^2$　　B. $8\,kN/m^2$　　C. $10\,kN/m^2$　　D. $12\,kN/m^2$

二、多项选择题

1. 通信基站常见的机房类型主要有(　　)。

A. 砖混机房　　B. 室外一体化

C. 简易彩钢板房　　D. 塔房一体化

2. 下列铁塔类型不含美化罩的有(　　)。

A. 单管塔　　B. 方柱形天线

C. 排气管　　D. 四管塔

3. 野外进行基站建设时应采用砖混机房，自建砖混机房的优点主要有(　　)。

A. 造价高　　B. 结构安全

C. 安全防盗　　D. 保温隔热性能优

4. 彩钢板房的使用场景一般有(　　)。

A. 非寒冷地区　　B. 对投资控制严格的站点

C. 结构条件较好的楼面　　D. 不适宜建设土建机房的站点

5. 通信铁塔一般由哪几部分组成？(　　)

A. 钢结构主体　　B. 维护平台

C. 爬梯　　D. 避雷针

6. 室外一体化机柜的优点有(　　)。

A. 占地面积小　　B. 可以在工厂模块化制作，重量轻

C. 投资低　　D. 搬迁运输方便

7. 室外一体化机柜基础施工时一般要预埋(　　)管道。

A. 市电管道　　B. 光缆管道

C. 直流电缆管道　　D. 馈线管道

8. 走线架设计时需要(　　)。

A. 对墙加固　　B. 使用吊挂

C. 与机柜加固　　D. 连接处接地

9. 机房内机柜设计时，应(　　)。

A. 机柜排列在同一平面　　B. 预留维护空间

C. 与走线架安装位置一致　　D. 随意布放

三、判断题

1. 根据使用的铁塔和机房类型，通信基站常见的站型有普通地面塔＋自建机房、普通楼面塔＋室外一体化、灯杆＋室外一体化。(　　)

2. 铁塔设计使用年限为 50 年(塔房一体化为 20 年)、结构安全等级为二级。(　　)

3. 天线或 RRU 安装必须置于避雷针 45° 保护范围之内。(　　)

4. 铁塔所有构件(含地脚螺栓)都要求镀锌，只要镀锌厚度满足即可，无需是热镀锌。(　　)

5. 移动通信基站设计时无需预留电力电缆和光缆的接入孔。(　　)

6. 装修材料应采用不燃烧、耐久、不起灰、环保的材料，不得使用木地板、木隔墙、吊顶及塑料壁纸等材料。(　　)

习题与答案

四、简答题

请简述机房配套设计的主要步骤。

任务 3.2 电源配套设计

课前引导

面对特定长宽高的机房、空调、照明和即将投入使用的主设备，需要引入多大的电源容量？需要配备哪些电源设备？电源设备选用有什么原则和计算方法才能保证设备正常运行？

任务描述

本任务主要介绍电源整体设计原则、交流电源系统和直流电源系统设计。在交流电源系统设计和直流电源系统设计中会介绍系统的模块组成、设备类型、计算方法和设计原则。通过本任务的学习，学生能够掌握电源设计的方法和步骤，完成电源配套设计。

任务目标

(1) 掌握交流电源系统的电力容量计算、交流配电箱设计和电力电缆设计。

(2) 掌握直流电源系统的开关电源设计、蓄电池设计和直流电缆设计。

3.2.1 电源系统整体设计

电源系统整体设计

电源是基站配套的核心系统，基站电源系统的整体设计如图 3.22 所示。通过引入外市电，比如从南方电网引入高压电，到达基站前通过变压器进行降压，然后绕着机房地埋一圈进入交流配电箱的三相输入开关。交流配电箱一般要求具有防雷接地模块和多个输出开关。从单相输出开关分配电力给照明和空调使用，从三相输出开关将电力接入到开关电源的交流单元，然后通过开关电源的整流模块将交流电变成直流电并通过工作接地获得 −48 V 电压供给运营商主设备使用，同时给电池充电。电池平时进行充电，当外市电出现故障时反向给主设备供电。动环监控对电源系统、主设备系统和机房环境进行监控，并将实时信息传送给监控中心。基站一般采用走线架进行走线。走线架布放需要根据机柜位置和电池下线方向进行设置，同时走线架也需要接地。防雷接地、设备保护接地和电源工作接地都要汇总到大地地网。室内接地排负责把汇总到的电流通过接地母线进行接地，为了快速进行电流泄放，一般要求接地母线“短、平、直”。室外部分则由室外地排通过接地母线汇总到大地地网。

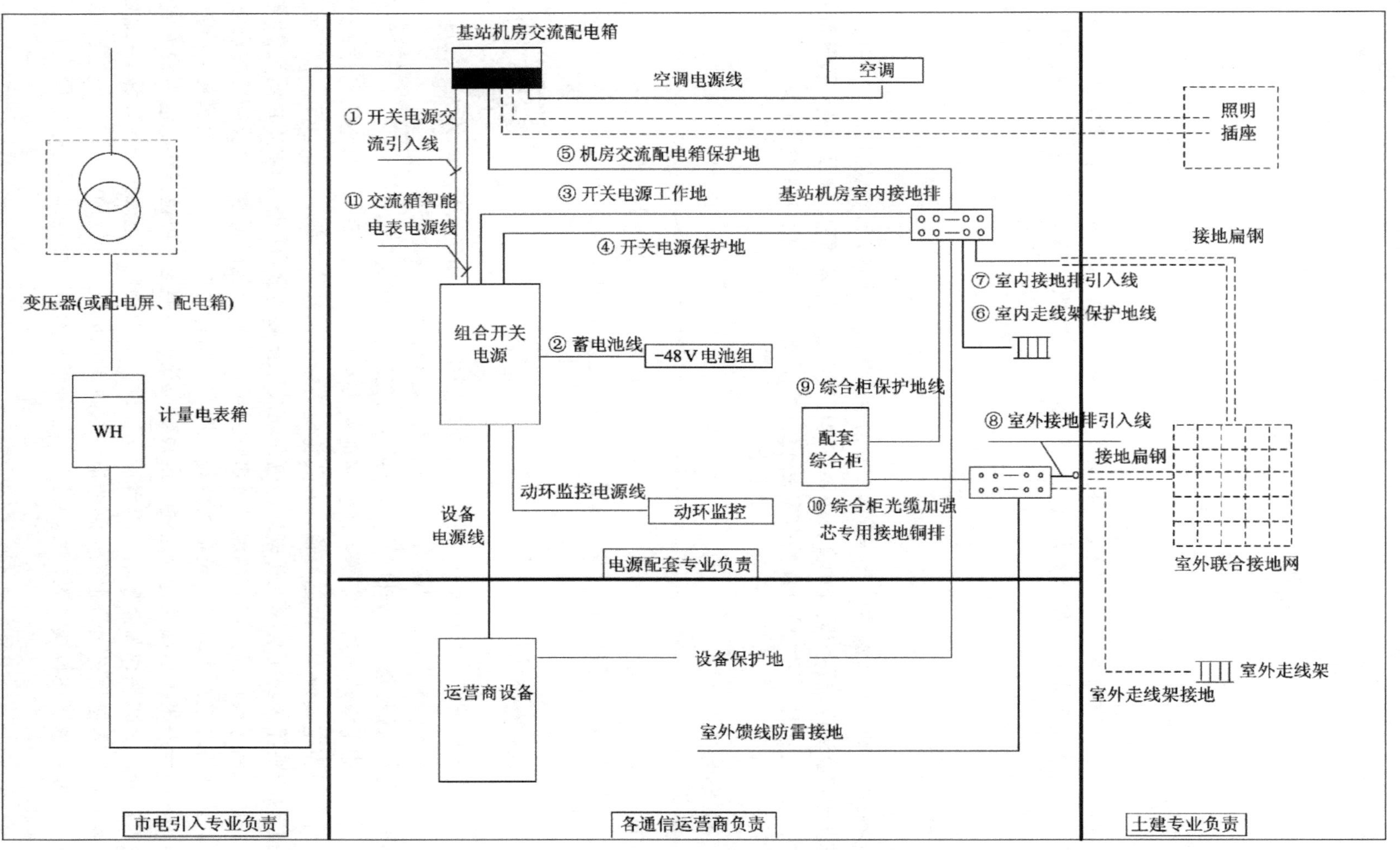

图 3.22 基站电源系统的整体设计

3.2.2 交流电源系统设计

交流电源系统设计

交流电源系统设计主要包括外市电引入类型、基站外市电引入容量、电力线缆计算和交流配电箱配置等内容。

1. 外市电类型

根据通信局(站)所在地区的供电条件、线路引入方式及运行状态，可以将市电供电分为四类。四类市电的区别主要是高、低压要求标准不同，允许停电时间长短也不同。

(1) 一类市电应采用双电源引入两路供电线，且两路供电线不应同时出现检修停电，平均每月停电次数不应大于 1 次，平均每次故障时间不应大于 0.5h。两路供电线宜配置备用市电电源自动投入装置。

(2) 二类市电允许有计划检修停电，平均每月停电次数不应大于 3.5 次，平均每次故障时间不应大于 6h。二类市电供电线应符合下列条件之一：

① 由两个以上独立电源构成稳定可靠的环形网上引入一路供电线。

② 由一个稳定可靠的独立电源或从稳定可靠的输电线路上引入一路供电线。

(3) 三类市电从一个电源引入一路供电线，可为公共线路。该供电线路平均每月停电次数不应大于 4.5 次，平均每次故障时间不应大于 8h。

(4) 四类市电供电线应符合下列条件之一：

① 由一个电源引入一路供电线，经常昼夜停电，供电无保证，达不到三类市电供电要求。

② 由一个电源引入一路供电线，有季节性长时间停电。

一般通信基站要求引入三类市电，对于保护等级特别高的局房站，则要求引入二类市电甚至是一类市电。

2. 基站外市电引入方式

电源是基站配套的核心系统，其中外市电更是起基础作用。稳定、可靠、不间断的供电是各项网络指标正常、安全运行的关键。基站外市电引入需要结合周边环境等级、基站类型，同时适当考虑远期容量，选取合适的引电方案。目前，工程上常见的引电方式如下：

(1) 低压引入。

① 周边有可用变压器且容量富余，从远端变压器引入一路 380 V(或者 220 V)电源至基站。

② 基站租用地有配电室或富余开关容量，从低压配电系统引入一路 380 V(或者 220 V)电源至基站。

③ 基站位于市区，电力稳定可靠，直接引入一路 380 V(或者 220 V)电源至基站。

(2) 高压引入。

基站周边无可用电力资源，通过新建一路 10kV 高压供电线并将其引至基站专用变压器，经过变压器降压后负责基站外市电需求。

3. 基站外市电引入容量

无论采用哪种引电方式，外市电容量的计算是确定市电引入的首要条件，一般外市电容量的计算式如下：

$$\text{外市电引入容量(kV·A)}=\frac{\text{现网设备功耗}+\text{拟建网络系统设备功耗}+\text{蓄电池充电功耗}+\text{空调功耗}+\text{照明等临时用电功耗}}{\text{功率因数}}$$

说明：

(1) 现网设备功耗=现网电流(A)×48 V / 1000(如有往年 6、7、8、9 月份最高功耗，则参考往年该段月份的平均值)。

注：如果是新建站点，则现网设备功耗为 0。

(2) 拟建网络系统设备功耗 = 拟建网络系统主设备典型功耗 + 拟建网络系统传输设备典型功耗。

(3) 蓄电池充电功耗(kW)=蓄电池容量(A·h)/10 h×48 V / 1000(如采用铁锂电池，则电池电压按 51.2 V 计算)。

(4) 空调功耗(kW)=空调单台功耗(kW)×数量。

(5) 照明等临时用电(kW) = 0.5 kW(估算)。

(6) 功率因数=0.8。

功率因数是交流电路中一个非常重要的参数，用于描述电路中有功功率(真正消耗的功率)与视在功率(电路中电压和电流的乘积，以 V·A 为单位)之比。

4. 基站外市电线缆设计

交流电力电缆应根据电源线的载流能力进行选择，使用时一般通过查阅相关手册来确定，设计时先进行电流大小的计算。

对于单相电，其电流大小为

$$I_\theta=\frac{P}{220\times\cos\theta}$$

对于三相电，其电流大小为

$$I_\theta=\frac{P}{\sqrt{3}\times380\times\cos\theta}$$

其中，P 为基站设备总功耗，包括主设备功耗、电池和空调等功耗；$\cos\theta$ 为用电设备功率因数，一般取 0.8。

一般来讲，基站引入的是三相交流电，外市电引入容量和电力电缆的规格参考表如表 3.2 所示。

表 3.2　外市电引入容量与电力电缆规格参考表

电缆用途	外市电引入容量	电缆截面积(铜芯)	电缆截面积(铝芯)	备 注
外市电引入电缆	＜10 kW	4 × 16 mm^2	≥4 × 25 mm^2	
	10 kW≤外市电引入容量≤20 kW	4 × 25 mm^2	≥ 4 × 35 mm^2	
	20 kW＜外市电引入容量≤30 kW	4 × 25 mm^2	≥4 × 35 mm^2	引入距离超过 1.3 km 需采用 4 × 50 mm^2
	30 kW＜外市电引入容量≤50 kW	4 × 35 mm^2	4 × 50 mm^2	

通信基站外市电使用的电力电缆一般为三相四线，对应规格：外护套——黑色；A 相线——黄色；B 相线——绿色；C 线相——红色；中性线浅——蓝色。

若采用五芯电缆引入，对应规格：外护套——黑色；A 相线——黄色；B 相线——绿色；C 线相——红色；中性线——浅蓝色；地线——黄绿相间色。

5. 交流配电箱

交流配电箱的作用是引入降压后的 380 V(220 V)外市电到通信基站，然后通过分路输出端给开关电源、空调、照明使用。交流配电箱的输出分路框图和内部线路分别如图 3.23 和图 3.24 所示。

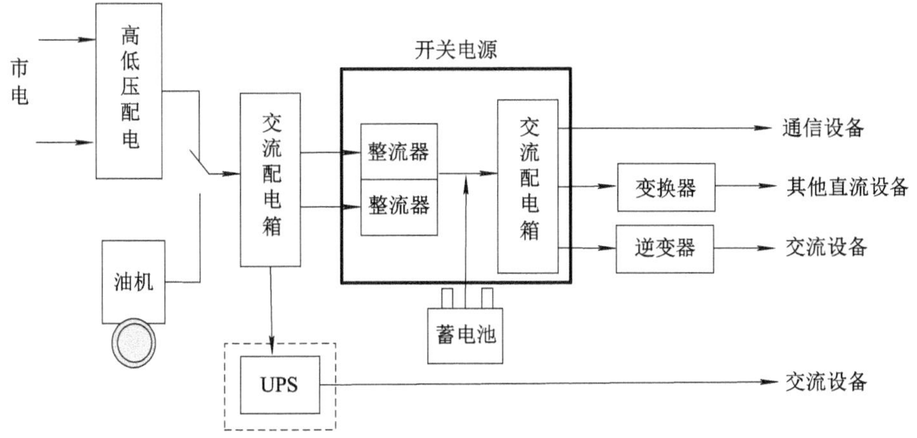

图 3.23　交流配电箱的输出分路框图

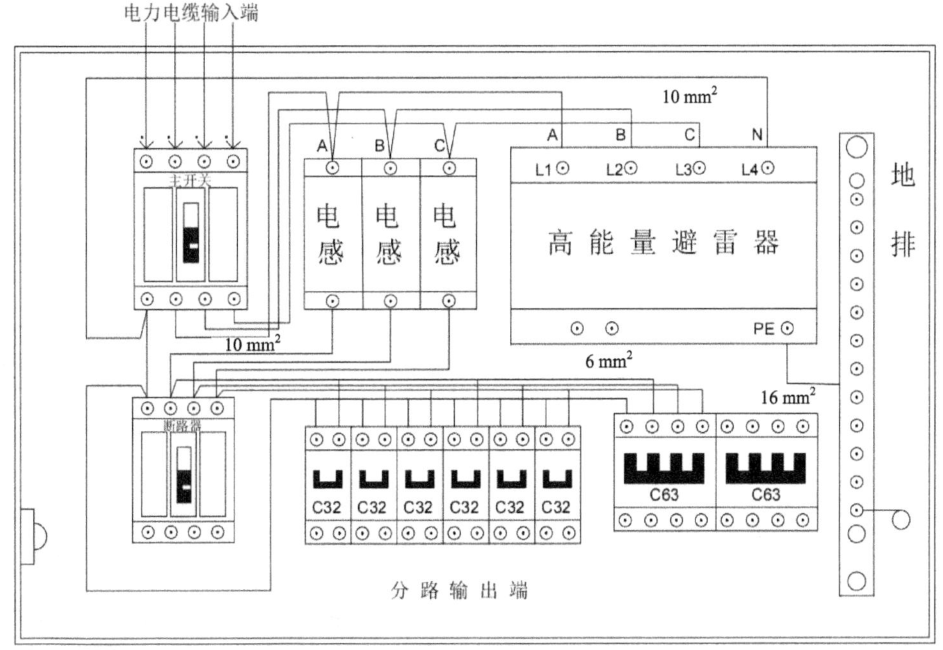

图 3.24　交流配电箱的内部线路

基站交流配电设备的配置按照上述外市电容量计算进行配置。常见的交流配电箱规格有 380 V/32 A、380 V/63 A、380 V/100 A 等，各种交流配电箱规格对应的市电容量如表 3.3 所示。

表 3.3　交流配电箱规格和承载能力表

交流负载(kW，基站侧)	外市电容量(kV·A，基站侧)	交流配电箱规格
18 及以下	23 及以下	380 V/32 A
18～40	23～50	380 V/63 A
40～65	50～81	380 V/100 A

直接雷击、感应雷击、瞬时过冲电压是造成机房设备损坏的主要原因。一般机房建设按照建筑物防雷设计规范，提供了第一级防雷，故在交流配电箱(屏)输入总开关前端应配置浪涌保护器(SPD)模块及相应的保护开关进行二级防雷(也叫 B 级防雷)。所需的 SPD 模块最大通流容量规格与当地气象条件有关，可参考表 3.4 所示。

表 3.4　浪涌保护器的最大通流容量表

区域	浪涌保护器的最大通流容量		
	每年雷暴日的天数<25	每年雷暴日的天数 26～40	每年雷暴日的天数≥41
城区	60 kA	80 kA	
郊县、农村	80 kA		100 kA
山区	100 kA	120 kA	

如表 3.4 所示，以城区为例，如果当地的雷暴日小于等于 25 日/年，则配置的 B 级浪涌保护器(SPD)承受的最大通流要大于或等于 60 kA(8/20 μs)。其中，8 μs 表示冲击脉冲到达 90%电流峰值的时间，20 μs 表示从电流峰值到半峰值的时间。

SPD 必须经过工业和信息化部认可的检测机构测试合格，严禁将 C 级 SPD 并联为 B 级使用。SPD 可以单独安装，也可以集成在交流配电箱内部或者室外一体化开关电源柜的交流配电单元。三相电源、交流配电箱和室外一体化开关电源的防雷模块分别如图 3.25、图 3.26 和图 3.27 所示。

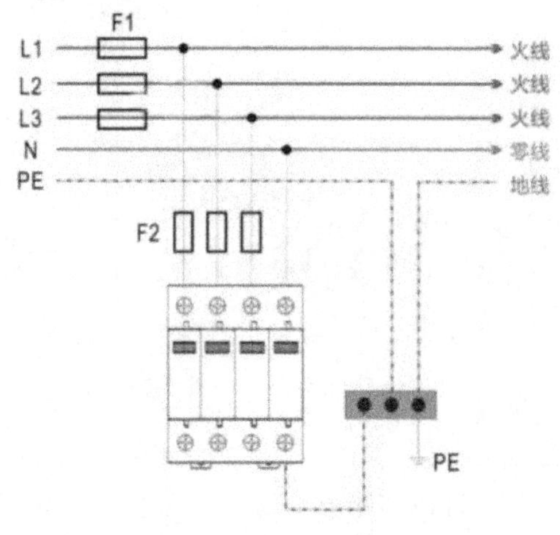

图 3.25　三相电源的防雷模块

图 3.26　交流配电箱的防雷模块

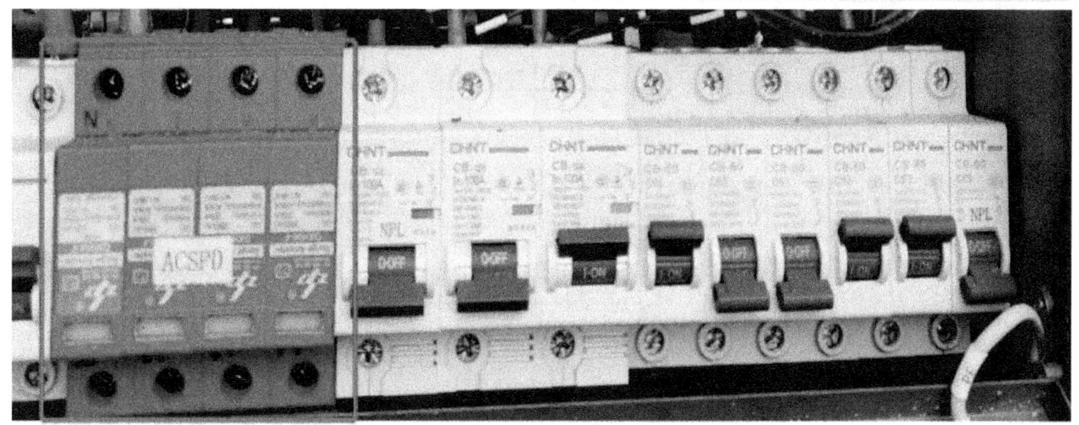

图 3.27　室外一体化开关电源的防雷模块

为满足通信基站使用要求，交流配电箱需配置市电/发电机组切换开关和移动发电机组应急接口，箱体体积大小合适，箱体布局合理、方便接线，避免引线过多造成过分拥挤，不便检修。箱体外观和内部布局分别如图 3.28 和图 3.29 所示。

图 3.28　箱体外观

图 3.29　箱体内部布局

3.2.3　直流电源系统设计

开关电源设计

直流电源系统设计主要包括开关电源、智能配电单元、电池和电池共用管理器、电源容量计算及电力电缆计算和布放等内容。

1. 开关电源

开关电源的作用是将来自交流配电箱的外市电输入通过整流滤波输出 −48 V 直流电给通信设备和电池使用。开关电源在整个电源系统中的位置和作用如图 3.30 所示。

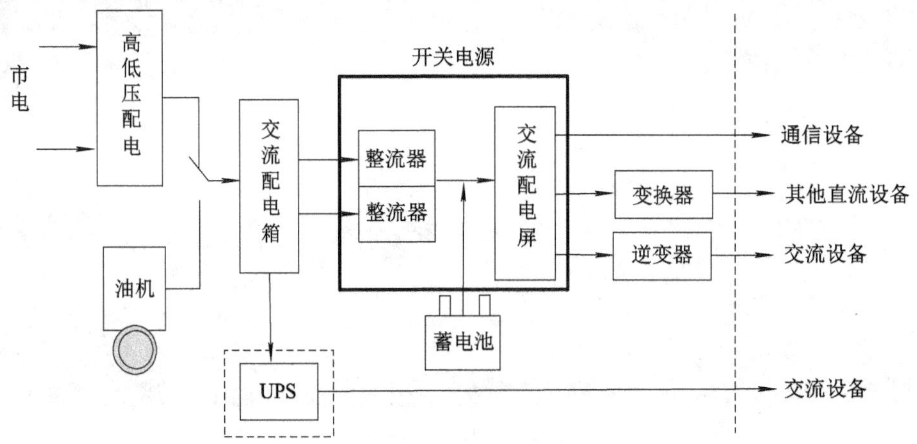

图 3.30 开关电源在整个电源系统中的位置和作用

开关电源的系统组成如 3.31 所示。

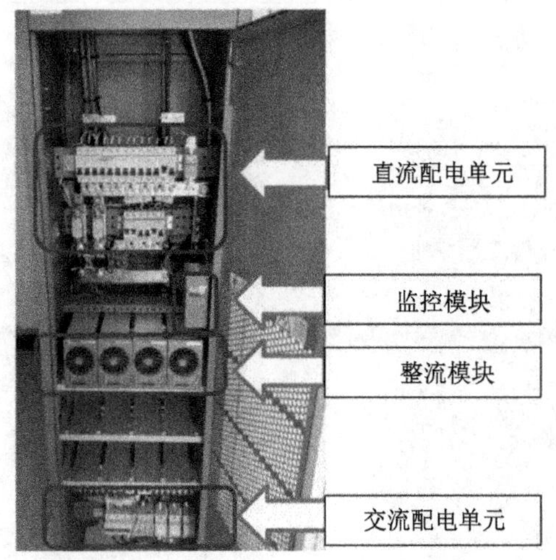

图 3.31 开关电源的系统组成

开关电源各部分的主要功能如下所述。

1) 交流配电单元

开关电源的交流配电部分是将交流电能分配给开关电源整流模块使用。交流配电含有 SPD 作为基站电源系统的第三级(C 级)防雷保护。根据《通信局(站)防雷与接地工程设计规范》要求，保持 B 级、C 级 SPD 之间的退耦距离，交流配电箱与开关电源间的交流电缆长度宜大于等于 5 m；用模块式 SPD 时，模块式 SPD 的引接线长度应小于 1 m，接地线的长度应小于 1.5 m；箱式 SPD 的引接线和接地线长度均应小于 1.5 m。

交流配电单元输入分路的标准配置为一路电源引入，采用 3P 断路器，即带 3 个保护级的断路器。

交流配电单元输入分路也可根据用户需求配置两路电源 4 级自动切换装置(选件)。

交流配电单元应对每一个模块配置独立的断路器。

交流配电单元内断路器应为同一品牌的 3C 认证产品。输入断路器的极限分断能力 I_{cu}

和运行短路分断能力 I_{cs} 均大于等于 10kA，输出断路器的极限分断能力 I_{cu} 和运行短路分断能力 I_{cs} 均大于等于 6kA。

2) 整流模块

整流模块从交流配电单元取得交流电，将交流电整流成直流电，输出到直流配电单元。图 3.32(a)所示的 PS48300-3/2900-X2 电源，其开关电源满机容量为 300 A，每个电流模块为 50 A，满配 6 个；图 3.32(b)表示目前在用整流模块(图中共有 5 个)；图 3.32(c)为 R48-2900U 电源模块型号，其输出额定电源电压为 48 V，最大输出功率为 2900 W，U 代表常温；图 3.32(d)为电流读数，可以看出，现网工作电流为 38 A、输出电压为 54.6 V。

(a) 电源型号

(b) 整流模块

(c) 电源柜

(d) 电流读数

图 3.32　电源模块的参数

3) 监控模块

监控模块用来实时监测和控制电源系统各部分工作，即监测和控制交流配电、整流模块和直流配电的工作状态。监控模块一般配有标准的 RS232/485/422 标准通信接口作为后台监控的接口。

4) 直流配电单元

通过直流汇流排将整流模块输出的直流电提供给通信设备使用并给电池充电。

直流配电单元内的断路器应为同一品牌的 3C 认证产品。断路器的极限分断能力 I_{cu} 和运行短路分断能力 I_{cs} 均大于等于 6kA。空气开关(简称空开)有单极输出空开、两级输出空开和三级输出开关等类型，详见图 3.33(a)。一般而言，空气开关的承载电流小于熔丝。

直流配电单元内的熔断器应为同一品牌的 3C 认证产品。熔断器的额定短路分断能力 $I_{cn}\geq$25kA。一般熔丝有 NT00 6A～160A 系列、NT1 150A～250A 系列、NT2 250A～400A 系列、NT3 300A～630A 系列，详见图 3.33(b)。

直流输出端应安装 SPD，最大通流容量(I_{max})大于等于 15kA。

直流配电单元可分别测量负载总电流、电池充放电电流和分客户负载总电流。

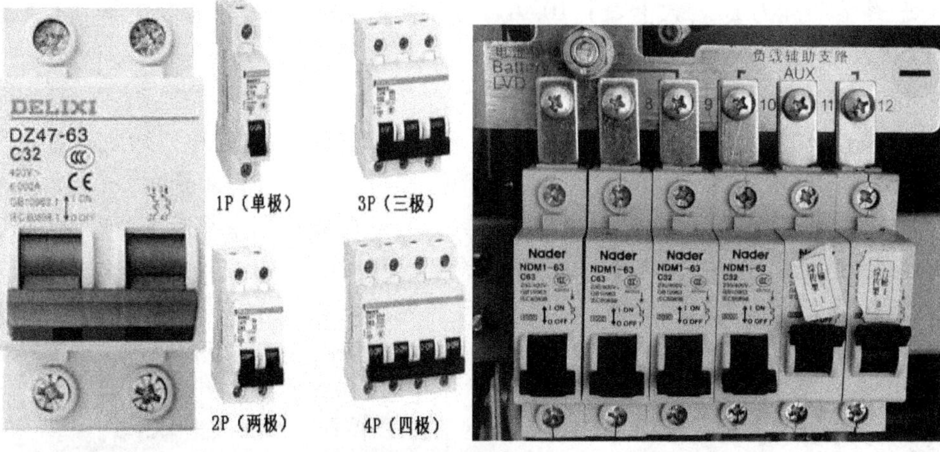

(a) 空气开关

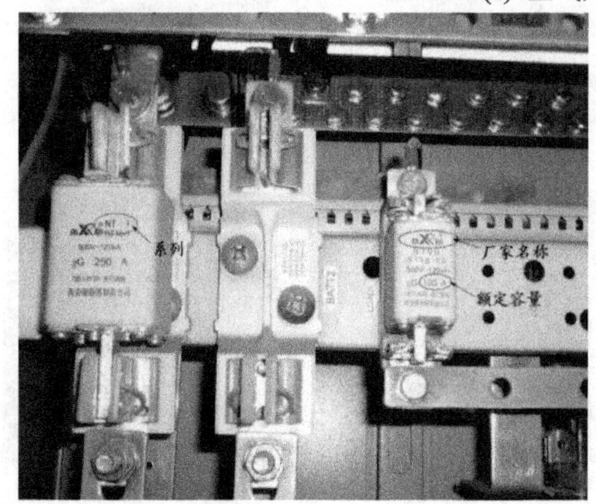

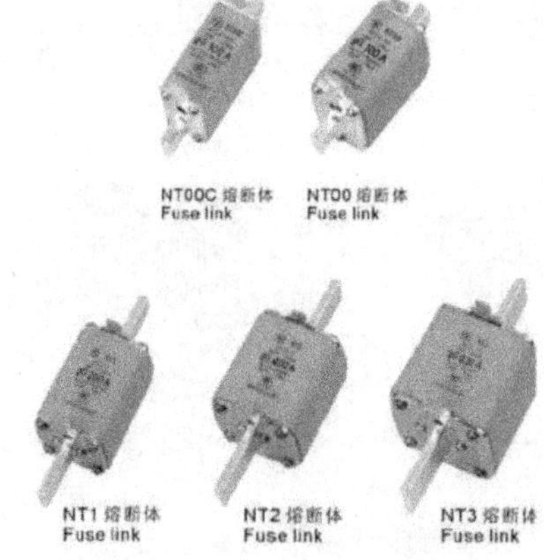

(b) 熔丝

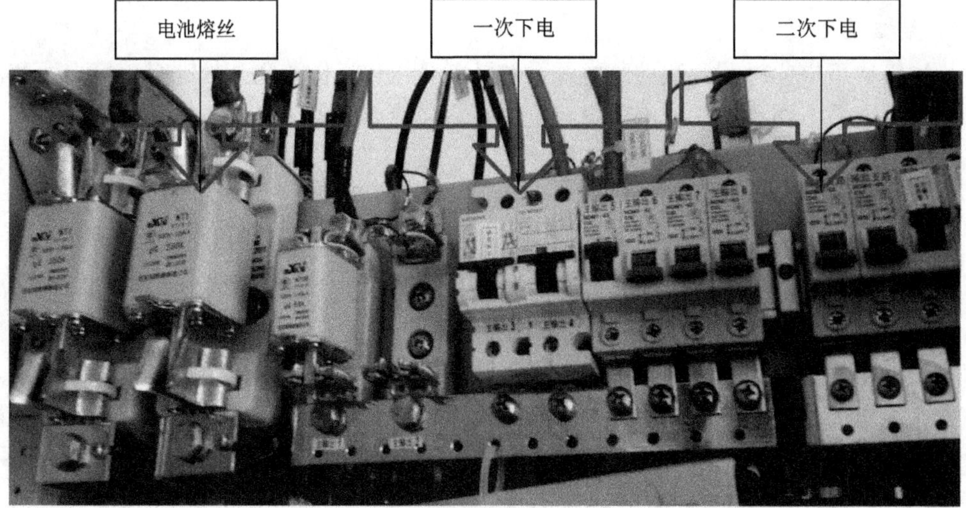

(c) 下电端子

图 3.33 直流输出端子示意图

一次下电是指直接用于生产、输送和分配电能的电气设备，这些设备完成生产电能并将电能输送到用户的任务。由一次设备依据一定规律连接起来且能完成电能的发、变、输、配任务的电路，称为电气主接线，也称作一次回路或一次系统。

二次下电是指对一次设备的工作进行监视、测量、操作和控制的设备。由二次设备相互连接的电路称为二次接线，也称作二次回路或二次系统。

一般将基站设备接入一次下电，将传输设备(光端机)等接入二次下电。一次下电和二次下电划分详见图 3.33(c)。

2. 智能配电单元

随着绿色、共建、共享理念深入人心，通信基站共享率得到很大的提升，一个物理站址资源存在多个网络系统，这也带来了运营商电流分摊不好计量的问题，且不同网络放电时长不同，共用存量电源存在以下缺陷：

(1) 统一母排无法区分 5G 设备和其他负载，无法实现 5G 设备按时长下电。

(2) 无法区分 5G 设备和其他负载用电量。

(3) 5G 设备和其他负载的功耗大，移动小油机发电容量不够，大油机则搬运困难，无法实现 5G 设备单独按需发电。

5G 设备功耗是 3G/4G 设备的 2～3 倍，使站址所需电能巨大提升，因此必须存在一种对 5G 系统而言区别于以前系统的备电方式，而且能够对各运营商的负载进行独立计费，基于此差异化配电单元也随着 5G 大规模建设应运而生。智能配电单元如图 3.34 所示。其中，FSU 为现场监控单元。

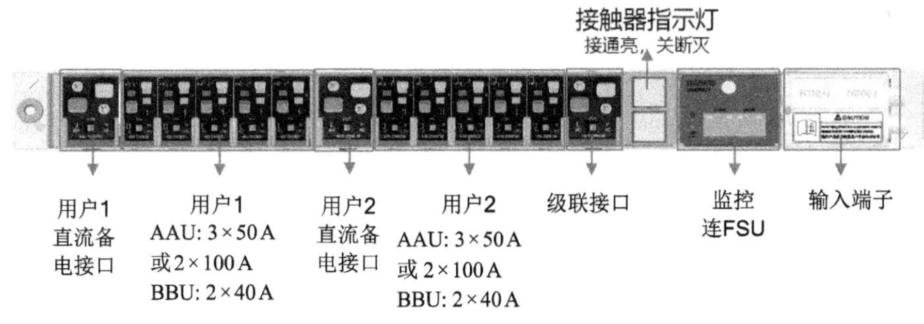

图 3.34　智能配电单元示意图

智能配电单元的功能如图 3.35 所示，支持 5G 用户差异化备电，支持 5G 用户电量分度计量，支持 5G 设备按需发电。

(1) 支持 5G 用户差异化备电

① 与电源解耦，适配所有电源；
② 支持两家 5G 用户按时长下电，时长通过 FSU 可设置；
③ 单用户支持 5 路配电，满足 AAU 和 BBU 配电要求。

(2) 支持 5G 用户电量分度计量

① 支持两家 5G 用户电流、电量分别计量，通过 FSU 上报；
② 2% 高检测精度；
③ 采用分流器方式，不采用霍尔传感器，安装接线简单。

(3) 支持 5G 设备按需发电

① 支持两家 5G 用户按需发电；
② 解决小油机容量不足、大油机搬运困难等问题；
③ 发电功能可选，支持灵活配置。

图 3.35　智能配电单元功能示意图

智能配电单元针对运营商是否自带配电盒可提供两种组网方案，如图 3.36 和图 3.37 所示。

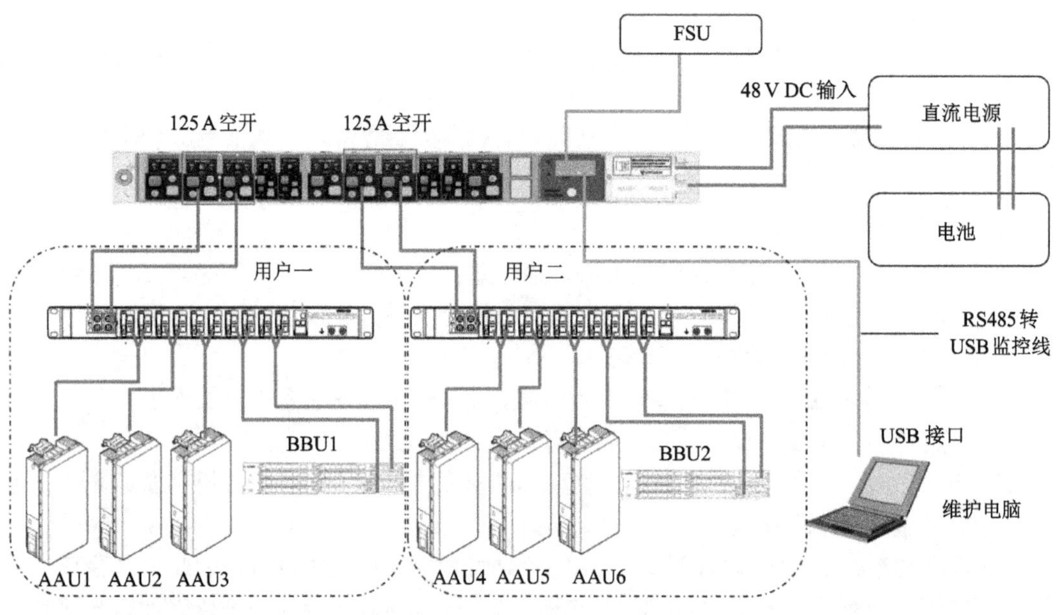

图 3.36　组网一(运营商带配电盒)

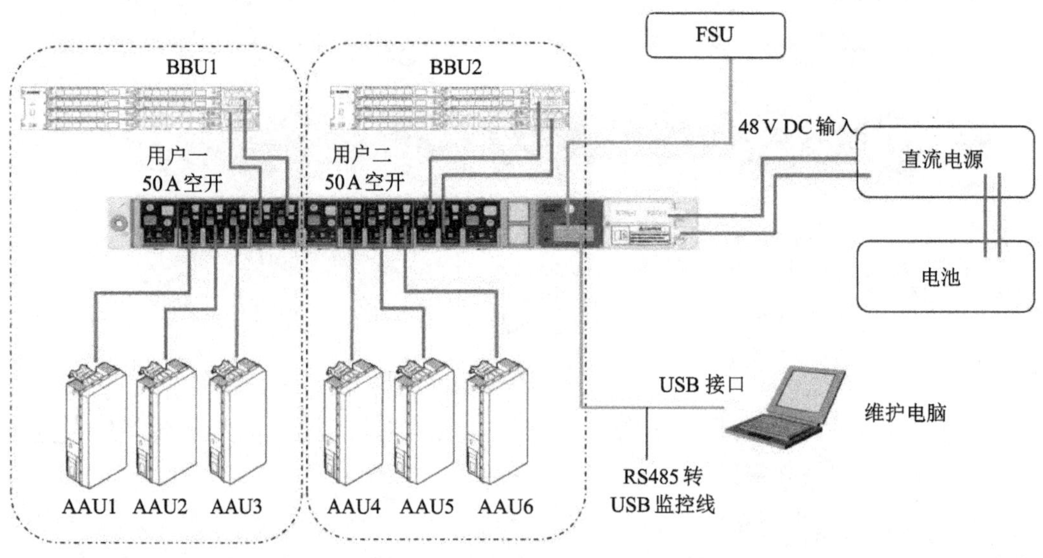

图 3.37　组网二(运营商不带配电盒)

3. 电池和电池共用管理器

电池作为后备保障的重要组成部分，可在外市电停电时反向供电，供通信设备使用，所以电池的容量应根据客户保障时长需求、市电可靠性、运维能力、机房面积和承重等因素综合确定。

电池与直流电缆设计

1) 电池

常见的电池有 2V 或 12V 单体阀控式铅酸蓄电池、梯次电池和铁锂电池等，如图 3.38 所示。其中，2V 或 12V 单体电池需要串联成 48V 作为 1 组使用，梯次电池和铁锂电池的单只输出电压为 51.2V，即单只就可作为 1 组电池使用。电池可以安装在机房抗震架或室外机柜的托盘上。

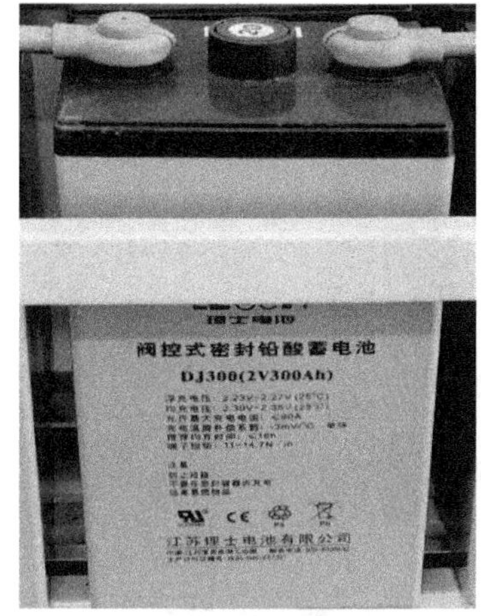

(a) 2 V 单体阀控式铅酸蓄电池

(b) 12 V 单体阀控式铅酸蓄电池

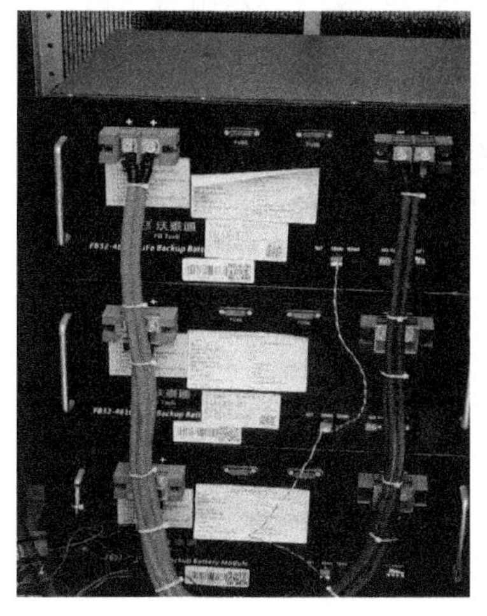

(c) 梯次电池

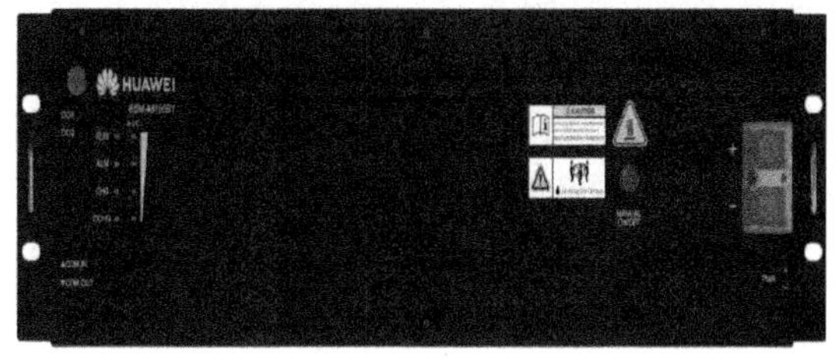

(d) 铁锂电池

图 3.38　电池类型

2) 电池共用管理器

4G 和 5G 网络的大规模建设以及单站共存的运营商方和网络系统的增加使基站功耗增加，原有的电池组不能满足客户的需求。更换新的电池不仅投资成本巨大，而且未到报废期的旧电池处理不当会带来极大浪费。电池共用管理器的出现解决了不同电池组因比重、压力、容量、生产日期不同而无法共存的问题，从而在实际工程中达到减少投资和保护资源的目的。

电池共用管理器如图 3.39 所示，它具有以下特点：

(1) 能解决多组差异电池不能并联使用的问题；
(2) 能进行电池平衡度检测；
(3) 能进行 FSU 系统通信；
(4) 能提高电池组的寿命；
(5) 便于安装。

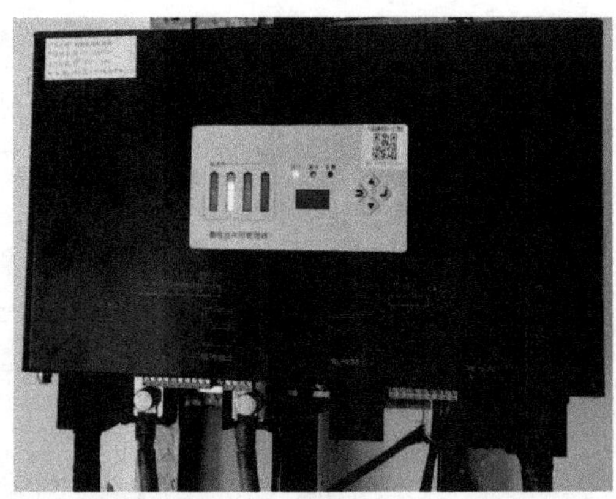

图 3.39　电池共用管理器

电池共用管理器通常有四个端口或六个端口，其工作原理如图 3.40 所示。一般从开关电源负极(直流配电单元空开或熔丝)引入两路负极电压到共用管理器。共用管理器输出端口与电池负极使用对应极性电缆与电池组负极相连，蓄电池正极则与开关电源母排相连，完成整个回路。回路完成后，电池共用管理器通过设定各组电池的均充电压、浮充电压、电池容量、充电比率，实现多组电池按实际容量的同时充电、同时放电，实现电池资源的合理化配置，有效增加电池组的放电时长，最大程度提高电池组的容效。电池共用管理器的工程应用如图 3.41 所示。

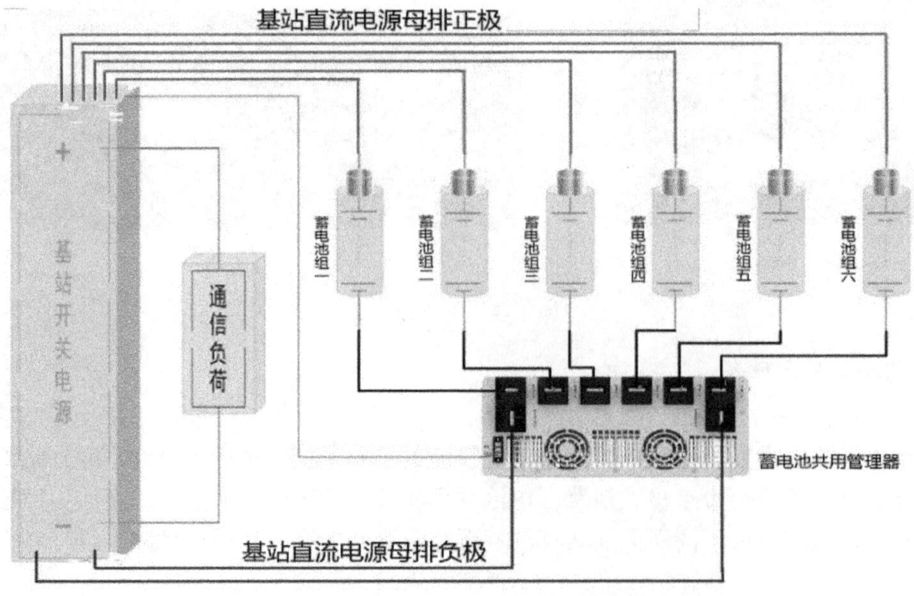

图 3.40　电池共用管理器的工作原理

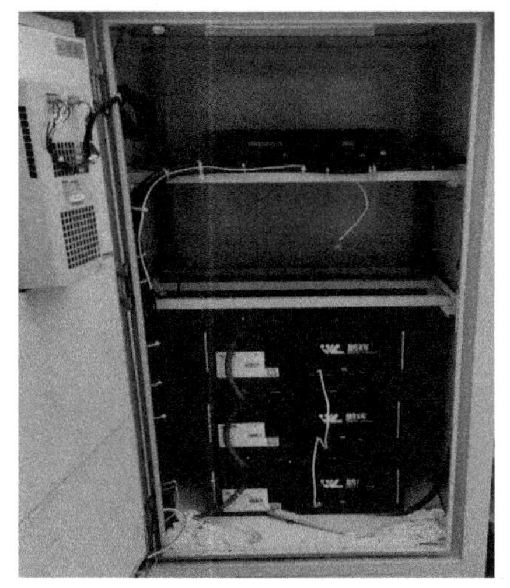

(a) 室外机柜安装

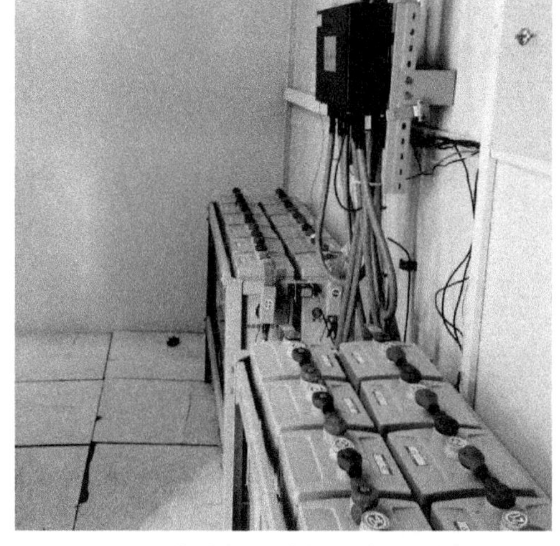

(b) 机房靠走线架或墙面安装

图3.41　电池共用管理器的工程应用

4. 电源容量计算

电源配置需要根据站点环境、基站等级和用户保障需求等进行精细化配置，既要保证基站正常运行，又不能超配浪费资源。

1) 电池容量的计算

锂电池和铅酸电池计算方法如下。

(1) 锂电池容量计算。

锂电池容量的计算公式如下：

$$Q=\frac{K\times a\times\left(P_1\times T_1+P_2\times T_2\right)}{51.2}$$

式中：Q——电池容量(A • h)；

K——安全系数，取1.25；

a——温度调整系数(寒冷、寒温Ⅰ、寒温Ⅱ地区取1.25，其余地区取1.0)；

P_1——一次下电侧通信设备工作的实际功率(W)；

T_1——一次下电设备电工作时长(h)；

P_2——二次下电侧通信设备工作的实际功率(W)；

T_2——二次下电设备电工作时长(h)。

(2) 铅酸电池容量计算。

依据中华人民共和国通信行业标准《通信电源设备安装工程设计规范》(GB 51194—2016)的相关要求，铅酸电池容量的计算公式如下：

$$Q\geqslant\frac{KTI}{\eta\left[1+\alpha\left(t-25\right)\right]}$$

式中：Q——蓄电池容量(A • h)；

K——安全系数，取1.25；

T——放电时长(h)；

I——负荷电流(A)；

η——电池容量系数，其与电池的放电时长有关(详见表 3.5)；

t——实际电池所在地的最低环境温度数值(所在地有采暖设备时按 15℃考虑，无采暖设备时按 5℃考虑)；

α——电池温度系数，当放电时长大于等于 10 h 时取值为 0.006，当放电时长大于等于 1 h 小于 10 h 时取值为 0.008，当放电时长小于 1 h 时取值为 0.01。

表 3.5 电池容量系数与放电时长的关系

电池放电时长/h	放电终止电压/V	电池容量系数 η	电池放电时长/h	放电终止电压/V	电池容量系数 η
0.5	1.75	0.4	6	1.8	0.88
1	1.8	0.45	7	1.8	0.91
2	1.8	0.61	8	1.8	0.94
3	1.8	0.75	9	1.8	0.98
4	1.8	0.79	10	1.8	1
5	1.8	0.83	＞20	1.85	1

2) 开关电源容量计算

开关电源电流容量的计算公式如下：

$$\text{电源电流容量}=\frac{\text{现网存量功耗(W)}+\text{5G功耗(W)}}{\text{额定电压(V)}}+\frac{\text{蓄电池需求容量(A}\cdot\text{h)}}{\text{放电时长(h)}}$$

整流模块数量的计算公式如下：

$$\text{整流模块数量}=\frac{\text{电源电流容量}}{\text{单模块容量}}$$

5. 电力电缆计算和布放

直流电力电缆的计算主要在于弄清设备连接的路由、长度和压降需求，进而计算电力电缆的截面积，并根据线缆类型按要求分类布放。

1) 电力电缆截面积计算

直流电力电缆在机房的电源配套连接示意图如图 3.42 所示。

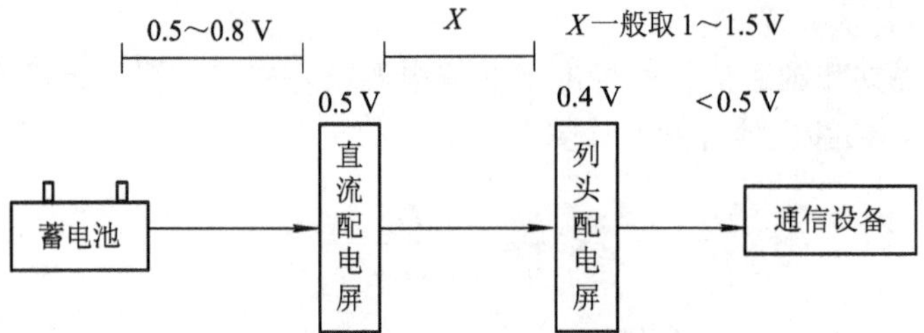

图 3.42 直流电力电缆的连接示意图

直流电力电缆的截面积可以通过下式计算：

$$S = \frac{IL}{\gamma \times \Delta U}$$

式中：S——电源线的截面积(mm^2)；

I——负荷电流(A)；

L——单程正极和负极的布线长度之和(m)；

γ——导电系数(铜线取 57，铝线则取 35)；

ΔU——电压降(V)，其中直流配电屏至蓄电池的电压降为 0.5～0.8 V，直流配电屏至列头配电屏的电压降为 1～1.5 V。

2) 电缆布放要求

电力电缆、设备电缆、信号线缆的布放要求如下：

(1) 电源线、信号线必须是整条线料，外皮完整，中间严禁有接头和急弯处。

(2) 电缆布放应遵循三线分离原则，直流电源线、交流电源线、信号线必须分开布放，应避免在同一线束内。其中，直流电源线正极外皮颜色应为红色，负极外皮颜色应为蓝色。在同一走线架(或槽道)上的信号线、控制线与直流电源线间距应不小于 50 mm；交流电源线不宜与信号线、控制线布放在同一个走线架(或槽道)上，若布放在同一个走线架(或槽道)上，要求间距不小于 20 mm，如图 3.43 所示。

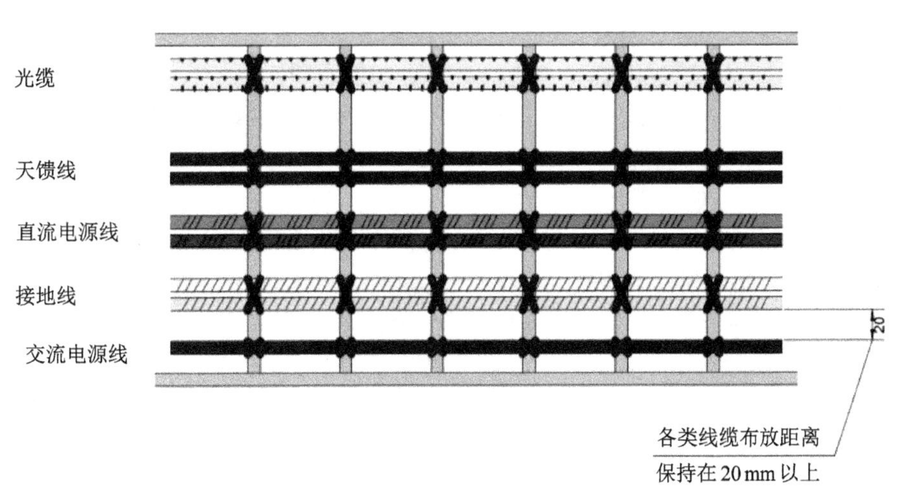

图 3.43　电缆布放原则示意图

(3) 电源线、信号线穿越上、下楼层或水平穿墙时，应预留“S”弯，孔洞应加装口框保护，完工后应用非延燃和绝缘板材料盖封洞口。

(4) 使用的各类电缆规格、型号应符合设计要求。

(5) 各类线缆布放后，应具有明显清晰的线缆标示。

电源配套设计小结

3.2.4　设计小结

电源配套设计的相关步骤如下：

(1) 读取现网电流，新建站此项为0；

(2) 按厂家设备典型功耗计算拟建系统的电流；

(3) 根据放电时长计算蓄电池容量；

(4) 计算电流模块数量；

(5) 计算机房大小和室内设备功耗，计算空调匹数和数量；

(6) 估算照明等临时用电量；

(7) 计算外市电容量；

(8) 计算电流，选取电力电缆的规格、型号；

(9) 选择交流配电箱；

(10) 分配空开；

(11) 确定直流电力电缆。

■ 课后习题

一、单项选择题

1. 无论是高压引电还是低压引电，进入通信基站交流配电箱的外市电低压电通常为(　　)。

A. 380 V　　B. 220 V　　C. 110 V　　D. 10 kV

2. 对于低压直流电力电缆来说，(　　)是设备之间相连应主要考虑的因素。

A. 发热条件　　B. 经济性　　C. 线缆压降　　D. 电流密度

3. 通信基站使用电力电缆的颜色是有要求的，一般进行接地保护的电缆颜色为(　　)。

A. 红色　　B. 蓝色　　C. 黑色　　D. 黄绿相间色

4. 蓄电池C8代号的含义是(　　)。

A. 电池以8小时放电率充电8小时释放的容量(单位为A・h)

B. 电池以8小时放电率放电8小时释放的容量(单位为A・h)

C. 电池以8小时充电率充电8小时释放的容量(单位为W)

D. 电池以8小时放电率放电8小时释放的容量(单位为W)

5. 空气开关和熔断器的电流不能太大，因为它们的作用主要是(　　)，电流一旦过大则会失去作用。

A. 过温保护　　B. 过流及短路保护

C. 过压保护　　D. 欠压保护

6. 整流模块的作用是(　　)。

A. 将交流电转换成直流电　　B. 将直流电转换成交流电

C. 将直流电转换成直流电　　D. 将交流电转换成交流电

7. 交流配电箱输入总开关前端应配置浪涌保护器(SPD)模块及相应的保护开关，这属于(　　)。

A. 一级防雷　　B. C级防雷

C. B级防雷　　D. 以上都不对

8. 已知现网电流为38 A，拟新增5G系统的功耗为4.5 kW，目前有2个50 A的整流模块，拟采用 N+1 备份，需要新增(　　)个 50 A 的整流模块。

A. 1　　B. 2　　C. 3　　D. 4

二、多项选择题

1. 交流配电箱输入空开设计时一般要结合(　　)进行设计，且一般要大于等于计算值。

A. 外市电容量　　B. 电压大小

C. 功率因子　　D. 业主指定

2. 基站外市电容量既要满足本期需求，又要进行适量的扩容。一般来说，影响基站外市电容量大小的因素有(　　)。

A. 运营商设备功耗　　B. 蓄电池充电需求

C. 空调用电　　D. 基站照明

3. 引入外市电为 380 V 时，一般采用三相四线，线缆颜色分别为(　　)。

A. A 相——黄色　　B. B 相——绿色

C. C 相——红色　　D. 中性线——黑色

4. 基站外市电设计需要结合(　　)，选取合适的引电方案。

A. 周边环境等级　　B. 基站类型

C. 适当考虑远期容量　　D. 以上都不对

5. 开关电源将交流电变为直流电并提供给主设备系统和电池，它除了有交流配电部分外，还应包含(　　)。

A. 整流模块　　B. 传输线路

C. 监控屏　　D. 空开和熔丝

6. 通信基站接地的方式主要有(　　)。

A. 防雷接地　　B. 工作接地

C. 设备接地　　D. 保护接地

7. 进行开关电源设计时，一般需要获取(　　)。

A. 开关电源的型号和数量　　B. 蓄电池熔丝的数量和容量

C. 整流模块的数量和容量　　D. 直流输出端子的数量和容量

8. 通信电源系统主要由(　　)组成。

A. 交流配电系统　　B. 直流供电系统

C. 接地系统　　D. 低压配电系统

9. 基站蓄电池容量配置时，需要综合考虑(　　)来确定电池容量的大小。

A. 温度　　B. 放电时间

C. 放电电流　　D. 安全系数

10. 空调功率和大小应根据制冷需求进行设计，制冷需求主要包括(　　)。

A. AAU 散热　　B. 传输设备散热

C. 室外传导热　　D. 照明散热

三、判断题

1. 基站要求所有连到主机设备的连线都贴有标签，并采用三线分离的方式进行敷设。(　　)

2. 三相四相制供电系统中，可以获得 220V 和 380V 电压。(   )

3. 进行交流电力电缆电流计算时，用电设备功率因子一般取 0.8。(   )

4. 浪涌保护器必须经过工业和信息化部认可的检测机构测试合格，可以将 C 级浪涌保护器并联为 B 级使用。(   )

5. 开关电源整流模块数量为设备电流与电池充电电流之和除以单只整流模块电流。(   )

6. 一般来说，蓄电池进行充电时，电流越大，需要的充电时间越短。(   )

习题与答案

四、简答题

请简述电源配套设计的主要步骤。

任务 3.3 主设备设计

课前引导

无论是铁塔、机房，还是电源配套，都是提供给主设备使用的，大家或许会比较好奇，2G、3G、4G、5G 的基站主设备是怎样的？它们都是一样的物理结构吗？应该怎样根据主设备的物理结构和特征参数完成主设备的模块配置以及天馈系统设计呢？

任务描述

本任务介绍全球移动通信系统(GSM)机架设备、BBU、RRU、5G 单板、AAU、线缆等部分硬件和参数。通过本任务，学生可以根据不同的设备类型，完成对应网络系统的主设备板件配置、主设备之间线缆连接等。

任务目标

(1) 了解 GSM 网络机架式基站主设备的组成和设计要求。

(2) 掌握 BBU+RRU 分离的基站主设备的功能模块和工程设计要求。

(3) 掌握集中单元/分布单元(CU/DU)基站主设备的功能模块和工程设计部署方案。

3.3.1 GSM 主设备设计(机架式)

GSM 主设备设计

GSM 网络通信系统使用的设备类型主要有两种，分别为机架式设备和分布式设备，其中，GSM 网络建设前期主要以机架式设备为主要型号，网络部署后期逐渐出现分布式设备。本节主要介绍机架式设备，对应的参数如表 3.6 所示。

表 3.6 主要的 GSM 机架式设备参数

类 型	尺寸/(mm × mm × mm)	重量/kg	功率/W	支持载波数
RBS2202	600 × 400 × 1650	210	2400	6
RBS2206	600 × 470 × 1900	230	3400	12
RBS6201	600 × 483 × 1450	215	4700	48

RBS2202 的 GSM 机架设备如图 3.44 所示。

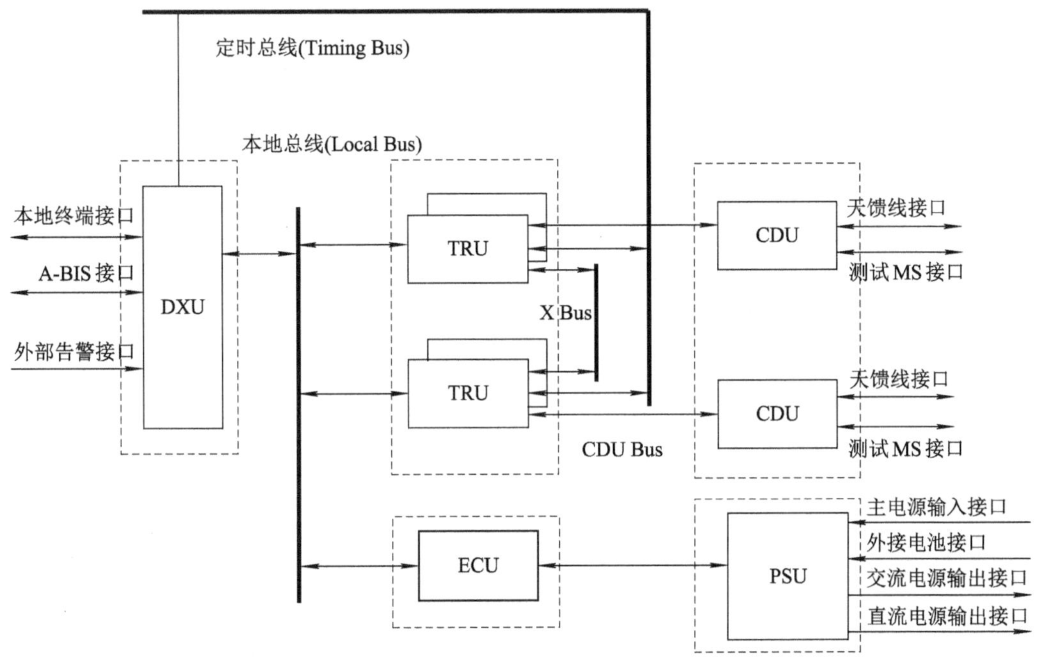

图 3.44 GSM 机架设备示意图(以 RBS2202 为例)

GSM 机架设备的主要组成部分包括以下单元：

(1) TRU(Transceiver Unit)：收发信单元；

(2) DXU(Distribution Switch Unit)：分配交换单元；

(3) CDU(Combining and Distribution Unit)：合成分配单元；

(4) PSU(Power Supply Unit)：能量供给单元；

(5) ECU(Energy Control Unit)：能源环境控制单元。

对于机架式主设备，一般选择落地安装(固定在机房地板上)。在设计时，需要根据话务量计算站点的载波数，然后根据单机架可以支持的载波数确定所需要的机架数量。接着进行各扇区载波配置，设计小区方位角，确定天线下倾角，选择天线类型以及进行相关材料的统计计算。最后根据机架的数量，设计匹配的空开或者熔丝供主设备机架使用。

3.3.2 3G/4G 主设备设计(BBU + RRU 分离)

3G/4G 主设备设计

3G/4G 基站主设备已全面走向 BBU + RRU 的分布式结构。分布式基站的 BBU 和 RRU 是独立的，两者之间通过光纤进行连接，如图 3.45 所示。

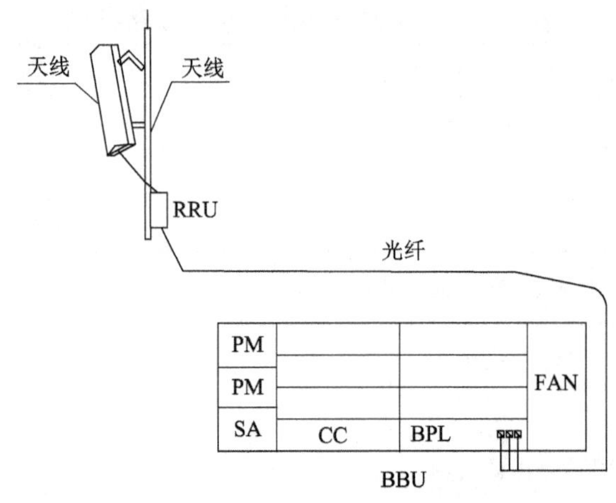

图 3.45　BBU + RRU 分离的基站架构

BBU 一般嵌入式安装在机柜中，要求与其他设备的间隔为 1U(即 44.5 mm)，射频单元则安装在铁塔或者楼面抱杆等其他铁塔资源上，通过软跳线与天线相连，可减少传统机架式基站长达几十米的馈线损耗和投资，降低功放的输出功率。

射频单元安装在室外，大大地降低了机房内的散热量，进而降低了机房内空调的配置要求。基带处理单元则采用机框架构，根据需要插入相应的板件，可灵活设计安装在机柜、支架甚至墙上，降低机房空间需求。

常见的分布式基站设备如图 3.46 所示。

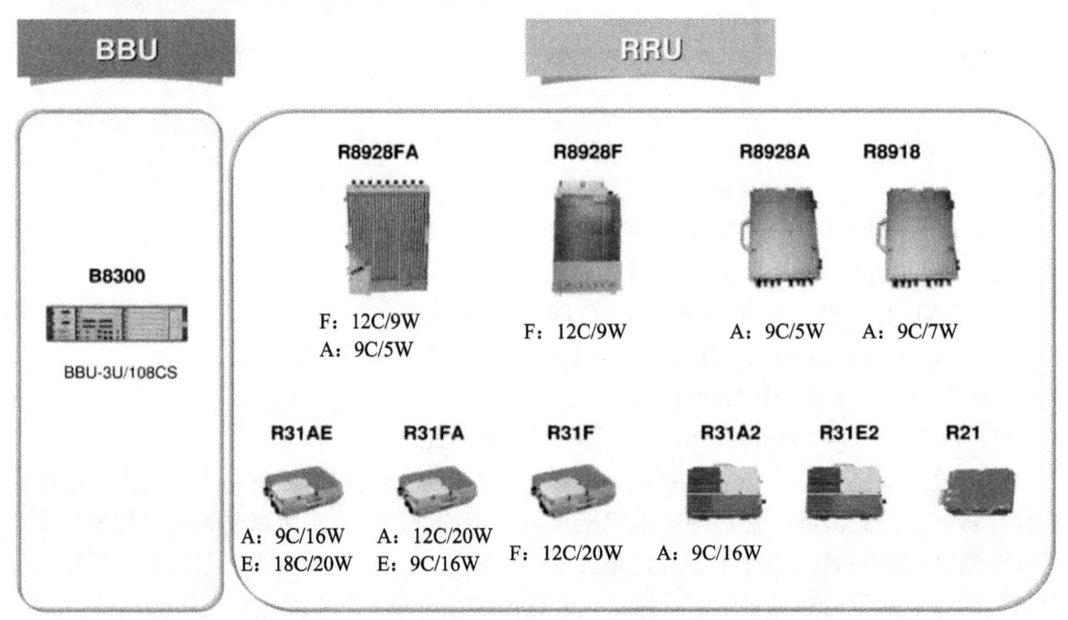

图 3.46　常见的分布式基站设备

随着智能天线的出现和应用，单副天线集成的天线数量越来越多，天线的馈电网络端口也越来越多，催生了多端口的射频单元。相比 2G 通信后期推出的两通道的 RRU，3G/4G 时代的射频单元大多数已升级为多通道。

主设备工程设计需要了解 BBU 和 RRU 设备的大小、尺寸、面板和相关参数，下面介绍主流 BBU 设备和 RRU 设备。

1. 主流 BBU 设备

BBU 机框采用插入安装的方式，机框一般设计安装在机柜上。在工程应用中，正常工作的 BBU 一般需要配置主控板、基带板、电源板、风扇板和环境监控告警板等板件。各厂家对上述板件的称呼有所区别，但是板件功能相似。下面以 BBU8200 为例进行介绍(如图 3.47 所示)，工程设计中则需要根据 BBU 边框图完成相应板件和相关线缆等配置。

图 3.47　BBU 的机框和面板图

(1) 主控板，主要用于完成外部时钟获取、传输设备连接和本地操作维护等。主控板的面板如图 3.48 所示，各接口如下所述。

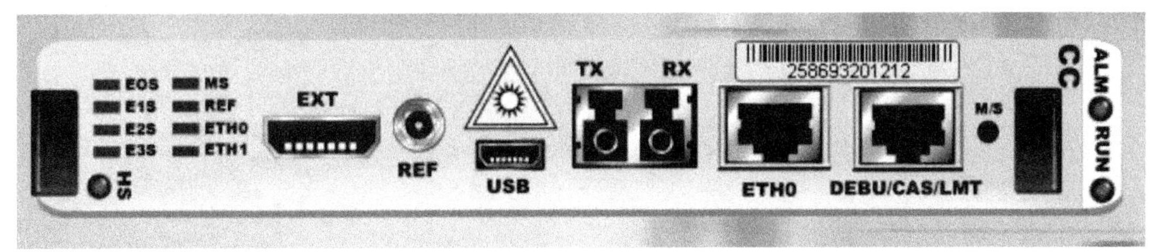

图 3.48　主控板的面板

DEBU/CAS/LMT：级联、调试或本地维护接口，GE/FE 自适应电接口。

ETH0：S1/X2 接口，GE/FE 自适应电接口。

TX/RX：S1/X2 接口，GE/FE 光接口(ETH0 和 TX/RX 接口互斥使用)。

EXT：外置通信口，连接外置接收机，主要是 RS485、1PPS TOD 接口。

REF：外接 GPS 天线。

USB：数据更新。

(2) 基带板，负责与 RRU 进行光口连接并实现协议处理，包括分组数据汇聚协议(Packet Data Convergence Protocol，PDCP)处理、无线链路控制(Radio Link Control，RLC)处理、媒质访问控制(Media Access Control，MAC)处理和物理层(Physical Layer，PHY)协议处理，并提供智能平台管理接口(Intelligent Platform Management Interface，IPMI)。基带板如图 3.49 所示。

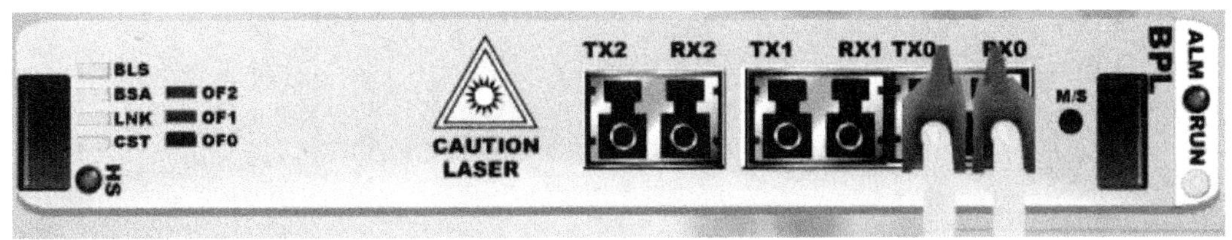

图 3.49　基带板示意图

(3) 电源板，负责给 BBU 提供 -48 V 电压，采用双路备份，具备过电压、欠电压测量和保护功能。电源板如图 3.50 所示。

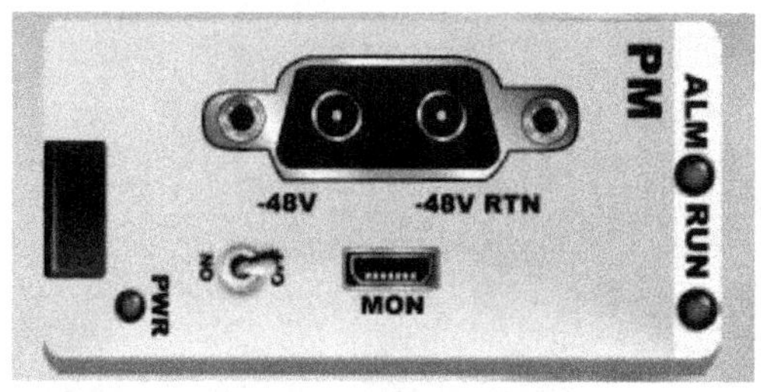

图 3.50　电源板示意图

(4) 环境告警板，负责外接温度传感器、红外传感器、门禁传感器、水浸传感器、烟雾传感器和扩展的开关量接口，通过串口和抄送(CC)通信向监控中心提供站点环境信息。环境告警板如图 3.51 所示。

(5) 风扇板，根据温度自动调节电风扇速度，内置监控可报告电风扇状态。风扇板如图 3.52 所示。

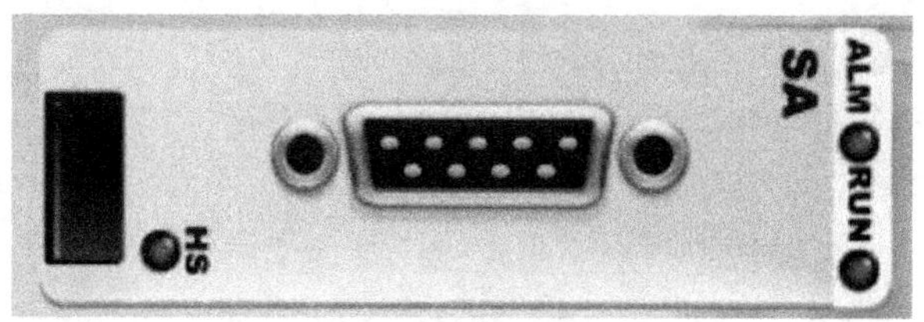

图 3.51　环境告警板示意图

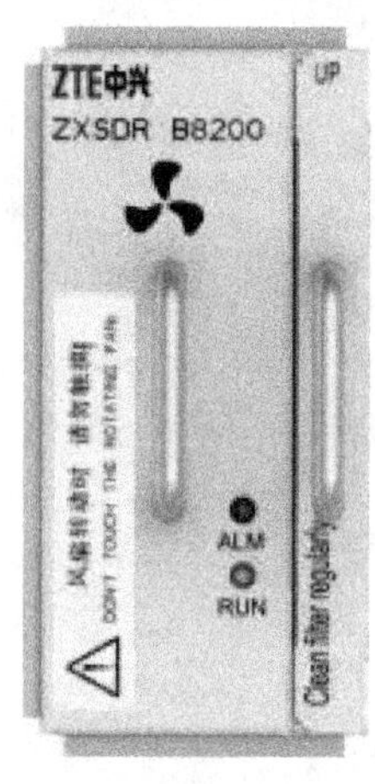

图 3.52　风扇板示意图

2. 主流 RRU 设备介绍

RRU 定义各种外部接口与 BBU 和天线之间的通信方式，实现将基带信息通过 RRU 调制后馈电进入天线端口，并通过天线端口把调制后的电磁波辐射出去。上行链路则通过天线接收端口将接收到的电磁波信号经 RRU 滤波、解调后再通过光纤传输到 BBU 基带单元。以 RRUR40 为例，其外观和接口如图 3.53 所示，其中：

(1) RSP：RRU 信号防护板。

(2) RPP：RRU 电源防护板。

(3) RIIC：RRU 接口中频控制板。

(4) RTRB：RRU 收发信板。

(5) RPWM：RRU 电源子系统。

(6) RFIL：RRU 腔体滤波器子系统。

(7) RLPB：RRU 低噪放功放子系统。

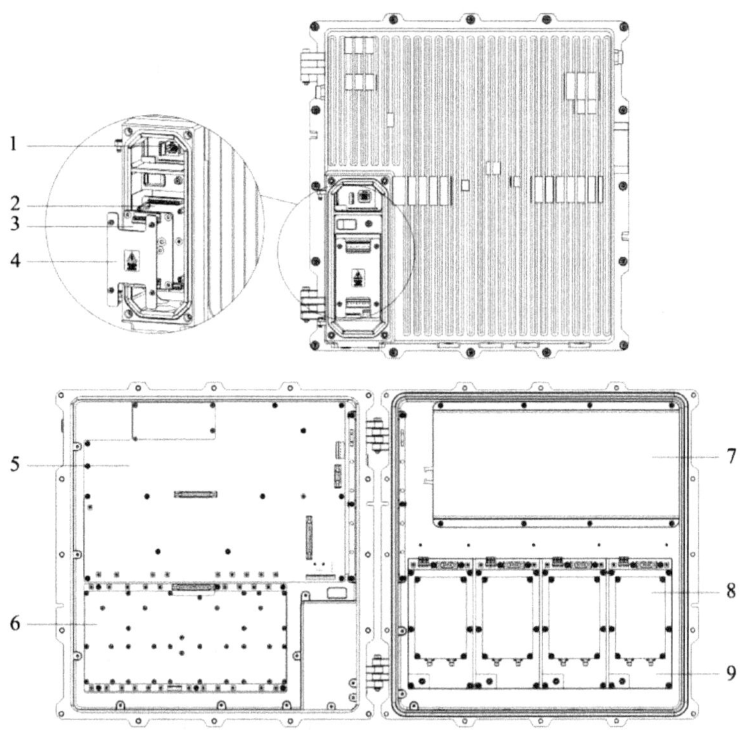

1—指示灯；2—RSP；3—RPP；4—绝缘盖板；5—RIIC；6—RTRB；7—RPWM；8—RFIL；9—RLPB。

图3.53　RRU的外观和接口

以R8862A系列设备为例，其参数信息如图3.54所示。

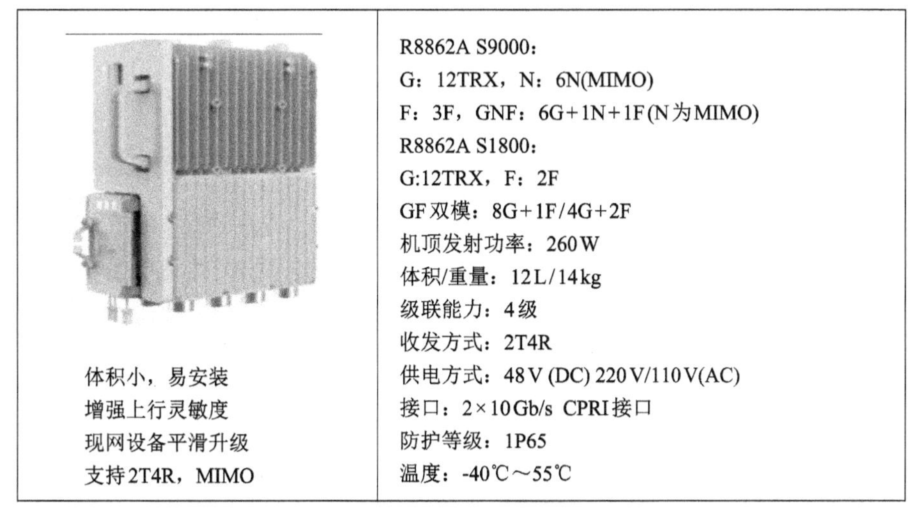

图3.54　R8862A系列设备参数信息

RRU的参数信息主要有以下几项：

(1) RRU外观参数，如尺寸、重量、防护等级和承受的温度能力要求等。

(2) 支持的频段，也就是协议定义的标准频率范围。

(3) 工作带宽(Operation BandWidth，OBW)。

(4) 容量，也就是一个 RRU 能支持多少个 3G 或者 4G 小区。

(5) TX/RX 个数，也就是 RRU 用于连接天线的发射、接收端口的数量，与 RRU 对 MIMO 的支持能力、波束赋形能力以及上行信号的接收能力强相关。

(6) RRU 功耗和机顶发射功率。

(7) 接收灵敏度，该指标表征的是 RRU 能够检测到上行信号的微弱程度。

工程设计中，一般以 RRU 为中心，完成 RRU 本端自身线缆配置、RRU—天线和 RRU—机房相关线缆的走线路由、线缆种类和长度的计算和配置，如图 3.55 所示。

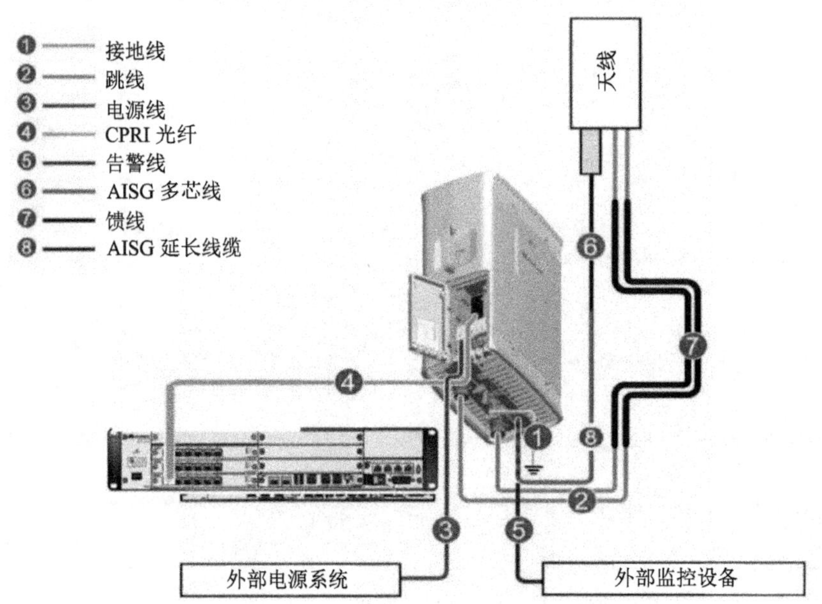

图 3.55 RRU 相关线缆连接配置示意图

3.3.3 5G 主设备设计(CU/DU)

5G 主设备设计

5G 基站由 4G 时代的 BBU、RRU 和天线三大单元演进为 CUDU 和 AAU。其中，CU(Centralized Unit，集中单元)主要负责非实时的无线高层协议功能，同时也支持部分核心功能下沉和边缘应用业务的部署；DU(Distributed Unit，分布单元)主要负责物理层功能和实时性需求功能；AAU(Active Antenna Unit，有源天线单元)除了作为天线使用，还负责部分原 BBU 的功能。具体的设备实现时，主要有 CUDU 合设或 CUDU 分离方案。

对于 CU/DU 合设方案，5G BBU 可类似沿用 CU 板+DU 板的架构方式，以保证后续扩容和新功能引入的灵活性。CU 板和 DU 板的逻辑功能划分可以遵循 3GPP 标准划分，即 CU 板和 DU 板之间的逻辑接口是 F1 接口。合设设备中，F1 接口是 BBU 内部接口，CU 板和 DU 板的逻辑功能划分也可采用非标实现方案。CU/DU 合设设备(5G BBU 设备)的好处与 4G BBU 类似，可靠性较高、体积较小、功耗较小且环境适配性较好，对机房配套条件要求较低。

CU/DU 分离方案则存在两种类型的物理设备：独立的 DU 设备和独立的 CU 设备。实现方式可以保持 BBU 板卡不变，移除 CU 相关的软件功能，仅支持 DU 相关的软件功能；或者去掉 BBU 的 CU 板，仅保留 DU 板并仅支持 DU 相关的软件功能。这样，5G CU/DU 架构会存在两种设备形态：BBU 设备和独立 CU 设备。

下面主要介绍 CU/DU 合设方案的设计。

1. BBU 设计配置

对于 CU/DU 合设方案，5G 基站实体设备分为 BBU 和有源天线 AAU 两部分，两者之间通过 eCPRI 光接口相连接。5G BBU 仍然采用模块化设计，由基带处理单元、主控传输单元、风扇、电源模块、监控单元等系统组成，如图 3.56 所示(以 BBU5900 为例)。

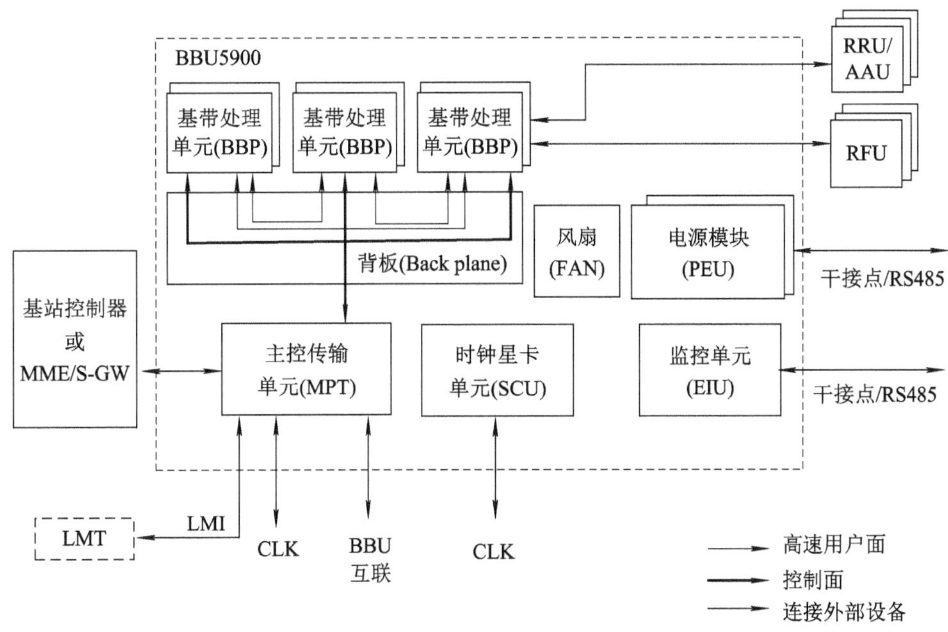

图 3.56　5G BBU 模块化设计结构

5G BBU 实体设备与 4G BBU 在外观上无明显区别，只是板件有差异，如图 3.57 所示(以 V9200 为例)所示。

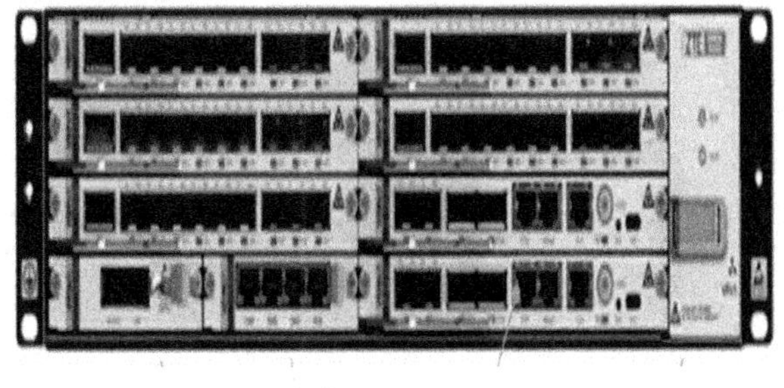

(a) 机框

基带板	基带板	风扇板
基带板	基带板	
基带板	主控板	
电源板	主控板	

(b) 面板图

图 3.57　5G BBU 机框和面板图

BBU 机框尺寸、配置和板件信息详见表 3.7 和表 3.8。其中，64T64R 表示支持相连的

RRU 为 64 通道，S111 表示三个小区均配置 1 个频点，GE 表示千兆以太网络接口。

表 3.7　BBU(以 V9200 为例)的基本信息

尺寸(宽/高)	48.26 cm(19 英寸)/2U
容量	3 × 100 MHz 64T64R(单基带板) 15 × 100 MHz 64T64R(满配)
5G 单模时的最大配置能力	2 块主控板，5 块基带板，2 块电源板
机框最大总散热能力	2000 W
BBU 功耗	700 W(S111)/1300 W(满配)
同步方式	GPS/北斗/1588V2
供电方式	−48 V(DC)
安装方式	48.26 cm(19 英寸)机柜安装、挂墙安装、室外一体化机柜安装、HUB 柜安装

表 3.8　BBU(以 V9200 为例)的板件信息

板卡名称	型　号	板　卡　能　力
主控板	VSWc2	5G 单模支持 9 个小区，4G 单模支持 90 个小区； 4G/5G 双模，支持 3 个 100 MHz + 18 个 20 MHz 小区
基带板	VBPc5	光口数：6 × 25GE NR：3 × 100 MHz@64T64R/32T32R/8T8R；6 × 100 MHz@4T4R/2T4R LTE：9 × 20 MHz@64T64R；12 × 20 MHz@8T8R； 18 × 20 MHz@4T4R/2T2R
直流板	VPD	提供 −48 V(DC 电源)，2000 W
风扇板	VFc1	智能风扇模块

在工程设计中，5G BBU 可以和 4G BBU 分框部署，也可以共框部署，共用 AAU 开启 4G 和 5G 双网络。

(1) 分框部署方案如图 3.58 所示。在机柜安装 5G BBU 和 4G BBU，主控板之间相连，基带板之间分别通过光纤连接 AAU，并配置其他相应的板件。

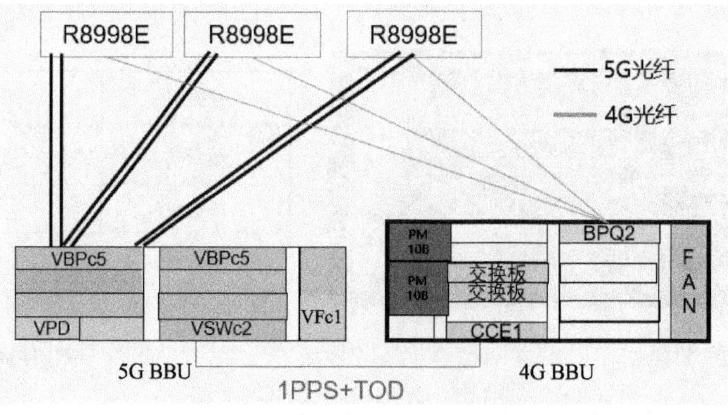

图 3.58　分框部署方案示意图

分框部署 4G 和 5G 网络时，两个 BBU 需要配置的相关板件如表 3.9 所示。

表 3.9　分框部署板件配置

配置项目	V9200	B8300
主控板	VSWc2	CCE1/CCF
基带板	VBPc5	BPQ2
光口数量	2 × 10GE/100 MHz 载波	10GE 光口/3 × 20 MHz 载波
直流电源模块	VPD	基带板≤4 时，1 块 PM10B
		基带板＞4 时，2 块 PM10B
交流电源模块	—	基带板≤4 时，配置 PMAC_0A
		基带板＞4 时，改用 PM10B + B101
风扇模块	VFc1	FA4A/FA4C

(2) 共框部署，即在一个 BBU 同时开启 4G 和 5G 双网络，需要配置的板件如表 3.10 所示，共框部署方案如图 3.59 所示。

表 3.10　共框部署板件配置

配置项目	V9200
主控板	VSWc2
基带板	2 × VBPc5
前传光口	2 × 25GE / AAU
回传光口	10 GE
直流电源模块	VPD
交流电源模块	—
风扇模块	VFc1

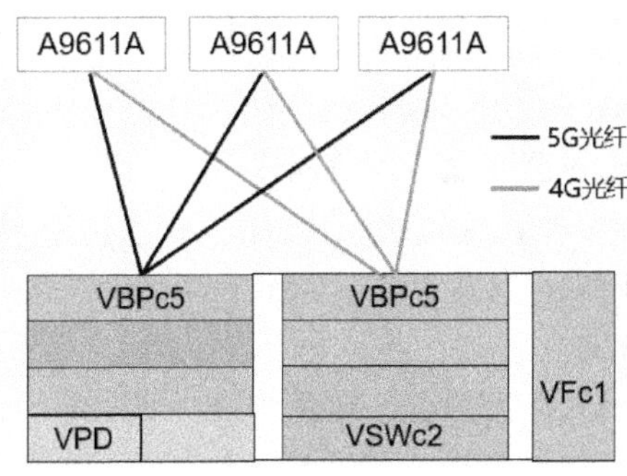

图 3.59　共框部署方案示意图

2. AAU 设计配置

AAU 是 5G 通信基站的重要组成部分。它集合了天线、射频前端、数字信号处理器和电源管理单元等组件，可将无线信号转换为数字信号，并通过光纤或电缆连接到 BBU 基带单元进行信号处理和解调。AAU 的外观和功能如图 3.60 所示。

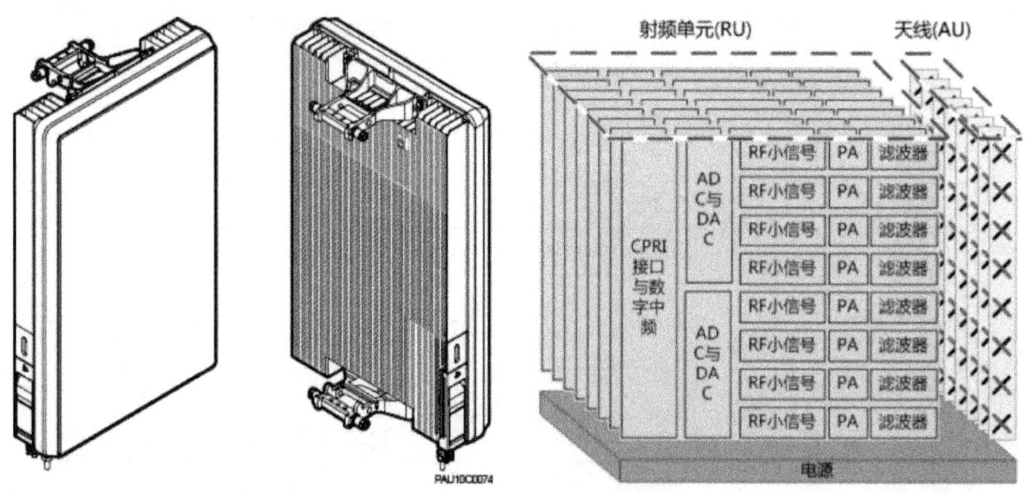

图 3.60　AAU 的外观和功能示意图

AAU 各功能模块的说明如表 3.11 所示。

表 3.11　AAU 功能模块说明

功能模块	功 能 描 述
AU	天线采用 8 × 8 阵列，支持 64 个双极化振子，完成无线电波的发射与接收
RU	(1) 接收通道对射频信号进行下变频、放大处理、模/数转换(A/D 转换)及数字中频处理； (2) 发射通道完成下行信号滤波、数/模转换(D/A 转换)、下行数字中频处理； (3) 完成上下行射频通道相位校正； (4) 提供 CPRI 接口，实现 CPRI 的汇聚与分发； (5) 提供−48 V DC 电源接口； (6) 提供防护及滤波功能
电源模块	电源模块用于向 AU 和 RU 提供工作电压

在工程设计中，除了需要关注 AAU 的尺寸、种类和功耗外，还需要关注 AAU 适用的频段、增益、水平半功率角、广播束水平或垂直波段可调范围以及机械倾角等参数，然后完成以 AAU 为中心的设计，如图 3.61 所示。其中，UBBPem 为基带板，UMPTe 为主控板。

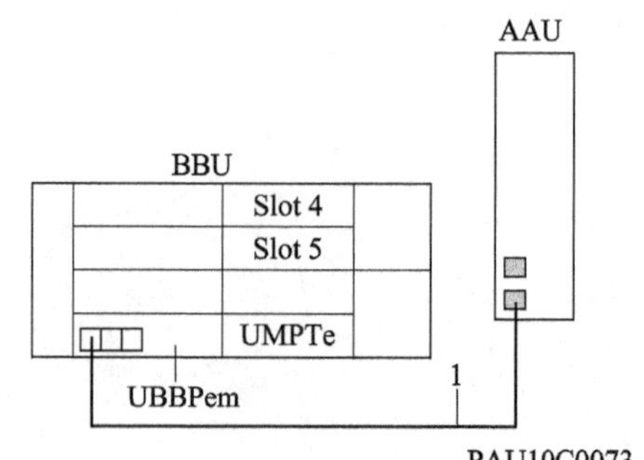

图 3.61　AAU 与 BBU 组网示意图

在 5G 基站设计中，以 AAU 为中心，涉及的材料主要有接地线、电源线、光纤和光模块等。现场勘察和方案设计时，需要确定好 AAU 的挂高、方位角、下倾角以及相关线缆类型和路由长度，配置相应的光模块，完成 AAU 的材料统计。

1) 接地线

保护地线用于连接设备与接地排，保证设备良好的接地。如图 3.62 所示，保护地线的圆形冷压(OT)端子可现场制作，也可根据当地规范选择线缆颜色和制作 OT 端子。

1— OT 端子(16 mm^2，M6)；2—OT 端子(16 mm^2，M8)。

图 3.62　接地线示意图

2) 电源线

电源线为 −48 V 直流屏蔽电源线，用于将外部的 −48 V 直流电源引入 AAU，为 AAU 提供工作电源。如图 3.63 所示，AAU 电源线一端需要现场制作快速安装型母端(压接型)连接器，另一端需要现场根据配电设备的接口要求制作相应端子。

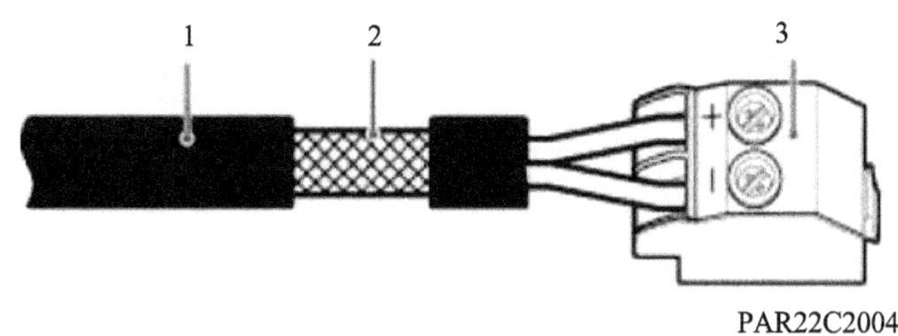

1— −48 V 直流电源线；2—屏蔽层；3—快速安装型母端(压接型)连接器。

图 3.63　电源线示意图

3) 光纤

光纤用于传输 BBU 和 AAU 之间的信号，需配套光模块使用。目前 BBU 和 AAU 之间相连使用的是 LC-LC 型尾纤，如图 3.64 所示。

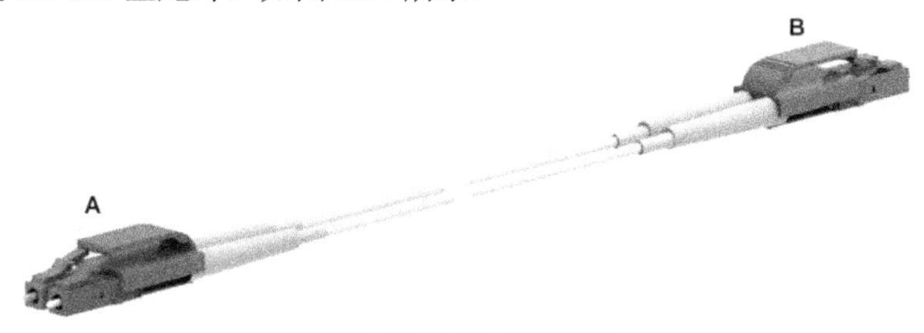

图 3.64　LC-LC 型尾纤

4) 光模块

光模块用于连接光接口与光纤，传输光信号。同一根光纤两端的光模块必须为相同类型，不同类型的光模块混用可能会产生相关告警、误码或断链等风险。

光模块的类型有四芯的短距离多模光模块(SR4 光模块)、双纤双向光模块、单纤双向光模块、单端口单纤双向光模块(BIDI 光模块)等，如图 3.65 所示。光模块上贴有标签，标签上包含“速率”“波长”和“传输模式”等信息，如 100G 4 × 25-850nm-100m MM，表示速率为 100 Gb/s、波长为 850 nm 的多模光模块。

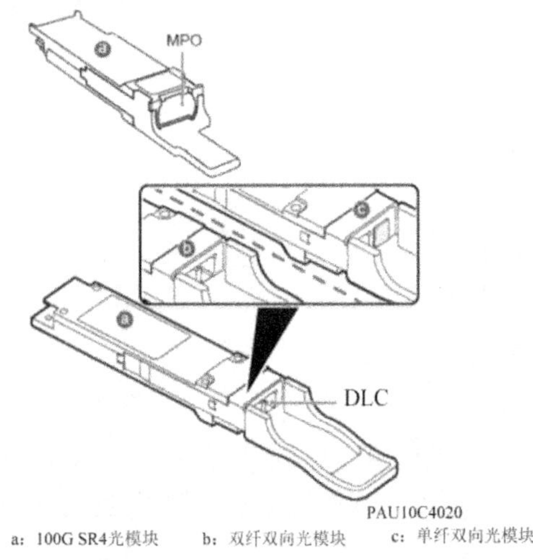

(a) 光模块类型 1

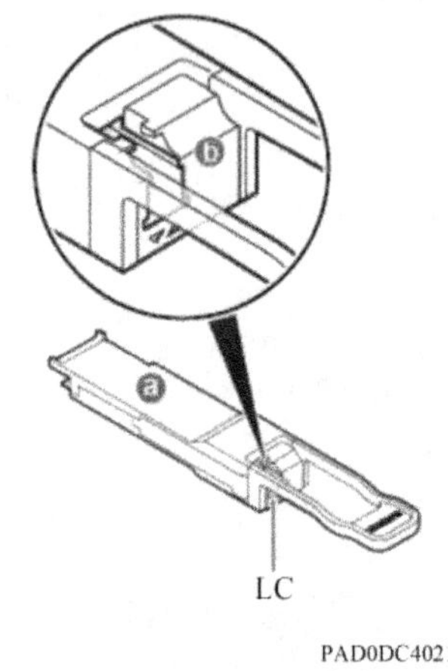

(b) 光模块类型 2

图 3.65　常用的光模块

3.3.4　设计小结

主设备设计的具体步骤如下：

(1) 确定网络系统和设备类型；

(2) 配置相关板件；

(3) 设计主设备的安装方法；

(4) 设计主设备使用的端子；

(5) 以 RRU(AAU)为中心，完成机房设备和天馈系统的设计。

主设备设计小结

■ 课后习题

一、单项选择题

1. GSM 系统采用的是频分系统，规范规定相邻频率间隔为 200 kHz。中国移动的上行频段带宽为 890～915 MHz，可以分配到多少个载频？(　　)

A. 65　　B. 75　　C. 80　　D. 100

2. 在基站勘察设计时，天线高度和方位角如何设置最好？(　　)

A. 越高越好　　B. 越低越好

C. 无所谓　　D. 根据业务情况和四周网络具体确认

3. 4G 系统采用 BBU+RRU 分离的基站架构。BBU 和 RRU 连接是指将(　　)和 BBU 的(　　)进行连接。

A. LC-LC 光纤、主控板　　B. LC-LC 光纤、基带板

C. LC-SC 光纤、基带板　　D. SC-LC 光纤、主控板

4. 4G 系统采用 BBU+RRU 分离的基站架构。BBU 和传输设备采用 LC-LC 光纤进行连接，使用的是 BBU 的(　　)。

A. 电源环境板　B. 基带板　C. 主控板　D. 风扇板

5. 天线和 GPS 都需要进行防雷保护，一般需要安装在避雷针的(　　)保护范围内。

A. 30°　B. 45°　C. 60°　D. 90°

6. 工程设计中天线下倾角指的是(　　)。

A. 电子下倾角　B. 机械下倾角

C. 电子下倾角 + 机械下倾角　D. 以上皆可

7. 设备嵌入式安装在机柜内，要求设备之间的间隔距离为(　　)，作为散热空间。

A. 1U　B. 2U　C. 3U　D. 5U

二、多项选择题

1. 4G 主设备采用 BBU+RRU 基站架构方式，要使得 BBU 机框正常工作，至少需要配置什么板件？(　　)

A. 电源环境板　B. 主控板

C. 基带板　D. 风扇板

2. 4G 主设备采用 BBU+RRU 基站架构方式。以 RRU 为中心，需要连接的线缆有哪些类型？(　　)

A. 馈线　B. 接地线

C. 光缆　D. 光纤

3. 采用 BBU+RRU 的基站结构，RRU 射频单元安装在室外较 GSM 一体式架构具有什么优势？(　　)

A. 节约机房空间　B. 节约楼面空间

C. 降低基带与射频损耗　D. 减少机房制冷需要

4. AAU 是天线和射频单元集成一体化的模块，主要功能模块包括(　　)。

A. AU　B. RU

C. 电源模块　D. 以上都对

5. 天馈系统设计时需要注意(　　)设计。

A. 天线挂高　B. 方位角

C. 下倾角　D. 经纬度

6. 以下哪些属于天馈线系统的安装？(　　)

A. 天线　B. 硬馈线

C. 光纤　D. 接地排

三、判断题

1. 目前，主流的 5G 主设备厂家有华为、中兴、爱立信。(　　)

2. BBU 和传输设备 PTN 或 SPN 相连时，使用的是 LC-LC 型尾纤。(　　)

3. 在 CU/DU 分离方案中，可以保持 BBU 中的板卡不变，移除 CU 相关的软件功能，仅支持 DU 相关的软件功能。(　　)

4. 给 BBU 设计取电时，一定需要使用到直流配电盘，而不能从开关电源端子直接取电。(　　)

5. 设备安装要求各设备之间的距离间隔为 1U，1U 指的是 44.5 mm。(　　)

6. AAU 本身具有保护接地，在安装好保护接地之后，从 AAU 连接到配电盒的电源线不需要剥开电源线屏蔽层进行接地。(　　)

习题与答案

四、简答题

1. 请简述主设备设计的主要步骤。
2. 根据图 3.55 简述以 RRU(AAU)为中心的相关线缆类型。

任务 3.4　设计出图

课前引导

对于前述任务介绍的铁塔、机房、电源配套和主设备的设计思路、方法和内容，如何通过相关的载体符合逻辑地呈现出来?

任务描述

设计图是工程设计的重要组成部分，是指导施工的主要依据，也是进行工程量统计和概预算编制的依据。本任务介绍的内容包括工程制图的一般要求、设备平面布置图、走线架图、天面俯视图和立面图等。

任务目标

(1) 了解通信工程制图的作用并掌握绘制要点。
(2) 能够准确完整地绘制机房配套和设备图。
(3) 能够准确完整地绘制天面俯视图和立面图。

3.4.1　工程制图一般要求

工程制图一般要求

通信工程制图就是将工程的内容、要求等用图形符号、文字符号按不同专业的要求描绘在图纸上，工程技术人员通过阅读图纸就能够了解工程规模、工程内容，统计出工程量并依此编制工程项目造价。

通信工程图纸是在现场仔细勘察和认真搜索资料的基础上，通过图形符号、文字符号、文字说明及标注来表达具体工程性质的一种图纸。它是通信工程设计的重要组成部分，也是指导施工的主要依据。通信工程图纸应包含路由信息、设备配置安放情况、技术数据、主要说明等内容。通信制图应做到规格统一、画法一致、图面清晰，符合施工、存档和生产维护要求，同时应依据国家及行业标准编制通信工程制图与图形符号标准，具体要求如下：

(1) 根据表达对象的性质、论述的目的与内容，选取适宜的图纸及表达手段，以便完整地表述主题内容。当多种手段均可达到目的时，应采用简单的方式。

(2) 图面应布局合理、主要图大小合理，排列均匀、轮廓清晰，便于识别，图形符号和材料统计表要占图纸的一半以上。

(3) 选取合适的图线宽度，避免图中的线条过粗或过细。标准通信工程制图图形符号的线条除有意加粗之外，一般在一张图上都要尽量粗细统一。比如，新增设备用粗实线，原有设备用细实线，天面图的外墙应用粗线，机房图的外墙应用双线，双线间距应合理等。

(4) 正确使用国标和行标规定的图形符号。派生新的符号时，应符合国标图形符号的派生规律，并在适合的地方加以说明。线与线接合的地方一定要符合规范。

(5) 在保证图面布局紧凑和使用方便的前提下，应选择适合的图纸幅面，使原图大小适中。图纸应按统一比例尺，比例尺大小也要合理。

(6) 准确注明大小尺寸、设备尺寸、摆设定位尺寸。字体的大小、类型应尽量做到统一，最小字体应大于 3 mm。

(7) 准确地按规定标注各种必要的技术数据和注释并按规定进行书写和打印。

(8) 总平面图、机房平面布置图、移动通信基站天线位置及馈线走向图应设置指北针。

(9) 工程设计图应做到美观、合理。应按规定设置图衔，各种图纸应按规定顺序编号，填写出图日期并按规定的责任范围签字。

3.4.2　机房配套图纸绘制要求

机房配套及设备图纸绘制要求

机房配套图纸主要包括设备平面布置图、走线架设计图和导线计划表等内容，具体可根据实际情况进行优化。

1. 设备平面布置图绘制要求

设备平面布置图绘制要求详见图 3.66，具体要求如下。

(1) 新增设备、预留设备、拆除设备等必须在图纸上用区分度大的图例标志清晰，新增设备机面应朝外，方便操作。

(2) 主要设备在设计时应放在中间(如综合机柜、电源柜)排成一直线。

(3) 设备布置合理，开门能见到设备正面，但不能堵住门口。新建站点进行设计时，机架前尽量留 0.8 m 以上的维护空间，后面留 0.6 m 以上的维护空间。

(4) 环境控制箱、交流配电箱、避雷箱靠门壁挂安装，挂高离地 1.4 m，特别是交流配电箱的安装位置要尽量设计在预留的电缆进线孔上方。

(5) 设备布置要考虑负荷均衡摆放，特别是蓄电池组，应设计在梁上或靠墙分开放置，蓄电池要靠近开关电源安装，直流线的长度要尽量短。

(6) 采用壁挂式空调时，空调严禁设计在电池或机柜顶上，以防漏水损坏设备。空调外机应尽量安装在内机对应的外墙侧，缩短室内外之间导管的长度。室内机柜和设备尽量不要摆放在一起，以便取得较好的制冷效果。

(7) 室内接地排靠近走线洞，挂墙布放。室外接地排 1 个，设计在外墙靠近走线洞处，如内置也应在馈线窗侧的内墙安装。

(8) 图纸必须具备必要的说明，特别是抗震设防和防雷接地等强制性说明，如图 3.67 所示。

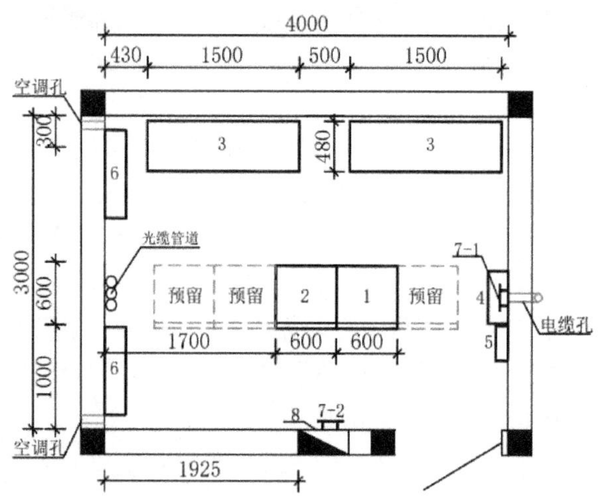

安装工作量表

序号	设备名称	规格配置	尺寸/(W×D×H, mm)	单位	原有	新增	下沿距地/mm	备注
1	组合式开关电源架	XXX厂家	600×600×1800	架		1		甲供，额定容量为600 A
	开关电源模块	XXX厂家，50 A		个		3		甲供
2	传输柜	XXX厂家	600×600×2000	架		1		甲供
3	阀控式密封蓄电池组	300A·h/–48 A	1400×480×900	组		2		甲供，共48只
4	交流配电箱	300 A/63 A	550×200×700	台	1		1400	甲供，详见土建图纸
	SPD	120 kA		套	1		1400	甲供，详见土建图纸
5	动力环境监控	XXX厂家		套		1	1400	甲供
	网卡	XXX厂家		块		1	1400	甲供
6	空调	2P壁挂		台		2	2000	甲供，单冷单相
7-1	联合地排	24孔		块	1		2400	甲供，详见土建图纸
7-2	室外地排	24孔		块	1		2400	甲供，详见土建图纸
8	馈线窗	27小孔	550×500	个	1			甲供，详见土建图纸

图 3.66　设备平面布置示意图

说明：

1. 图例

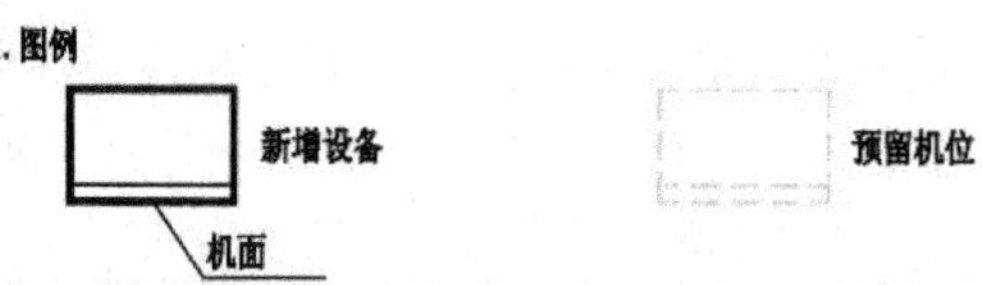

2. 该机房为土建机房，本机房内安装的电信设备应满足行业标准和相关招标文件。
3. 防雷器须经过工业和信息化部认可的检测机构测试合格，并严禁将C级SPD并联为B级使用，可根据建设方与供应商协定方式单独供货或集成在交流配电箱内。
4. 电信设备安装必须满足YD 5059-2005《电信设备安装抗震设计规范》要求。
5. 架式电信设备顶部安装应采取由上梁、立柱、连固铁、列间撑铁、旁侧撑铁和斜撑组成的加固联结架。构件之间应按有关规定联结牢固，使之成为一个整体。
6. 设备机柜的底部与地面采用M8或M10螺栓稳定加固。
7. 电池需安装在钢制抗震架上，电池架排列应平整稳固，与地面采用M8或M10螺栓稳定加固。
8. 机房内各设备应张贴相应标签，标识标志清楚、便于理解，各种文字和符号标志应正确、清晰、齐全。
9. 空调室外机安装在室外壁挂。要做到安装牢固，并采取防盗措施。
10. 图中机架双线表示机面朝向。

图 3.67　抗震和防雷摘录说明示意图

关于抗震设防和防雷接地的主要要求如下：

(1) 电信设备底部应与地面加固。对于 8 度及 8 度以上的抗震设防，设备应与楼板可靠联结。螺栓的规格按《电信设备安装抗震设计规范》(YD 5059—2005)确定。

(2) 列架应通过连固铁及旁侧撑铁与柱进行加固，其加固件应加固在柱上，加固所用螺栓规格应满足《电信设备安装抗震设计规范》(YD 5059—2005)规定。

(3) 列间撑铁的数量应根据抗震设防烈度及列长而定，并执行 YD/T 5026—2021《信息通信机房槽架安装设计规范》的相关规定。

(4) 在 8 度及 8 度以上抗震设防地区安装 650 mm 宽的主槽道时，槽道安装应执行 YD/T 5026—2021《信息通信机房槽架安装设计规范》的相关规定，列槽道之间的距离不大于 1.6 m，超出以上距离时应增加吊挂装置。

(5) 防雷器须经过工业和信息化部认可的检测机构测试合格，并严禁将 C 级 SPD 并联为 B 级使用，可根据建设方与供应商协定方式单独供货或集成在交流配电箱内。

(6) 机房内各设备应张贴相应标签，标识标志清楚、便于理解，各种文字和符号标志应正确、清晰、齐全。

(7) 如图 3.68 所示，新增主设备还需要绘制主设备安装示意图，明确各设备的安装位置和空间需求；图纸要确定主设备使用的电源端子并统计设计使用的各种设备和材料，要求数量计算正确并标示在工作量表中。

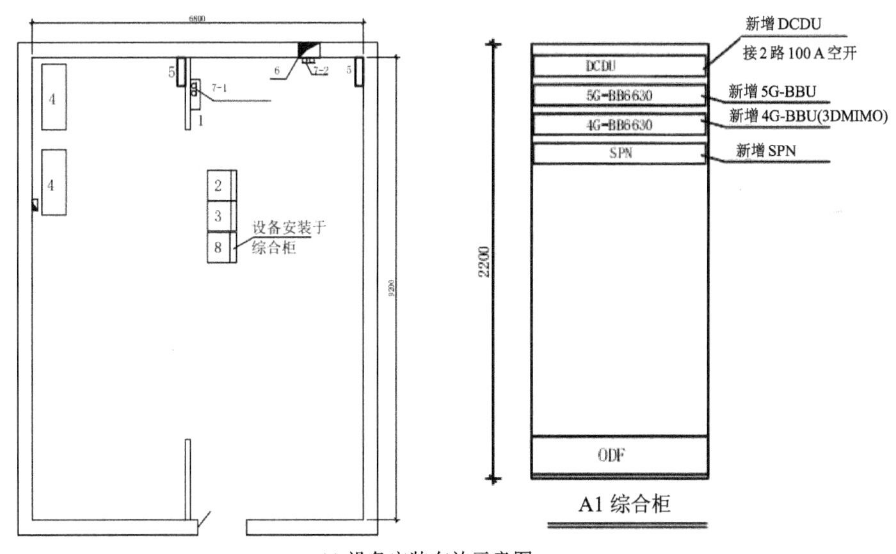

(a) 设备安装布放示意图

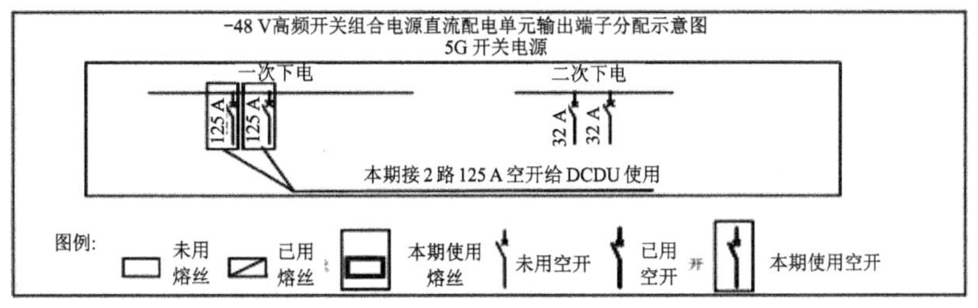

开关电源直流配电端子示意图

(b) 主设备使用的电源端子示意图

图 3.68　主设备绘制示意图

2. 走线架图绘制要求

走线架的作用是布放电力电缆和各种信号线。走线架图的绘制要求详见图 3.69，具体要求如下。

(1) 垂直走线架和列间走线架需要用区分度大的图例标志清晰，走线架长度计算精确。

(2) 走线架设计应该与设备平面布置图保持一致，保证设备可以通过线槽方便走线。

(3) 走线架的终端应在承重墙或与柱拉接的支架上。

(4) 室内走线架架设高度根据机房高度等实际情况设计，一般要求架设高度离地 2.3 m，架设在设备正上方，走线架与设备前沿齐平。

(5) 从电池组到开关电源的直流输出端子的直流走线，要设置爬墙垂直走线架，爬墙架设长度一般为 2 m。

(6) 从交流配电箱到整流器方向应有爬墙走线架，爬墙架设长度一般为 0.5 m，具体可根据房高和设备布放在适当调整。

(7) 走线架相连之处应加固，并采用截面积为 35 mm^2 的黄绿色电缆相连，保持整体电气联通并在导线计划表中计入工作量。

(8) 走线架应与设备机柜等一起连接到联合地排进行接地。

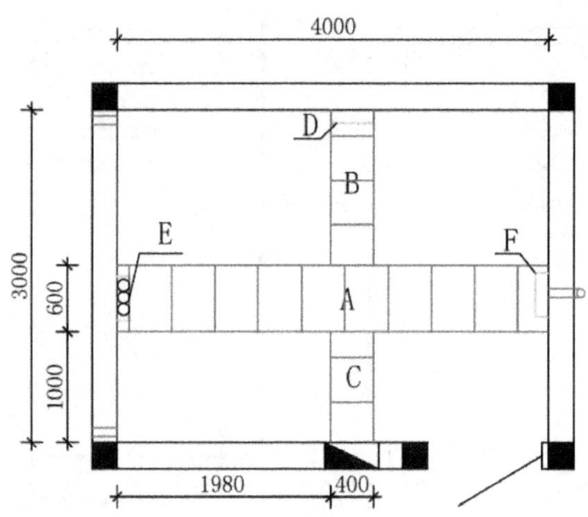

走线架安装工作量表

编号	名称	用途	宽度/mm	长度/mm	备注	
A	水平走线架	信号线、电源线	600	5000	距地 2300 mm	甲供
B	水平走线架	电源线	400	1400	距地 2300 mm	
C	水平走线架	信号线、电源线	400	1000	距地 2300 mm	
D	垂直走线架	电源线	400	2000	上端贴紧B下沿安装	
E	垂直走线架	光缆	400	1700	上端贴紧A下沿安装	
F	垂直走线架	电源线	400	400	上端贴紧电缆洞下沿	

图 3.69　走线架绘制示意图

3. 导线计划表绘制要求

交流电源线、直流电源线、接地线必须用区分度大的图例标识清晰，如图 3.70 所示。

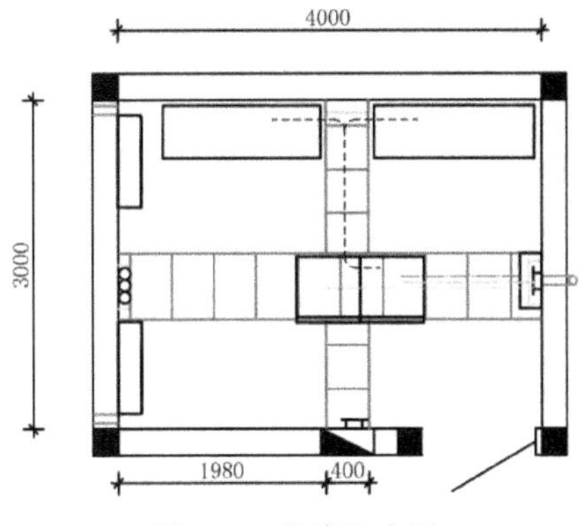

图 3.70　导线路由图

交流三相四线要求外套为黑色，其中，线缆 A 相为黄色，B 相为绿色，C 相为红色，中性线为浅蓝色。

直流线：正极采用红色，负极采用蓝色或黑色，接地线为黄绿色。

直流线、交流线和信号线应分开平行布放，信号线与交流线的间隔距离不小于 150 mm。

接地线与设备或接地排连接时必须加装铜接线端子，且应压(焊)接牢固。接地线布放时应尽量短直，多余的线缆应截断，严禁盘绕和在接地线中加装开关或熔断器。

线缆的长度应该遵循源端和宿端的走线路由，并适当考虑弯曲半径，准确计算电缆长度并列入导线计划表，如图 3.71 所示。

室内地排和室外地排都要通过截面积为 95 mm^2 铜线(黄绿色)连接到地网接入点。

3.4.3　天面图绘制要求

天面图绘制要求

天面图主要包括俯视图和立面图两张图纸。俯视图是从上往下俯瞰描绘的图纸，立面图是从 A-A 视角描绘的图纸。

1. 俯视图绘制要求

天面俯视图绘制要求如图 3.72 所示，具体要求如下。

(1) 画出完整详细的天面图，标明楼面所有设施(楼梯间、电梯房、水塔、空调冷凝器、微波天线、卫星天线、广告牌、女儿墙等对天线布放有影响的设施)，确定指北方向，标明层高、楼高。

(2) 不同的网络系统所使用的天线类型或 RRU 必须用区分度大的图例标识清晰。

(3) 根据站型设置，确定定向天线的方向及各小区的方位，相邻小区的最小夹角应大于 80°，并设计好下倾角。

(4) 天线位置的确定应注意有无阻挡(广告牌、冷却塔等)，指定好本工程所用的抱杆、天线安装高度或者安装平台。

(5) 野战光缆和 RRU 电源电缆的设计间距需大于 30 mm。

2. 立面图绘制要求

天面立面图绘制要求如图 3.73 所示。

导线编号	导线路由		设计电压(V)	导线规格长度						备注
	起	止		ZA-RVV-1kV 3×35mm²+1×16mm²	ZA-RVV-1kV 4×16mm²	ZA-RVV-1kV 1×95mm²	ZA-RVV-1kV 1×70mm²	ZA-RVV-1kV 1×35mm²	ZA-RVV-1kV 1×25mm²	
901	交流电表	交流配电箱	~380							新增（黑色）
902	交流配电箱	市电/油机转换屏	~380							新增（黑色）
903	交流配电箱	开关电源交流配电单元	~380		7					新增（黑色）
904	交流配电箱	防雷箱	~380							新增（黑色）
201	开关电源直流配电单元电池1(-)	蓄电池组A(-)	-48			9				新增（浅蓝色）
202	开关电源直流配电单元地线排	蓄电池组A(+)	-48			9				新增（红色）
203	开关电源直流配电单元电池2(-)	蓄电池组B(-)	-48			9				新增（浅蓝色）
204	开关电源直流配电单元地线排	蓄电池组B(+)	-48			9				新增（红色）
206	开关电源直流配电单元电池(-)	DCDU(-)	-48							新增（浅蓝色）
207	开关电源直流配电单元地线排	DCDU(+)	-48							新增（红色）
001	室内地线排	开关电源工作地				6				新增（黑色）
002	室内地线排	开关电源保护地						6		新增（黄绿色）
003	室内地线排	交流配线箱						2		新增（黄绿色）
004	走线架接头处	走线架接头处						2		新增（黄绿色）
005	室内地线排	综合柜地排						7		新增（黄绿色）
006	室内地线排	室内接地引出点				2				新增（黄绿色
007	室内地线排	蓄电池铁架								新增（黄绿色）
008	室外地线排	室外接地引出点				2				新增（黄绿色）
009	DCDU	综合柜地排								新增（黄绿色）
009	BBU	综合柜地排								新增（黄绿色）
009	SPN	综合柜地排								新增（黄绿色）
合计(米)					7	46		17		

图 3.71 导线计划表示意图

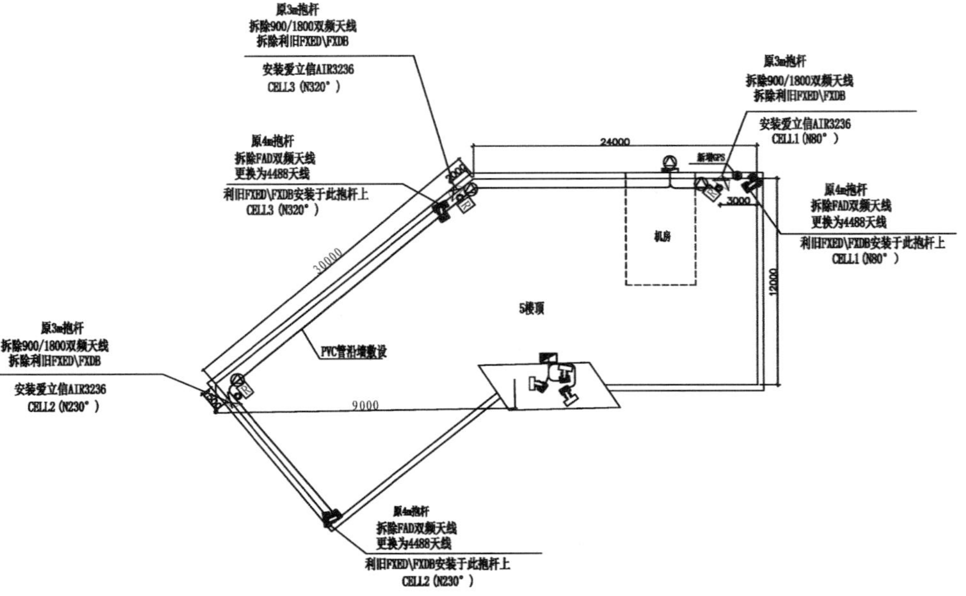

天馈线系统拆除工作量表

序号	名称	规格	单位	数量	备注
1	900/1800双频天线		副	3	拆除入库，一次进场拆除
2	FAD天线（TDD天线）		副	3	拆除入库，一次进场拆除
3	FDD-RRU(1800RRU)	FXED	台	3	拆除利旧
4	FDD-RRU(900RRU)	FXDB	台	3	拆除利旧
5	1/2跳线		条	24	拆除利旧
6	FDD-RRU光纤	6条	米	320	拆除入库，一次进场拆除
7	FDD-RRU电源线	6条	米	320	拆除入库，一次进场拆除
8	LTE跳线		套	3	拆除入库，一次进场拆除

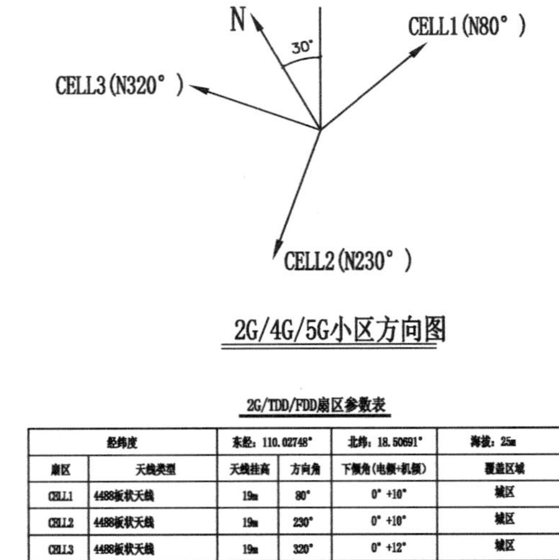

2G/TDD/FDD扇区参数表

经纬度		东经：110.02748°		北纬：18.50691°	海拔：25m
扇区	天线类型	天线挂高	方向角	下倾角(电倾+机倾)	覆盖区域
CELL1	4488板状天线	19m	80°	0° +10°	城区
CELL2	4488板状天线	19m	230°	0° +10°	城区
CELL3	4488板状天线	19m	320°	0° +12°	城区

图 3.72　天面俯视图绘制示意图

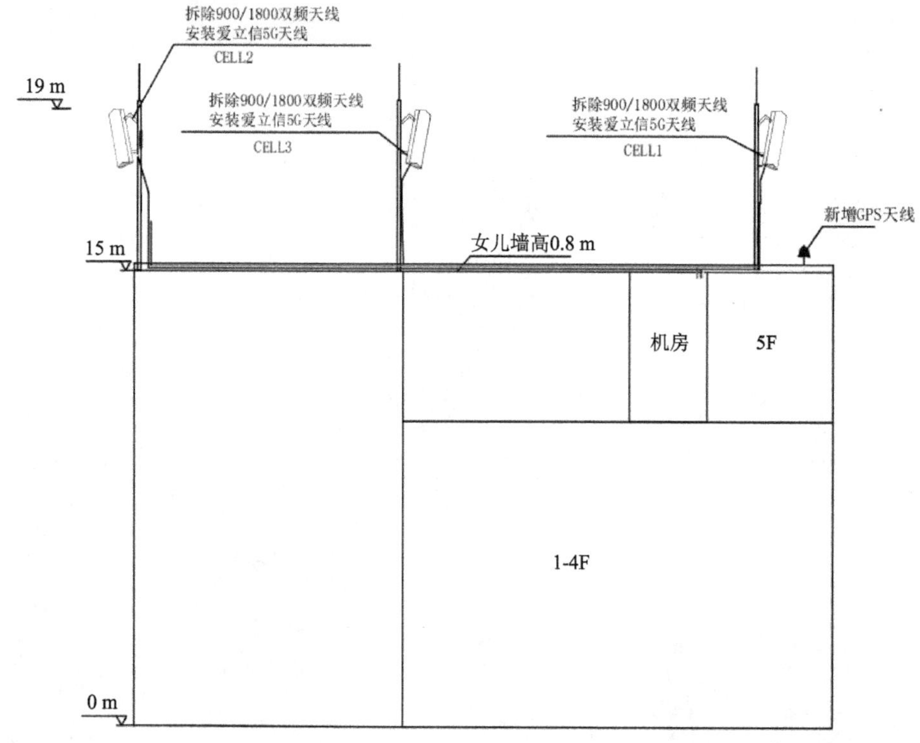

图 3.73　天面立面图绘制示意图

天面立面图具体绘制要求如下：

(1) 必须画出立视图。立视图是用来辅助俯视图及走线路由来计算使用材料数量的。

(2) 天线抱杆应进行良好接地，可借助室外地排，楼宇地网使用黄绿色电缆或扁铁搭接。

(3) GPS 天线必须安装在较空旷的位置，上方南侧 90° 范围内应无建筑物遮挡。GPS 馈线应在下支撑杆和下天面前接地。

(4) 天馈线应做好防雷接地，天线应处在避雷针 45° 保护范围内。

(5) 基站天馈线在室外部分采用三点接地方式，即将馈线的金属外护层在铁塔顶部平台处(A 点)、馈线离开塔身至天桥转弯处上方 0.5～1 m 范围内(B 点)、进入机房入口处外侧(C 点)做三点接地。当铁塔高度超过 60 m 时，在铁塔中部新增 D 点接地。

■ 课后习题

一、单项选择题

1. 通信工程制图默认的图纸尺寸单位为(　　)。

A. mm　　　　B. cm

C. m　　　　D. km

2. 在绘制图纸时，通常用哪些线型表示新增设备、原有设备、规划预留位置？(　　)

A. 粗实线、虚线、细实线　　　　B. 粗实线、细实线、虚线

C. 细实线、虚线、粗实线　　D. 细实线、粗实线、虚线

3. 如果图框中的比例用 1∶10 表示，那么 50 m 的线缆长度在图纸中应体现的标注长度为(　　)。

A. 500 m　　B. 50 m

C. 5 m　　D. 0.5 m

4. 由于开关电源直流输出端子到(　　)的直流电源线最长，所以在该设备的靠墙侧需要设置垂直走线架。

A. 交流配电箱　　B. 传输设备

C. 电池　　D. BBU

5. GPS 天线必须安装在较空旷的位置，至少是(　　)无阻挡。

A. 东侧　　B. 南侧

C. 西侧　　D. 北侧

二、多项选择题

1. 通信工程图纸是在现场仔细勘察的基础上，通过(　　)来表达具体工程性质的一种图纸。

A. 图形符号　　B. 文字符号

C. 文字说明　　D. 标注

2. 工程设计图应该准确反映项目情况和造价，通过阅读图纸能够(　　)。

A. 了解工程规模　　B. 了解工程内容

C. 统计出工程量　　D. 进行工程项目概预算

3. 设备布置时应考虑负荷均衡摆放，特别是蓄电池组应设计在(　　)放置并分开布放。

A. 机房梁柱子　　B. 靠机房墙

C. 机房中间　　D. 都可以

4. 按照国标规范要求，移动通信基站机房内的下列哪些设备需要做保护接地？(　　)

A. 走线架及吊挂铁架　　B. 机架或机壳

C. 金属通风管道　　D. 金属门窗

5. 天面图绘制时，应尽可能反映楼面的真实情况，如有(　　)均应反馈在俯视图上。

A. 楼梯间　　B. 电梯房

C. 水塔　　D. 广告牌

6. 通信工程图纸应包含(　　)。

A. 路由信息　　B. 设备配置安放情况

C. 技术数据　　D. 主要说明

三、判断题

1. 图中的尺寸数字，一般应注写在尺寸线的上方、左侧或者是尺寸线上。(　　)

2. 在工程图纸上，为了区分开原有设备与新增设备，可以用粗线表示原有设备，用细线表示新建设备。(　　)

3. 图纸中如有“技术要求”“说明”或“注”等字样，应写在具体文字内容的左上方，并使用比文字内容大一号的字体书写。(　　)

4. 机房设备设计中，新增设备机面应朝外，方便操作，与开门能见到设备正面是矛盾的。(　　)

5. 环境控制箱、交流配电箱和避雷箱靠门壁挂安装，挂高离地 1.4m 主要是考虑人体身高和操作方便。(　　)

6. 为避免天线安装错位置，天馈图设计一定要备注好本工程所使用的抱杆。(　　)

7. 设计图纸中的说明应重点列写关于抗震设防和防雷接地相关的内容。(　　)

8. 设计图纸中，关于交流电源线、直流电源线、接地线必须用区分度大的图例标识清晰。(　　)

习题与答案

任务 3.5 综 合 实 训

课前引导

在完成了任务 3.1 至任务 3.4 的学习后，大家是否迫不及待地想出手完成完整的基站设计方案了？本任务开启两种类型的站点综合实训。

任务描述

本任务要求学生根据实际的建设环境和要求，设置相应的条件，进而根据已知条件和要求输出完整的设计方案。

任务目标

(1) 能根据现场已知条件和要求，准确完整输出新址新建站设计方案。
(2) 能根据现场已知条件和要求，准确完整输出共址新建站设计方案。

3.5.1 新址新建站综合实训

根据任务 3.1 和任务 3.4 的知识内容，完成新址新建站完整设计方案的输出。

1. 已知条件和问题

某运营商为提升清远大学城 5G 网络质量，拟在金鸡岩山顶新建 5G 站点。本站点新增 5G 系统一套，室内包括直流电源分配单元(DCDU)(1U)、BBU(2U)、传输设备 SPN(2U)和 ODF(2U)设备，室外新增 3 个 AAU，天线挂高要求为 30m，方位角分别为(40°/130°/220°)，下倾角为(0°+8°)，5G 设备总功耗按 4.5kW 计列。现已完成机房和铁塔建设，交付图纸(图 3.74～图 3.77)。

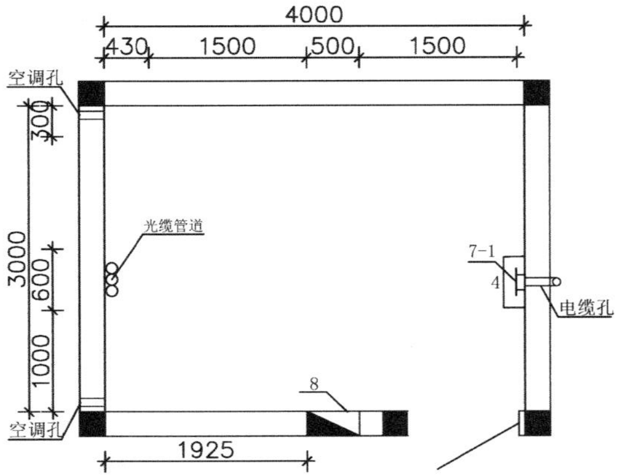

机房（一层）

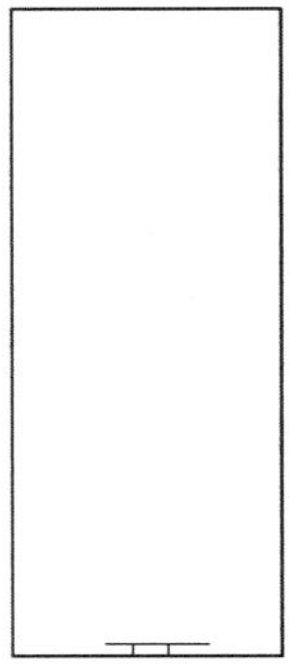

综合柜

安装工作量表

序号	设备名称	规格配置	尺寸（W×D×H，mm）	单位	原有	新增	下沿距地	备注
1	组合式开关电源架	XX厂家	600×600×1800	架				
	开关电源模块	XX厂家，50A		个				
2	传输柜	XX厂家	600×600×2000	架				
3	阀控式密封蓄电池组	?A·h/-48V	1400×480×900	组				
4	交流配电箱	380V/63A	550×200×700	台	1			
	SPD	120kA		套	1			
5	动力环境监控	XX厂家		套				
	网卡	XX厂家		块				
6	空调	2P壁挂		台				
7-1	联合地排	24孔		块	1			
7-2	室外地排	24孔		块				
8	馈线窗	27小孔	500×500	个	1			
9	DCDU	华为		个				
10	BBU	华为		个				
11	SPN	华为		个				
12	ODF	华为		个				
13	LC-LC尾纤	华为		条				

说明：

1. 图例

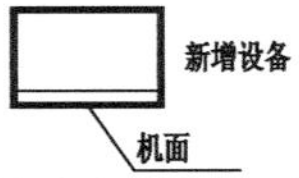

新增设备　　预留机位

机面

2. 该机房为土建机房，本机房内安装的电信设备应满足行业标准和相关招标文件。
3. 防雷器须经过工业和信息化部认可的检测机构测试合格，并严禁将C级SPD并联为B级使用，可根据建设方与供应商协定方式单独供货或集成在交流配电箱内。
4. 电信设备安装必须满足YD 5059-2005《电信设备安装抗震设计规范》要求。
5. 架式电信设备顶部安装应采取由上梁、立柱、连固铁、列间撑铁、旁侧撑铁和斜撑组成的加固联结架。构件之间应按有关规定联结牢固，使之成为一个整体。
6. 设备机柜的底部与地面采用M8或M10螺栓稳定加固。
7. 电池需安装在钢制抗震架上，电池架排列应平整稳固，与地面采用M8或M10螺栓稳定加固。
8. 机房内各设备应张贴相应标签，标识标志清楚、便于理解，各种文字和符号标志应正确、清晰、齐全。
9. 空调室外机安装在室外壁挂。要做到安装牢固，并采取防盗措施。
10. 图中机架双线表示机面朝向。

院主管		单位	mm	5G通信与智慧网络设计室	
审定		比例		设备平面布置图	
审核		日期			
设计		设计阶段	一阶段	图号	TX0001-001

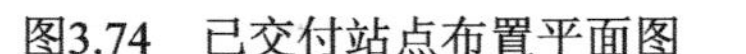

图3.74　已交付站点布置平面图

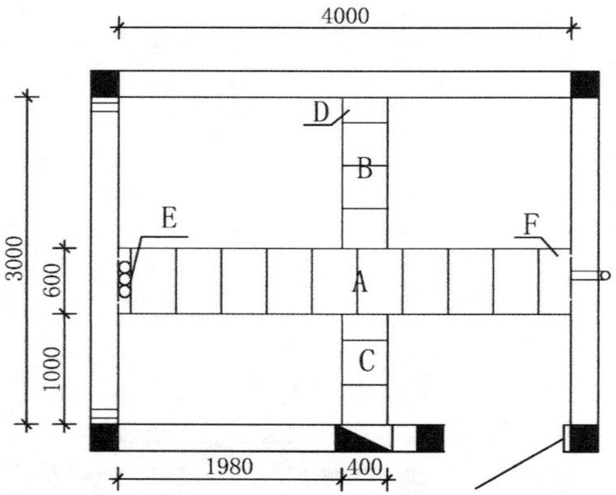

4000
3000
600
1000
1980
400
A
B
C
D
E
F

机房（一层）

走线架安装工作量表

编号	名称	用途	宽度	长度	备注	
A	水平走线架	信号线、电源线	600		距地2300mm	甲供
B	水平走线架	电源线	400		距地2300mm	
C	水平走线架	信号线、电源线	400		距地2300mm	
D	垂直走线架	电源线	400		上端贴紧B下沿安装	
E	垂直走线架	光缆	400		上端贴紧A下沿安装	
F	垂直走线架	电源线	400		上端贴紧电缆洞下沿	

注：

1. 图例：

新增水平走线架　　垂直走线架

2. 室内走线架尽量对柱、梁加固。
3. 室内的走线架及各类金属构件必须接地，各段走线架之间必须采用 35mm² 电缆保持电气连接。
4. 垂直走线架与墙固定，下沿距地200mm。
5. 机房走线架由土建实施。

院主管		单位	mm	5G通信与智慧网络设计室	
审定		比例		走线架图	
审核		日期			
设计		设计阶段	一阶段	图号	TX0001-002

图 3.75　已交付站点走线架图

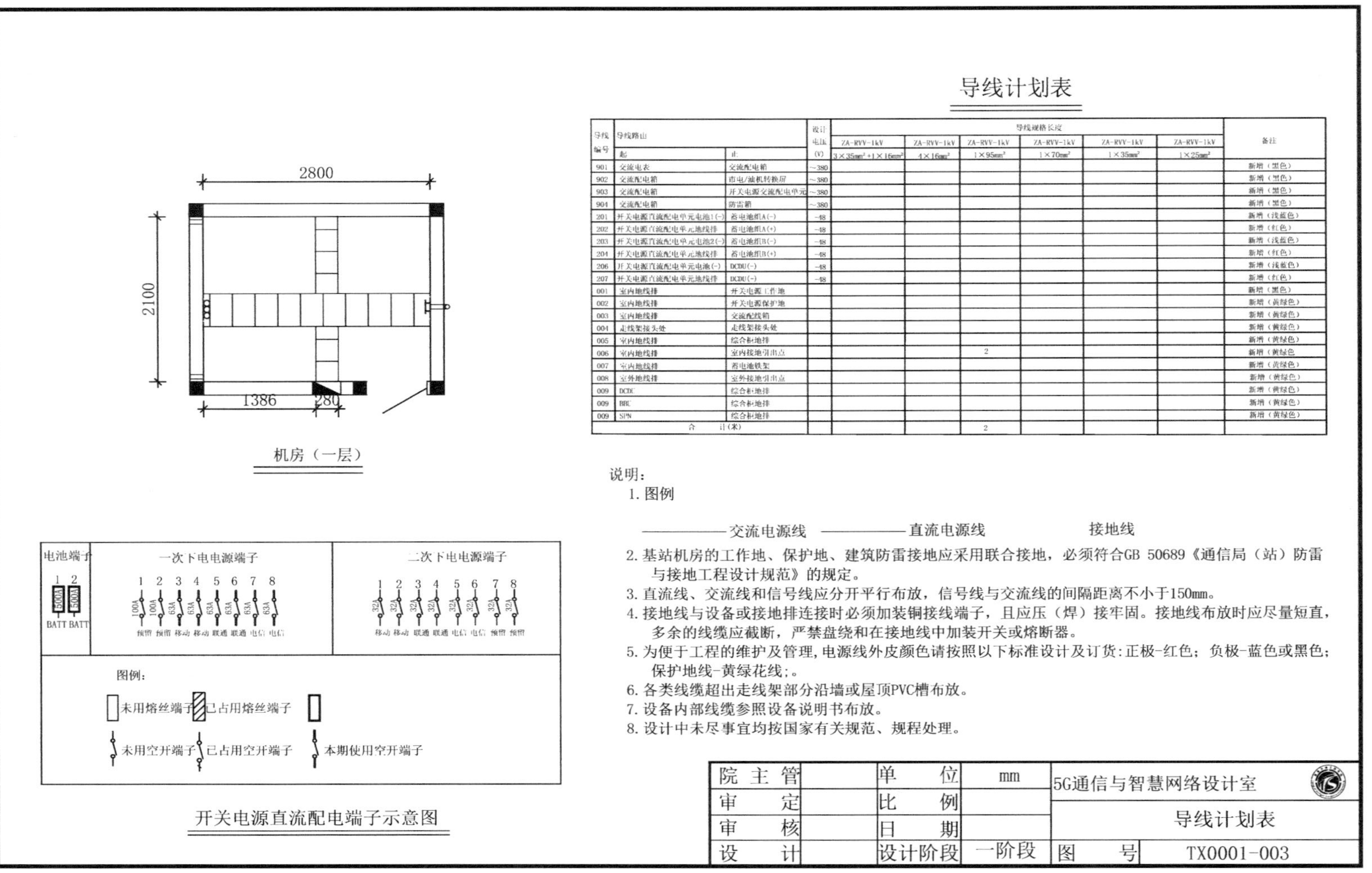

导线计划表

导线编号	导线路由 起	导线路由 止	设计电压(V)	导线规格长度 ZA-RVV-1kV 3×35mm²+1×16mm²	ZA-RVV-1kV 4×16mm²	ZA-RVV-1kV 1×95mm²	ZA-RVV-1kV 1×70mm²	ZA-RVV-1kV 1×35mm²	ZA-RVV-1kV 1×25mm²	备注
901	交流电表	交流配电箱	~380							新增（黑色）
902	交流配电箱	市电/油机转换屏	~380							新增（黑色）
903	交流配电箱	开关电源交流配电单元	~380							新增（黑色）
904	交流配电箱	防雷箱	~380							新增（黑色）
201	开关电源直流配电单元电池1(-)	蓄电池组A(-)	-48							新增（浅蓝色）
202	开关电源直流配电单元地线排	蓄电池组A(+)	-48							新增（红色）
203	开关电源直流配电单元电池2(-)	蓄电池组B(-)	-48							新增（浅蓝色）
204	开关电源直流配电单元地线排	蓄电池组B(+)	-48							新增（红色）
206	开关电源直流配电单元电池(-)	DCDU(-)	-48							新增（浅蓝色）
207	开关电源直流配电单元地线排	DCDU(-)	-48							新增（红色）
001	室内地线排	开关电源工作地								新增（黑色）
002	室内地线排	开关电源保护地								新增（黄绿色）
003	室内地线排	交流配线箱								新增（黄绿色）
004	走线架接头处	走线架接头处								新增（黄绿色）
005	室内地线排	综合柜地排								新增（黄绿色）
006	室内地线排	室内接地引出点				2				新增（黄绿色
007	室内地线排	蓄电池铁架								新增（黄绿色）
008	室外地线排	室外接地引出点								新增（黄绿色）
009	DCDC	综合柜地排								新增（黄绿色）
009	BBU	综合柜地排								新增（黄绿色）
009	SPN	综合柜地排								新增（黄绿色）
合计(米)						2				

说明：

1. 图例

——交流电源线　——直流电源线　接地线

2. 基站机房的工作地、保护地、建筑防雷接地应采用联合接地，必须符合GB 50689《通信局（站）防雷与接地工程设计规范》的规定。
3. 直流线、交流线和信号线应分开平行布放，信号线与交流线的间隔距离不小于150mm。
4. 接地线与设备或接地排连接时必须加装铜接线端子，且应压（焊）接牢固。接地线布放时应尽量短直，多余的线缆应截断，严禁盘绕和在接地线中加装开关或熔断器。
5. 为便于工程的维护及管理，电源线外皮颜色请按照以下标准设计及订货：正极-红色；负极-蓝色或黑色；保护地线-黄绿花线；。
6. 各类线缆超出走线架部分沿墙或屋顶PVC槽布放。
7. 设备内部线缆参照设备说明书布放。
8. 设计中未尽事宜均按国家有关规范、规程处理。

院主管		单位	mm	5G通信与智慧网络设计室	
审定		比例		导线计划表	
审核		日期			
设计		设计阶段	一阶段	图号	TX0001-003

图 3.76　已交付站点的导线计划表

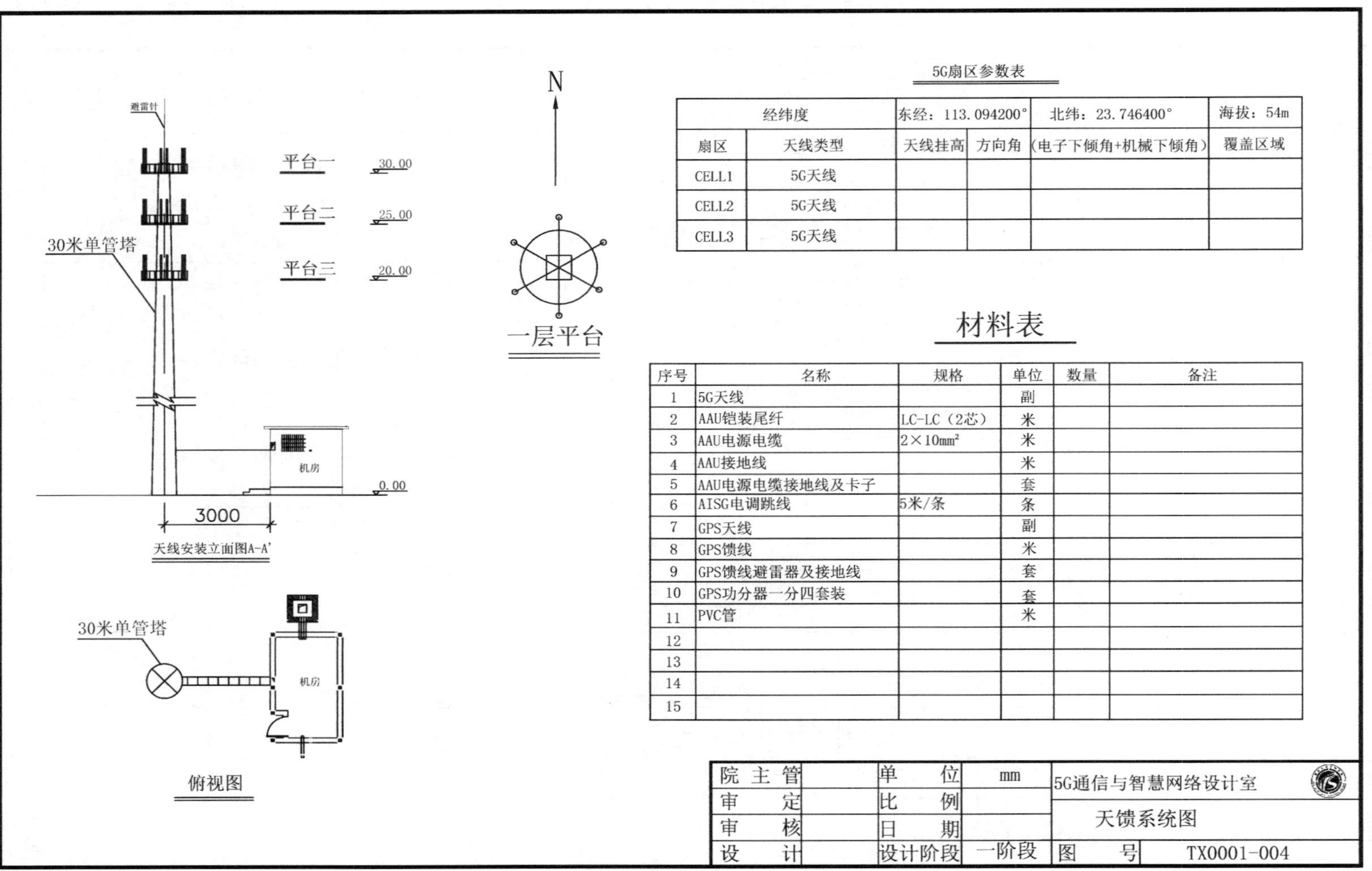

5G扇区参数表

经纬度		东经：113.094200°		北纬：23.746400°	海拔：54m
扇区	天线类型	天线挂高	方向角	(电子下倾角+机械下倾角)	覆盖区域
CELL1	5G天线				
CELL2	5G天线				
CELL3	5G天线				

材料表

序号	名称	规格	单位	数量	备注
1	5G天线		副		
2	AAU铠装尾纤	LC-LC（2芯）	米		
3	AAU电源电缆	2×10mm²	米		
4	AAU接地线		米		
5	AAU电源电缆接地线及卡子		套		
6	AISG电调跳线	5米/条	条		
7	GPS天线		副		
8	GPS馈线		米		
9	GPS馈线避雷器及接地线		套		
10	GPS功分器一分四套装		套		
11	PVC管		米		
12					
13					
14					
15					

图 3.77　已交付站点天馈系统图

根据已知条件解答如下问题并完成设计图，包括设备平面布置图、走线架图、导线计划表、天馈系统图。

(1) 机房已完成交流配电箱和馈线窗安装，请结合机房配套工作原理图完成其他设备布放(要求维护操作空间不小于 800 mm)。

(2) 本站采用铅酸蓄电池，要求整站备电 3 h，请计算需要的电池容量。

(3) 请计算需要增加多少个整流模块(模块大小按 50 A/个，采用 N+1 方式进行备份)。

(4) 请计算本次需要安装的空调大小和数量(机房环境负荷 200 W/m^2 计算)。

(5) 请计算外市电容量，并确认已安装的交流配电箱是否满足要求(照明临时用电按 0.5 kW 计列)。

(6) 请根据走线架布放，计算走线架的长度。

(7) 请完成导线设计与布放，并计算导线长度。

(8) 请根据勘察结果，完成小区方向图设计，补充扇区信息和材料表。

2. 解决思路和方案

无论是新建站还是共址站，一般都遵循从铁塔和机房设计到电源配套设计，最后完成主设备设计的思路和方法。

1) 铁塔和机房设计

铁塔和机房设计

铁塔和机房设计需考虑以下问题。

(1) 问题 1：根据天线挂高、天线数量和建站环境选择适宜的铁塔类型。

解答：现网交付的铁塔高度为 30 m，第一层平台为 6 根抱杆，方位角满足要求，可以满足安装室外 3 个 AAU，因此可以使用该铁塔。

(2) 问题 2：根据征址面积、设备空间需求和站点环境选择适宜的机房。

解答：现网交付 1 个 4 m×3 m 的机房，虽无机柜进行室内设备安装，但是可以新增机柜完成设备(DCDU、BBU、SPN、ODF)的安装。

(3) 问题 3：根据设备(机柜)类型和数量，合理在机房(柜)完成机房内设备设计。

解答：先根据设备安装维护空间进行设备排列，了解机房可以排列几排机架。如果是两排及以上，则选择合适的一排。如果只能放一排机架，则将机柜设计在机房中间。

经过调整后做出机房布局示意图，如图 3.78 所示。

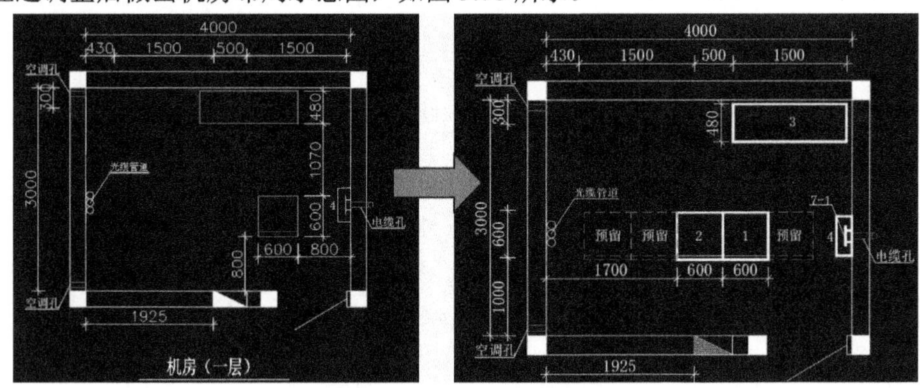

图 3.78　机房布局示意图

(4) 问题 4：根据设备平面布置图完成走线架和路由设计。

解答：走线架顾名思义是用于走线的，只要知道源端至目的端，把走线架铺设到对应的位置即可。根据机柜布置完成走线架设计，如图 3.79 所示。走线架长度则由同学们结合课后习题一并完成。

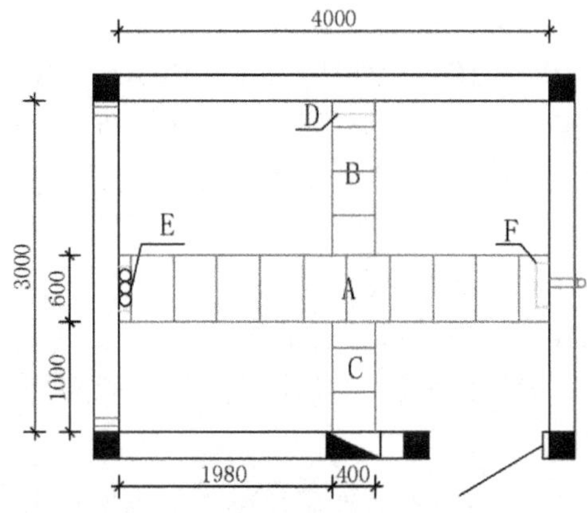

图 3.79　走线架设计示意图

2) 电源配套设计

电源配套设计

电源配套设计的要求如下：

(1) 读取现网电流，新建站此项为 0。

(2) 按厂家设备典型功耗计算拟建系统电流值：

$$I=\frac{4500\ \text{W}}{48\ \text{V}}=93.75\ \text{A}$$

(3) 根据已知条件(采用铅酸蓄电池整站要求备电 3 h)和放电时长计算蓄电池容量：

$$Q=\frac{KIT}{\eta\left[1+\alpha\left(t-25\right)\right]}=\frac{1.25\times93.75\times3}{0.75\times\left[1+0.008\times\left(25-25\right)\right]}\ \text{A}\cdot\text{h}=468.75\ \text{A}\cdot\text{h}$$

故本站需要新增容量为 500 A • h 的蓄电池一组。

(4) 计算电流模块数量。

开关电源电流容量需求计算如下：

$$\text{电源电流容量}=\frac{\text{现网存量功耗}+\text{5G功耗}}{\text{额定电压}}+\frac{\text{蓄电池需求容量}}{10}$$
$$=\frac{0+4500\ \text{W}}{48\ \text{V}}+\frac{500\ \text{A}\cdot\text{h}}{10\ \text{h}}=143.75\ \text{A}$$

采用 $N+1$ 备份取整，得到

$$\text{整流模块数量}=\frac{\text{电源电流容量}}{\text{单模块容量大小}}+1=\frac{143.75\ \text{A}/\text{个}}{50\ \text{A}/\text{个}}+1=4(\text{取整})$$

(5) 计算机房大小和室内设备功耗，计算空调匹数和数量。

由已交付图纸可知，机房面积为 $3\,\text{m}\times4\,\text{m}=12\,\text{m}^2$，机房内功耗为 500 W，机房环境负荷为 $200\,\text{W/m}^2$，计算得到室内设备功耗为

$$P=\frac{Q_t}{1500\times 1.162}=\left(\frac{12\times 200+500}{1743}\right)\text{匹}=1.67\ \text{匹}$$

故需要配置 1 台 2 匹的空调。

(6) 估算照明等临时用电为 0.5 kW。

(7) 计算外市电容量。

$$\text{外市电引入容量}=\frac{\begin{matrix}\text{现网设备}\\\text{功耗}\end{matrix}+\begin{matrix}\text{拟建网络系统}\\\text{设备功耗}\end{matrix}+\begin{matrix}\text{蓄电池充电}\\\text{功耗}\end{matrix}+\begin{matrix}\text{空调}\\\text{功耗}\end{matrix}+\begin{matrix}\text{照明等}\\\text{临时用电功耗}\end{matrix}}{\text{功率因数}}$$

$$P=\left(\frac{0+4500+50\times 48+2000+500}{0.8}\right)\text{kV}\cdot\text{A}=11.75\ \text{kV}\cdot\text{A}$$

(8) 计算电流，选取电力电缆规格型号：

$$I_\theta=\frac{P}{\sqrt{3}\times 380\times\cos\theta}=\left(\frac{11750}{\sqrt{3}\times 380\times 0.8}\right)\text{A}=22.83\ \text{A}$$

根据外市电缆设计章节，采用 $4\times 25\,\text{mm}^2$ 铜芯电力电缆或 $4\times 35\,\text{mm}^2$ 铝芯电力电缆。

(9) 选择交流配电箱。

已交付机房交流配电箱为 380 V/63 A，已满足需求，无需改造。

(10) 分配空开。新建站交流配电箱输出空开和开关电源输出端子均满足要求。

(11) 确定直流电力电缆截面积大小。此处以开关电源到蓄电池的电力电缆计算为例，其他计算方法类似。

$$S=\frac{IL}{\gamma\times\Delta U}=\left(\frac{50\times 20}{57\times 0.5}\right)\text{mm}^2=35.1\ \text{mm}^2$$

要求开关电源到蓄电池的电力电缆截面积大于 $35\,\text{mm}^2$ 以上，然后根据建设单位提供的规格型号进行选择使用。根据电源配套计算作出设计，如图 3.80 所示。安装工作量表由同学们结合课后习题一并完成。

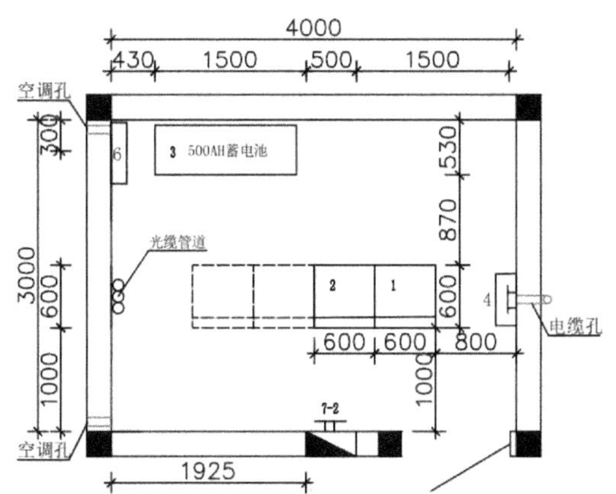

序号	设备名称
1	组合式开关电源架
	开关电源模块
2	传输柜
3	阀控式密封蓄电池组
4	交流配电箱
	SPD
5	动力环境监控
	网卡
6	空调
7-1	联合地排
7-2	室外地排
8	馈线窗
9	DCDU
10	BBU
11	SPN
12	ODF
13	LC-LC尾纤

说明：

图 3.80　机房设备和电源设计示意图

主设备设计

3) 主设备设计

根据要求，室内需要安装 DCDU(高度为 1U)、BBU(高度为 2U)、传输设备 SPN(高度为 2U)和 ODF(高度为 2U)设备。根据上述分析，作出室内主设备设计如图 3.81 所示。

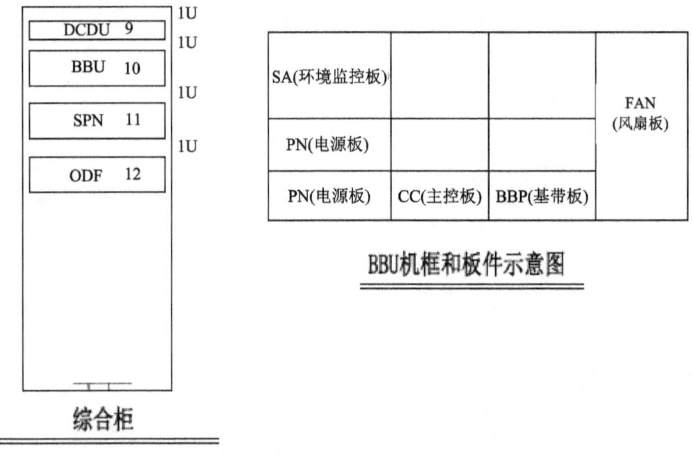

图 3.81 室内主设备设计

室外需要新增 3 个 AAU，天线挂高为 30 m，可使用铁塔的第一层平台，并按方位角和下倾角要求画出天馈系统图，计算相关电缆长度，请同学们结合课后习题一并完成图 3.82 剩余内容。

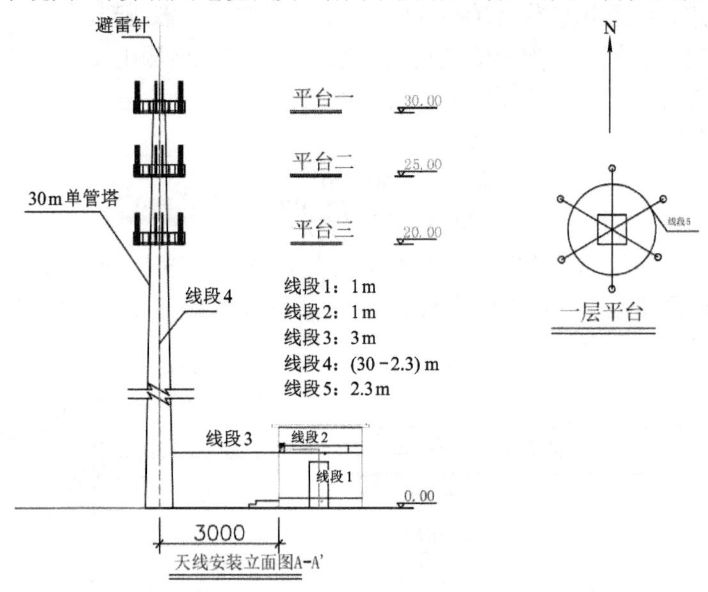

图 3.82 天馈主设备设计

3.5.2 共址新建站综合实训

根据任务 3.1 至任务 3.4 的知识内容，完成共址新建站完整设计方案的输出。

1. 已知条件和问题

已知某高校融创楼现网 4G 站点为楼面抱杆＋室外一体化站，现有图纸资源详见图纸(图 3.83～图 3.85)。已有 4G 系统，现网工作电流为 25 A，已有锂电池 1 组为 100 A·h，配置有 50 A 整流模块 2 个，详见图 3.83～图 3.85。假设需新增 5G 系统一套，包括 DCDU(1U)、BBU(2U)、传输设备 SPN(2U)和 ODF(2U)设备，室外新增 3 个 AAU，天线挂高要求为 19 m，方位角分别为(80°/170°/260°)，下倾角为(0°＋6°)，5G 设备总功耗按 4.5 kW 计列。

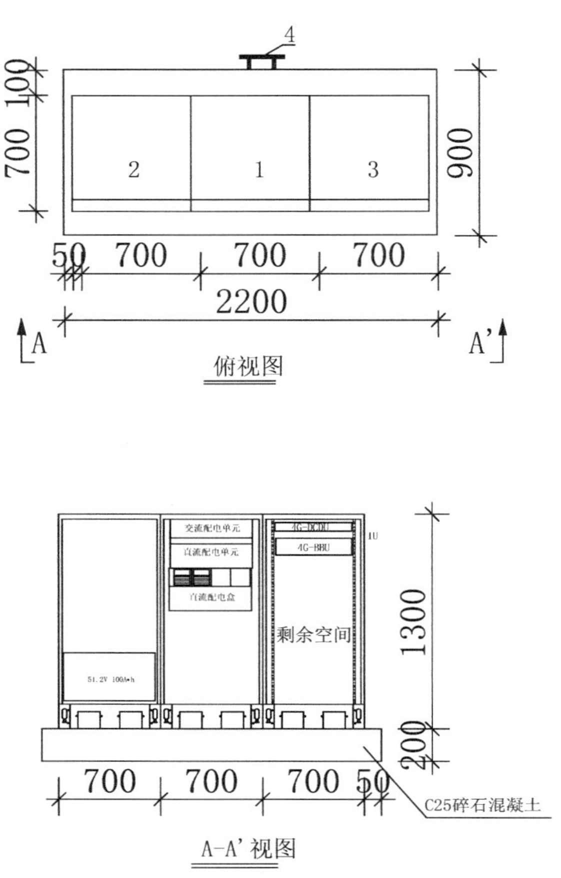

俯视图

A-A' 视图

700 100 900 50 700 700 700 2200 1300 200 C25碎石混凝土 剩余空间 N

安装工作量表

序号	设备名称	规格配置	尺寸（W×D×H, mm）	单位	已有	新增	备注
1	一体化户外电源柜	中兴	700×700×1300	架	1		
	开关电源模块	中兴，50A		个	2		
2	电池柜	日海	700×700×1300	架	1		
3	设备柜	日海	700×700×1300	架	1		
4	接地排	铜铁转换，24孔		块	1		
5	室外水泥墩	C25碎石混凝土	2200×900×200	个	1		
6	动力环境监控	高新兴		套	1		
7	网卡	高新兴		块	1		
8	铁锂电池	100A•h/-51.2V		只	1		
9	5G DCDU		600×600×45	个			
10	5G BBU		600×600×90	个			
11	SPN		600×600×45	个			
12	ODF		600×600×90	个			
13	尾纤	LC-LC, 5m		条			BBU-SPN
14	尾纤	LC-FC, 5m		条			SPN-ODF

现有负载(A)	新增负载(A)	备电所需电池容量(A•h)	已有电池容量(A•h)	需新增电池容量(A•h)	所需电流容量(A)	已有电流容量(A)	需新增整流模块(个)
25			100			100	

说明：

1. 图例

新增设备　机面　已有机位

2. 该基站为室外楼面站，尺寸为2200×900×200，已安装室外一体化电源柜、电池柜和设备柜各1个。
3. 本期安装的电信设备应满足行业标准和相关招标文件要求。
4. 电信设备安装必须满足YD 5059-2005《电信设备安装抗震设计规范》要求。
5. 各设备应张贴相应标签，标识标志清楚、便于理解，各种文字和标志应正确、清晰、齐全。
6. 图中机架双线表示机面朝向。
7. 本设计为新增的5G网络设备使用。

院主管		单位	mm	5G通信与智慧网络设计室
审定		比例		设备平面布置图
审核		日期		
设计		设计阶段	一阶段	图号 TX0001-001

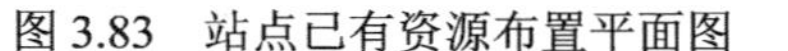

图 3.83　站点已有资源布置平面图

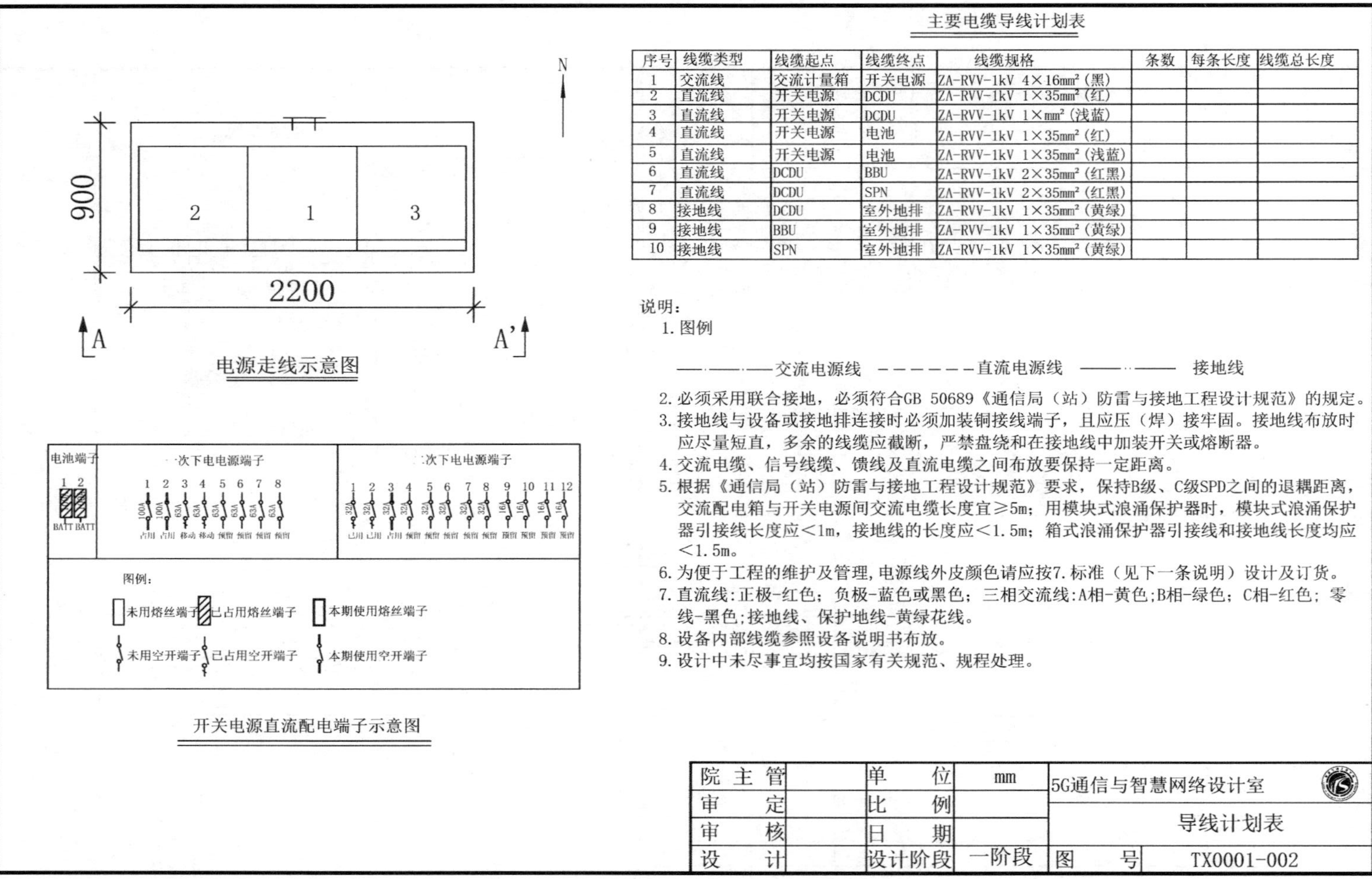

主要电缆导线计划表

序号	线缆类型	线缆起点	线缆终点	线缆规格	条数	每条长度	线缆总长度
1	交流线	交流计量箱	开关电源	ZA-RVV-1kV 4×16mm²（黑）			
2	直流线	开关电源	DCDU	ZA-RVV-1kV 1×35mm²（红）			
3	直流线	开关电源	DCDU	ZA-RVV-1kV 1×mm²（浅蓝）			
4	直流线	开关电源	电池	ZA-RVV-1kV 1×35mm²（红）			
5	直流线	开关电源	电池	ZA-RVV-1kV 1×35mm²（浅蓝）			
6	直流线	DCDU	BBU	ZA-RVV-1kV 2×35mm²（红黑）			
7	直流线	DCDU	SPN	ZA-RVV-1kV 2×35mm²（红黑）			
8	接地线	DCDU	室外地排	ZA-RVV-1kV 1×35mm²（黄绿）			
9	接地线	BBU	室外地排	ZA-RVV-1kV 1×35mm²（黄绿）			
10	接地线	SPN	室外地排	ZA-RVV-1kV 1×35mm²（黄绿）			

说明：

1. 图例

——·——交流电源线 ------直流电源线 ——··—— 接地线

2. 必须采用联合接地，必须符合GB 50689《通信局（站）防雷与接地工程设计规范》的规定。
3. 接地线与设备或接地排连接时必须加装铜接线端子，且应压（焊）接牢固。接地线布放时应尽量短直，多余的线缆应截断，严禁盘绕和在接地线中加装开关或熔断器。
4. 交流电缆、信号线缆、馈线及直流电缆之间布放要保持一定距离。
5. 根据《通信局（站）防雷与接地工程设计规范》要求，保持B级、C级SPD之间的退耦距离，交流配电箱与开关电源间交流电缆长度宜≥5m；用模块式浪涌保护器时，模块式浪涌保护器引接线长度应<1m，接地线的长度应<1.5m；箱式浪涌保护器引接线和接地线长度均应<1.5m。
6. 为便于工程的维护及管理，电源线外皮颜色请应按7. 标准（见下一条说明）设计及订货。
7. 直流线：正极-红色；负极-蓝色或黑色；三相交流线：A相-黄色；B相-绿色；C相-红色；零线-黑色；接地线、保护地线-黄绿花线。
8. 设备内部线缆参照设备说明书布放。
9. 设计中未尽事宜均按国家有关规范、规程处理。

院主管		单位	mm	5G通信与智慧网络设计室	
审定		比例		导线计划表	
审核		日期			
设计		设计阶段	一阶段	图号	TX0001-002

图 3.84　站点已有资源导线计划表图

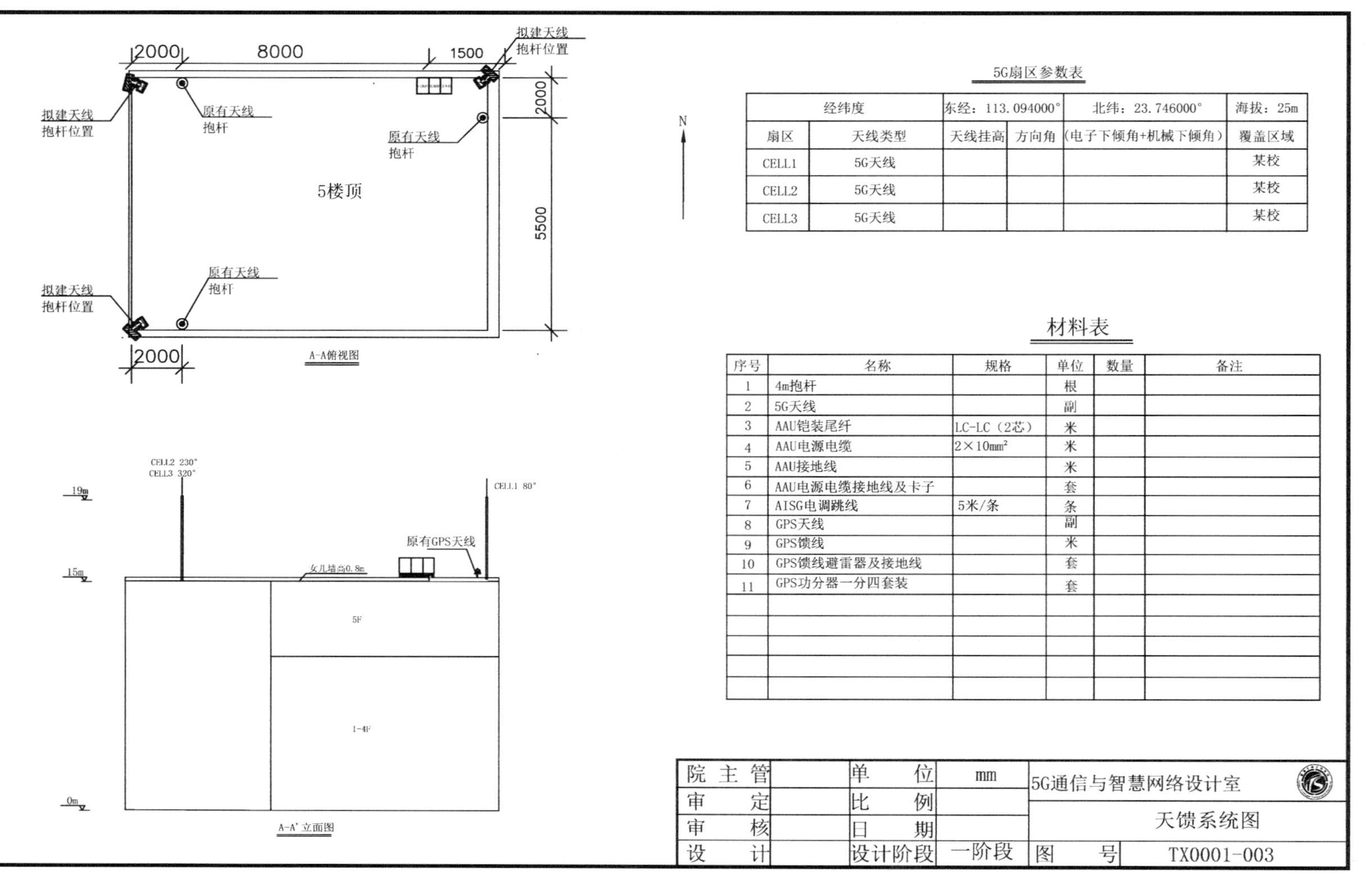

5G扇区参数表

经纬度		东经：113.094000°		北纬：23.746000°	海拔：25m
扇区	天线类型	天线挂高	方向角	（电子下倾角+机械下倾角）	覆盖区域
CELL1	5G天线				某校
CELL2	5G天线				某校
CELL3	5G天线				某校

材料表

序号	名称	规格	单位	数量	备注
1	4m抱杆		根		
2	5G天线		副		
3	AAU铠装尾纤	LC-LC（2芯）	米		
4	AAU电源电缆	$2\times10mm^2$	米		
5	AAU接地线		米		
6	AAU电源电缆接地线及卡子		套		
7	AISG电调跳线	5米/条	条		
8	GPS天线		副		
9	GPS馈线		米		
10	GPS馈线避雷器及接地线		套		
11	GPS功分器一分四套装		套		

院主管		单位	mm	5G通信与智慧网络设计室	
审定		比例		天馈系统图	
审核		日期			
设计		设计阶段	一阶段	图号	TX0001-003

图 3.85　站点已有资源天馈系统图

请根据已知条件解答如下问题并完成设计出图，包括设备平面布置图、走线架图、导线计划表、天馈系统图。

(1) 新增 5G 系统后，要求 5G 系统按 1 h 备电，4G 系统按 3 h 备电，请计算需要新增电池的容量。

(2) 新增 5G 系统后，请计算需要增加的整流模块数量(模块大小按 50 A/个，不采用 $N+1$ 方式)。

(3) 剩余机柜空间见图 3.83，请计算是否需要新增机柜，并完成设备安装设计(设备之间要求 1U 间隔)。

(4) 完成导线设计与布放，并计算导线长度。

(5) 完成小区方向图设计，并补充扇区信息和材料表。

2. 解决思路和方案

1) 铁塔和机房设计

共址新建站综合实训

铁塔和机房设计需要考虑以下问题。

(1) 问题 1：根据天线挂高、天线数量和建站环境选择适宜的铁塔类型。

解答 1：可新增 3 根 4 m 抱杆安装在 5 层楼顶，挂高满足要求，可在室外安装 3 个 AAU，方位角也符合要求，因此可以使用新增的抱杆。

(2) 问题 2：根据征址面积、设备空间需求和站点环境选择适宜的机房。

解答 2：现网有 1300 mm 的设备机柜 1 个，共有 29U 的空间。现安装了 4G DCDU 和 BBU，共用去 4U 空间，剩余 25U 空间，可满足 DCDU、BBU、SPN、ODF 的安装。

本期需要增加的运营商设备需求空间：1U+1U(DCDU)+1U+2U(BBU)+1U+2U(SPN)+1U+2U(ODF)=11U ≈ 500 mm。

经过计算，已剩余的设备机柜空间满足运营商主设备需求空间。

通过测量，已剩余电池柜空间可满足新增 1 组铁锂电池。

完成设计后，机柜布局详见图 3.86。

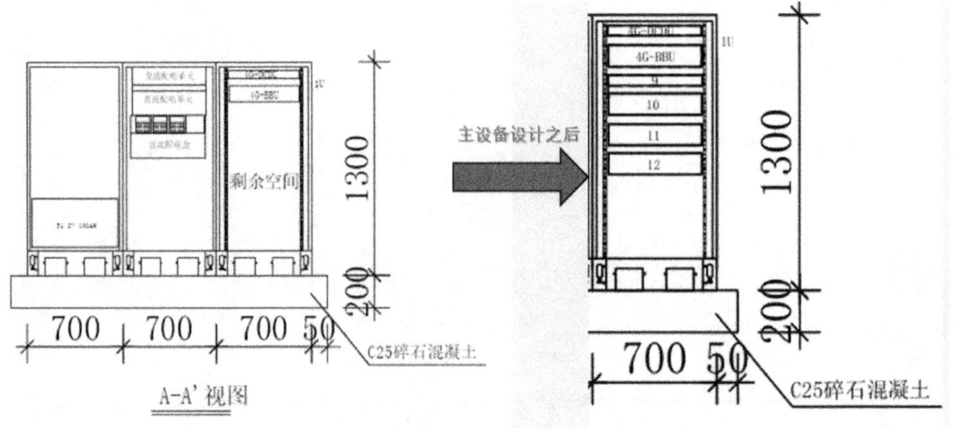

图 3.86　机房设计

2) 电源配套设计

电源配套设计需确认以下参数。

(1) 读取现网电流，此项为 25 A。

(2) 按厂家设备典型功耗计算拟建系统电流值：

$$I = \frac{4500\ \text{W}}{48\ \text{V}} = 93.75\ \text{A}$$

(3) 根据已知条件(采用锂电池，5G 系统按 1 h 备电，4G 系统按 3 h 备电)和放电时长计算蓄电池容量：

$$Q = \frac{K \times a \times (P_1 \times T_1 + P_2 \times T_2)}{51.2} = \left[\frac{1.25 \times 1.0 \times (4500 \times 1 + 25 \times 51.2 \times 3)}{51.2}\right]\text{A}\bullet\text{h} = 206.35\ \text{A}\bullet\text{h}$$

将蓄电池容量取整为 200 A • h，故需要新增锂电池容量为(200 − 100)A • h=100 A • h。

(4) 计算整流模块数量。

开关电源电流容量需求计算如下：

$$\text{电源电流容量} = \frac{\text{现网存量功耗} + \text{5G功耗}}{\text{额定电压}} + \frac{\text{蓄电池需求容量}}{10}$$

$$= \left(\frac{25 \times 51.2 + 4500}{51.2} + \frac{200}{10}\right)\text{A} = 138.75\ \text{A}$$

不采用 N+1 备份取整，则

$$\text{整流模块数量} = \frac{\text{电源电流容量}}{\text{单模块容量大小}} + 0 = \frac{138.75}{50} + 0 = 3$$

故需要新增整流模块为 3−2=1 个。

(5) 分配空开。需要分配 1 个 100 A 一次下电端子给 5G DCDU 使用，分配 1 个 32 A 或 63 A 二次下电端子给传输设备 SPN 使用。

3) 主设备设计

主设备设计需要考虑以下问题。

(1) 已确定本次新增的为 5G 系统，室内需要新增 DCDU、BBU、SPN、ODF 设备，在设备机柜进行主设备设计，画出 BBU 机框，并设计相关的板件，如图 3.87 所示。

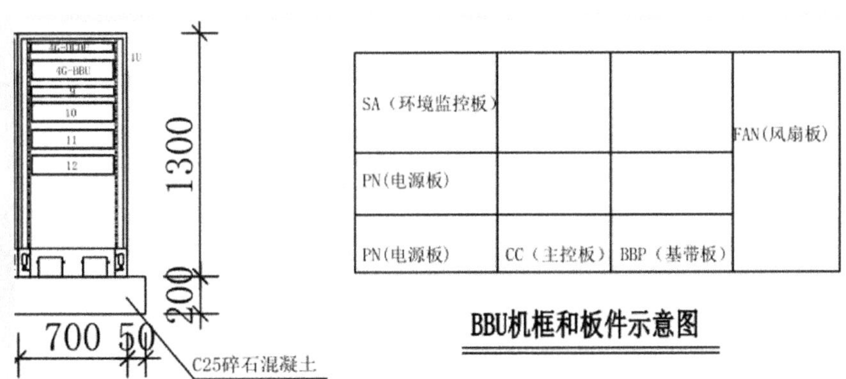

图 3.87 室内主设备设计

(2) 完成天馈系统设计，通过 360° 环拍和平面布置图确定小区方位角，如图 3.88 所示。

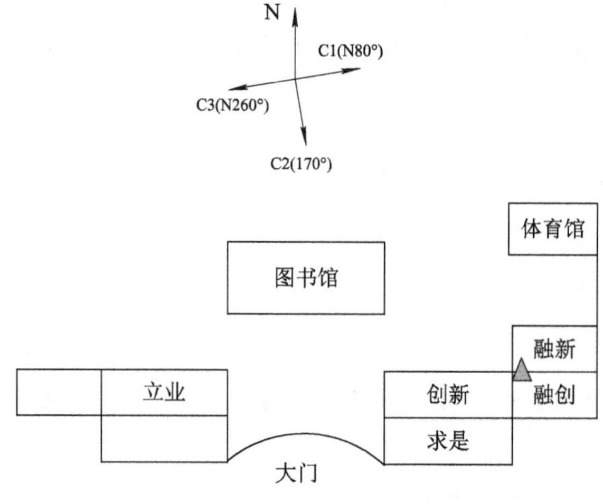

图 3.88　小区方位图

以 RRU(AAU)为中心，结合俯视图和立面图，完成天馈系统设计，如图 3.89 所示。其中，电源线和尾纤长度已给出计算方法，其他内容由同学们结合课后习题一并完成。

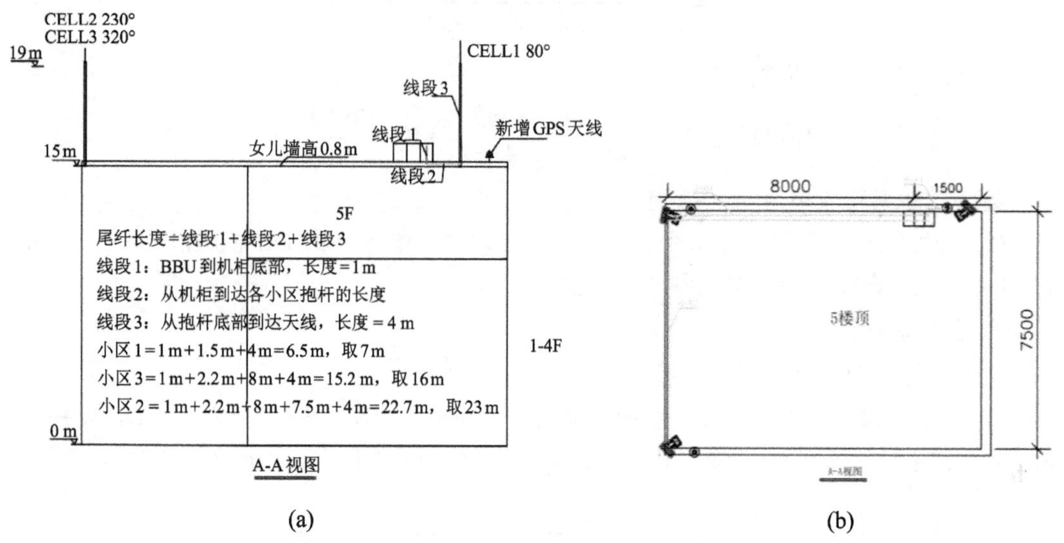

图 3.89　天馈系统设计

■ 课后习题

简答题

习题与答案

1. 完成新址新建站综合实训方案设计，输出完整的设计图。
2. 完成共址新建站综合实训方案设计，输出完整的设计图。

项目 4　定额与概预算认知

项目概述

本项目主要介绍概预算定额、费用定额和概预算编制规程等内容，重点结合《第五代移动通信设备安装工程造价编制指导意见》、《信息通信建设工程费用定额　信息通信建设工程概预算编制规程》的相关内容介绍定额的概念、作用、种类和编制原则，重点介绍概预算文件构成和概预算编制程序。

本项目通过介绍工程造价的定义、作用和流程等，引出信息通信工程中使用概预算定额进行不同阶段的工程造价计算的内容。此外，本项目还介绍了定额的概念、作用、种类和编制方法，重点给出了概预算文件构成和费用构成。

项目目标

(1) 了解概预算定额的特点、分类和编制方法，掌握定额的查找和使用。

(2) 掌握通信建设单项工程的费用构成。

(3) 了解概预算文件的构成，掌握概预算编制规程。

知识导图

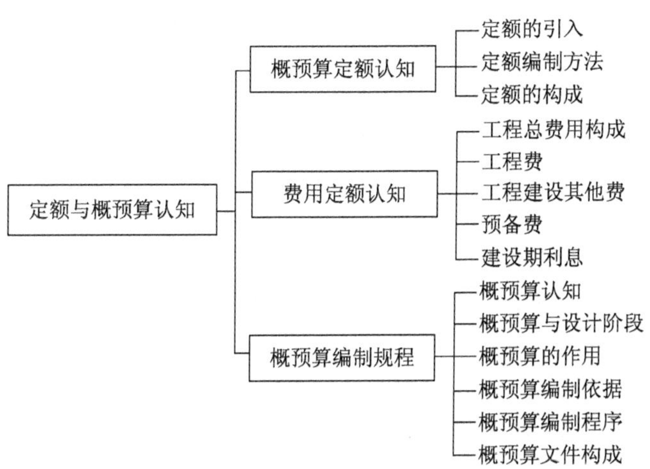

任务 4.1　概预算定额认知

课前引导

概预算定额

通过前述章节的介绍，可以知道建设工程项目在不同的阶段有不同的工程造价。请大家讨论一下，建设工程项目在设计阶段编制的工程造价是什么？它是依据什么进行编制的？

任务描述

本任务介绍了《第五代移动通信设备安装工程造价编制指导意见》《信息通信建设工程费用定额　信息通信建设工程概预算编制规程》的相关内容，主要引导学生了解概预算定额的作用、编制方法和构成，学会查阅相关定额条目。

任务目标

了解概预算定额的特点、分类和编制方法，能够熟练查找和使用定额。

4.1.1　定额的引入

在生产过程中，为了完成某一单位的合格产品，需要消耗一定的人工、材料、机器设备和资金，这些消耗受技术水平、组织管理水平及其他客观因素的影响。为了统一考核其消耗水平，便于经营管理和经济核算，就需要有一个统一的平均消耗标准，于是便产生了定额。

定额是在一定的生产技术和劳动组织条件下，完成单位合格产品在人力、物力、财力的利用和消耗方面应当遵守的标准。它反映了行业在一定时期内的生产技术和管理水平，是企业搞好经营管理的前提，是企业组织生产、引入竞争机制的手段，也是企业进行经济核算和贯彻执行“按劳分配”原则的依据。

定额虽然是主观产物，但它能正确地反映工程建设和各种资源消耗之间的客观规律，因此具有科学性、系统性、统一性、权威性、强制性、稳定性和时效性等特点。以时效性为例，为满足第五代移动通信设备安装工程建设需要，合理有效地控制工程建设投资，规范参建各方计价行为，工信部通信工程定额质监中心在 2016 年颁布 451 定额之后，编制了《第五代移动通信设备安装工程造价编制指导意见》《信息通信建设工程费用定额、信息通信建设工程概预算编制规程》的合订版本，自 2021 年 6 月 1 日起施行。由于《第五代移动通信设备安装工程造价编制指导意见》以 T5G 开头，故在这里我们将它简称为 T5G 定额。

目前，信息通信工程使用的预算定额主要为 451 定额和 T5G 定额。

4.1.2　定额编制方法

1. 政策精神

定额编制应贯彻国家和行业主管部门关于修订信息通信工程预算定额相关政策精神，结合信息通信行业特点进行认真调查研究、细算初编，坚持实事求是，做到科学、合理、便于维护和操作。

2. 执行的原则

(1) 控制量：定额中的消耗量是法定的。

(2) 量价分离：定额只反映消耗量，不反映单价。

(3) 技普分开：技工操作的工序按技工计取，非技工操作的工序按普工计取。

3. 定额子目编号规则

定额子目编号由册名代号、定额子目所在的章号、章内的序号三部分组成。第一部分，即分册代号，表示信息通信建设工程的各个专业，由汉语拼音(首字母)缩写组成。第二部分，即定额子目所在的章号，由一位阿拉伯数字表示。第三部分，即章内的序号，由三位阿拉伯数字表示。具体表示方法如图 4.1 所示。

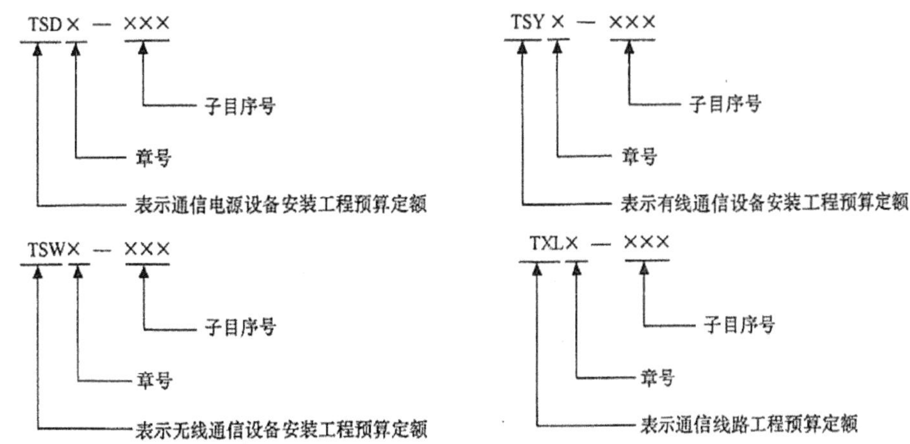

图 4.1　定额子目编号的具体方法

以 2016 年颁布的 451 定额为例，TSD 表示的是第一册《通信电源设备安装工程》，其中，T 表示通信，S 表示设备，D 表示电源。其他册名代号的详细内容详见表 4.1。

表 4.1　451 定额的分册信息

册别	分 册 名 称	分册代号	备　注
第一册	通信电源设备安装工程	TSD	T—通信，S—设备，D—电源
第二册	有线通信设备安装工程	TSY	T—通信，S—设备，Y—有线
第三册	无线通信设备安装工程	TSW	T—通信，S—设备，W—无线
第四册	通信线路工程	TXL	T—通信，XL—线路
第五册	通信管道工程	TGD	T—通信，GD—管道

4. 定额子目的人工分类及消耗量

(1) 定额子目的人工分类为技工和普工。

(2) 预算定额中人工消耗量是指完成定额规定计量单位所需要的全部工序用工量，一般包括基本用工、辅助用工和其他用工。

5. 定额子目的主要材料及消耗量

(1) 预算定额中只反映主要材料，辅助材料可按费用定额的规定乘以一定的系数进行处理。

(2) 主要材料指在建筑安装工程中或产品构成中形成产品实体的各种材料，其消耗量通常根据编制预算定额时选定的有关图纸、测定的综合工程量数据、主要材料消耗定额、有关理论计算公式等逐项综合计算得出。

(3) 定额不含施工用水、电、蒸汽消耗量，此类费用在设计概算、预算中根据工程实际情况在建筑安装工程费中按相关规定计列。

(4) 先算出主要材料净用量和规定损耗量，再以实用量列入预算定额。具体如下：

$$Q = W + \sum r$$

式中：Q——完成工程实际消耗的主要材料；

W——完成工程实体所需主要材料的净用量；

$\sum r$——在最低损耗情况下完成工程的损耗之和。

6. 定额子目的施工机械、仪表及消耗量

(1) 信息通信工程施工中凡是单位价值在2000元以上，构成固定资产的机械、仪表，定额子目中均给定了台班消耗量。

(2) 预算定额中施工机械、仪表台班消耗量标准，是指以一台施工机械或仪表一天(8 h)所完成的合格产品数量作为台班产量定额，再以一定的机械幅度差来确定单位产品所需要的机械台班量。

(3) 预算定额中施工机械台班消耗量＝1/每台班产量。

(4) 定额中的机械台班已经综合考虑了各种因素造成的机械幅度差。

4.1.3 定额的构成

当前信息通信建设工程主要使用的定额为451定额。451定额按照不同工程类别分成五册，分别为第一册《通信电源设备安装工程》、第二册《有线通信设备安装工程》、第三册《无线通信设备安装工程》、第四册《通信线路工程》、第五册《通信管道工程》。

2021年5月工业和信息化部通信工程定额质监中心编制印发了第1版《第五代移动通信设备安装工程造价编制指导意见》《信息通信建设工程费用定额、信息通信建设工程概预算编制规程》合订版本。其中，《第五代移动通信设备安装工程造价编制指导意见》的主要内容包括第五代移动通信设备安装工程所涉及的安装机架、缆线及附属设施，安装移动通信设备，安装铁塔等。《信息通信建设工程费用定额、信息通信建设工程概预算编制规程》

的主要内容包括信息通信建设工程费用构成，信息通信建设工程费用定额及计算规则，信息通信建设工程施工机械、仪表台班单价，以及总则，设计概算、施工图预算的编制等。

对于 451 定额，相信读者都比较熟悉，因此本任务主要对《第五代移动通信设备安装工程造价编制指导意见》进行解读，任务 4.2 和任务 4.3 再进行《信息通信建设工程费用定额、信息通信建设工程概预算编制规程》的解读。

1. 前言

《第五代移动通信设备安装工程造价编制指导意见》共包含三章，主要包括安装机架、缆线及附属设施，安装移动通信设备，安装铁塔等内容。指导意见中未涵盖的内容可参照 451 定额执行。

2. 说明

《第五代移动通信设备安装工程造价编制指导意见》的说明如下：

(1) 指导意见适用于第五代移动通信设备安装工程估算、概算、预算的编制，也可作为第五代移动通信设备安装工程项目招标、投标、价款结算的依据。

(2) 指导意见按照“量价分离”的原则编制，只反映人工、主要材料、机械、仪表的消耗量。各项费用的计算按照 451 定额的相关规定执行。

(3) 指导意见适用于新建、扩建工程，改建工程可参照使用。用于扩建工程时，其扩建施工降效部分的人工消耗量按乘以系数 1.1 计取。

(4) 指导意见是以现行通信工程建设标准为依据，结合第五代移动通信主流设备的施工特点，按符合质量标准的施工工艺、合理工期及劳动组织形式进行编制的。定额指导意见编制的条件包括：

① 设备、材料、成品、半成品、构件符合质量标准和设计要求。

② 通信各专业工程之间、与土建工程之间的交叉作业正常。

③ 施工安装地点、建筑物、设施基础、预留孔洞等均符合安装要求。

④ 气候条件、水电供应等应满足正常施工要求。

(5) 关于人工。

① 人工分为技工和普工。

② 人工消耗量包括基本用工、辅助用工和其他用工。

a. 基本用工：完成分项工程和附属工程实体单位的用工量。

b. 辅助用工：本指导意见中未说明的工序用工量，包括施工现场某些材料临时加工、排除故障、维持安全生产的用工量。

c. 其他用工：本指导意见中未说明的但在正常施工条件下必然发生的零星用工量，包括工序间搭接、工种间交叉配合、设备与器材施工现场转移、施工现场机械(仪表)转移、质量检查配合及不可避免的零星用工量。

(6) 关于材料。

① 材料分为主要材料和辅助材料。指导意见中仅计列构成工程实体的主要材料，辅助材料以费用的方式表现，其计算方法按 451 定额的相关规定执行。

② 指导意见中的主要材料消耗量包括直接用于安装工程中的主要材料净用量和规定的损耗量。规定的损耗量指施工运输、现场堆放和生产过程中不可避免的合理损耗量。

③ 施工措施性消耗部分和周转性材料按不同施工方法、不同材质分别列出一次使用量和一次摊销量。

④ 指导意见中不含施工用水、电、蒸汽消耗量，此类费用在设计概算、预算中根据工程实际情况在建筑安装工程费中按相关规定计列。

(7) 关于施工机械。

① 施工机械单位价值在 2000 元以上，构成固定资产的列入机械台班。

② 机械台班消耗量是按正常合理的机械配备综合取定的。

(8) 关于施工仪表。

① 施工仪表单位价值在 2000 元以上，构成固定资产的列入仪表台班。

② 施工仪表台班消耗量是按通信建设标准规定的测试项目及指标，结合第五代移动通信建设工程实际综合取定的。

(9) 本指导意见适用于海拔高程 2000m 以下，地震烈度为 7 度以下的地区，超过上述情况时，按有关规定处理。

(10) 在以下地区施工时，按下列规则调整。

① 在高原地区施工时，人工、机械消耗量乘以表 4.2 所列出的系数。

② 在原始森林地区(室外)及沼泽地区施工时，人工、机械消耗量乘以系数 1.30。

③ 在非固定沙漠地带进行室外施工时，人工消耗量乘以系数 1.10。

④ 其他类型的特殊地区按相关规定处理。

表 4.2　高原地区施工调整系数

海拔高程/m		2000～3000	3000～4000	＞4000
调整系数	人工	1.13	1.30	1.37
	机械	1.29	1.54	1.84

以上四类特殊地区若在施工中同时存在两种及两种以上情况时，只参照较高标准计取一次，不应重复计列。

(11) 指导意见中带有括号表示的消耗量，系供设计选用，“*”表示由设计确定其用量。

(12) 凡是子目中未标明长度单位的均指毫米(mm)。

(13) 指导意见中注有“××以内”或“××以下”者均包括“××”本身；“××以外”或“××以上”者则不包括“××”本身。

(14) 指导意见用于拆除工程时，其人工消耗量按表 4.3 所列系数进行计算。

(15) 本说明未尽事宜，详见各章节和附注说明。

表 4.3　拆除工程调整系数

名　称	拆除工程人工消耗量系数
天、馈线及室外基站设备	1.00
第三章的铁塔	0.70
其他内容	0.40

3. 章说明

章说明主要包括分部分项工程的工作内容、工程量计算方法和本章有关规定计量单位、应扣除或增加部分的阐述。例如，该指导意见第二章“安装移动通信设备”包含的内容如下：

(1) 本章内容包括第五代移动通信设备安装工程涉及的设备、天线(含美化大线)、馈线的安装、调测，美化天线罩的安装等工作内容。

(2) 安装天线、射频拉远单元或天线射频拉远单元一体化设备。

① 天线、射频拉远单元或天线射频拉远单元一体化设备安装高度均指天线、射频拉远

单元或天线射频拉远单元一体化设备底部距铁塔或抱杆底座下沿的高度。

② 铁塔上安装天线、射频拉远单元或天线射频拉远单元一体化设备，在安装位置无法借助平台进行安装时，人工消耗量按定额乘以系数 1.3 计取。

③ 安装宽 400 mm 以上的宽体定向天线时，人工消耗量按定额乘以系数 1.2 计取。

④ 美化天线罩内安装天线、射频拉远单元或天线射频拉远单元一体化设备时，人工消耗量按定额乘以系数 1.3 计取。

⑤ 当安装天线、射频拉远单元或天线射频拉远单元一体化设备遇到多种情况时，按最高系数计取。

⑥ 楼顶、地面增高架上安装天线、射频拉远单元或天线射频拉远单元一体化设备时，按楼顶、地面铁塔上安装天线、射频拉远单元或天线射频拉远单元一体化设备处理。

⑦ 天线及天线射频拉远单元一体化设备单位为“副”，指一根或一个物理实体。

4. 节说明

节说明主要指的是分部分项工程的具体工作内容。例如，该指导意见第二章“安装移动通信设备”第一节“安装、调测移动通信天、馈线”包括的主要内容如下：

(1) 安装移动通信天线工作内容：

① 安装室外天线：开箱检验、清洁搬运、吊装加固天线、调整方位角及俯仰角、清理现场等。

② 安装室内天线：开箱检验、清洁搬运、定位、安装加固天线、调整角度、做标记、清理现场等。

(2) 安装移动通信馈线的工作内容：

① 布放射频同轴电缆：搬运、量裁布放、安装加固、制装电缆端头、防雷接地与防水处理、连接固定、做标记、清理现场等。

② 制装集束电缆端头：量裁、集束电缆预处理、制装电缆端头、防水处理、清理现场等。

③ 布放集束电缆：搬运、(量裁)布放、安装固定、防水处理、连接固定、做标记、清理现场等。

(3) 安装、调测天、馈线附属设施的工作内容：

① 安装电调天线控制器，安装室外滤波器：开箱检验、清理搬运、安装、加固、通电调测、清理现场等。

② 安装调测室内天、馈线附属设备：开箱检验、清理搬运、安装、加固、通电调测、功率测试、做标记、清理现场等。

(4) 调测天、馈线系统的工作内容：

① 调测天、馈线系统：调测天、馈线系统的驻波比、功率、损耗及智能天线权值等。

② 配合调测天、馈线系统：测试区域的协调、硬件调整等。

5. 定额项目表

定额项目表是预算定额的主要内容，表中列出了分布工程的详细工作内容，并列出了对应工作内容需要的人工、主要材料、机械台班和仪表台班消耗量。考虑 5G 使用的天馈设备是 AAU 设备，在此列出第二章、第二节“安装、调测基站设备”中“安装室外天线射频拉远单元一体化设备”的一个项目表，如表 4.4 所示。

表 4.4　安装室外天线射频拉远单元一体化设备定额项目表

定额编号			T5G-065	T5G-066	T5G-067	T5G-068	T5G-069	T5G-070	T5G-071	T5G-072	T5G-073	T5G-074
项　目			安装室外天线射频拉远单元一体化设备									
			楼顶铁塔上(安装高度)		地面铁塔上(安装高度)				拉线塔(支撑杆、桅杆)上	抱杆上①	楼外墙面(作业高度)	
			20m以下	20m以上每增加1m	40m以下	40m以上至80m以下每增加1m	80m以上至90m以下每增加1m	90m以上每增加1m			15m以下②	15m以上
定额单位			套	米套	套	米套	套	米套	套			
名称		单位										
人工	技工	工日	7.05	0.10	7.79	0.10	14.08	0.21	9.26	5.48	5.85	9.57
	普工	工日	—	—	—	—	—	—	—	—	—	—
主要材料												
机械	自动升降机	—	—	—	—	—	—	—	—	—	(2.40)	—
仪表	天线姿态测量仪	台班	(0.13)		(0.16)		(0.20)		(0.18)	(0.10)	(0.11)	(0.13)

注：① 不包括铁塔上的抱杆，铁塔抱杆上安装天线射频拉远单元一体化设备套用铁塔上安装天线射频拉远单元一体化设备子目。

② 在隧道内壁安装室外天线射频拉远单元一体化设备的人工消耗量，按照楼外墙壁(作业高度)15m以下的人工消耗量计取。

6. 附录

《第五代移动通信设备安装工程造价编制指导意见》共有两个附录。附录 A“调测基站系统子目涵盖的工作内容”介绍在设备硬件施工完毕、传输网元具备、电力具备的前提下，完成“硬件检验”“数据配置”“设备状态检查”“软件自查”“传输验证”“功能验证”等工作内容时对应的工序。附录 B“信息通信建设工程费用定额补充内容”主要介绍补充措施项目费的两个条件和计算公式。

■ 课后习题

一、单项选择题

1. 预算定额具有科学性和系统性的特点，其中人工工日消耗量已包括了(　　)。

A. 基本用工

B. 基本用工和其他用工

C. 基本用工和辅助用工

D. 基本用工、辅助用工和其他用工

2. “量价分离”是(　　)定额编制中的一个重要原则。

A. 投资估算　　B. 概预算

C. 施工预算　　D. 经济评价

3. (　　)的内容和作用与预算定额相似，但是项目划分较粗，没有预算定额的准确性高。

A. 劳动定额　　B. 投资估算指标

C. 概算定额　　D. 工期定额

4. 定额编号 TSW2-023 中，“W”后面的“2”表示的是(　　)。

A. 目录号　　B. 章号

C. 节号　　D. 章内序号

二、多项选择题

1. 用于计算直接工程费(生产要素消耗)的定额有(　　)。

A. 劳动消耗定额　　B. 机械消耗定额

C. 仪表消耗定额　　D. 材料消耗定额

2. 现行通信建设工程预算定额命名中字母描述正确的有(　　)。

A. TSD　　B. TYZ

C. TDY　　D. TXL

3. 关于预算定额子目编号说法错误的是(　　)。

A. TSW 表示通信电源设备安装工程预算定额

B. TSY 表示通信管道工程预算定额

C. TXL 表示通信线路工程预算定额

D. TSD 表示有线通信设备安装工程预算定额

4. 人工消耗定额编制贯彻执行的原则有(　　)。

A. 控制量　　　　B. 技普分开

C. 量价分离　　　　D. 统一编制

三、判断题

1. 通信建设工程预算定额“量价分离”的原则是指定额中只反映人工、主材、机械台班的消耗量，而不反映其单价。(　　)

2. 通信建设工程预算定额也适用于扩建工程，故使用的劳动消耗定额的工日可以直接使用。(　　)

3. 定额是指一定的生产技术和劳动组织条件下完成单位合格产品在人力、物力、财力的利用和消耗方面应当遵守的标准。(　　)

4. 通信建设预算定额适用于新建工程，不适用于扩建、改建工程。(　　)

5. 定额不含施工用水、电、蒸汽消耗量，此类费用在设计概算、预算中根据工程实际在建筑安装工程费中按相关规定计列。(　　)

6. 预算定额中施工机械、仪表台班消耗量标准，是指以一台施工机械或仪表一天(8 h)所完成合格产品数量作为台班产量定额。(　　)

7. 预算定额中只反映主要材料，故在工程造价编制时不需要计算辅助材料消耗。(　　)

8. 概预算定额在改扩建工程中，降效部分的人工工日按乘以系数 1.1 计取，拆除工程也执行相同的标准。(　　)

习题与答案

任务 4.2　费用定额认知

课前引导

任务 4.1 学习了《第五代移动通信设备安装工程造价编制指导意见》《信息通信建设工程费用定额　信息通信建设工程概预算编制规程》的概预算定额内容，接下来我们要进行费用定额的认知学习。

任务描述

本任务主要介绍《第五代移动通信设备安装工程造价编制指导意见》《信息通信建设工程费用定额、信息通信建设工程概预算编制规程》的费用定额内容，引导学生了解各费用组成，在后续概预算实例编制时能够查阅相关费用定额和计算规则。

任务目标

了解费用定额的构成，后续能够熟练查阅相关定额和计算规则，完成实例编制。

4.2.1　工程总费用构成

工程总费用构成

信息通信建设工程项目总费用由各单项工程总费用构成，各单项工程总费用由工程费、工程建设其他费、预备费、建设期利息四部分组成，如图 4.2 所示。

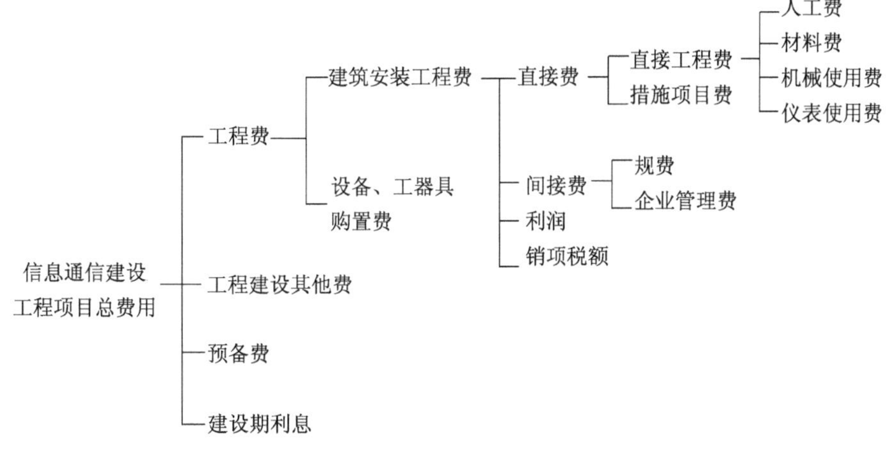

图 4.2　信息通信建设工程项目总费用的组成

4.2.2　工程费

工程费用组成

工程费由建筑安装工程费和设备、工器具购置费组成，是信息通信建设单项工程总费用的重要组成部分。

1. 建筑安装工程费

建筑安装工程费由直接费、间接费、利润和销项税额组成。

建筑安装工程费

1) 直接费

直接费由直接工程费、措施项目费构成，各项费用均为不包括增值税可抵扣进项税额的税前造价。

(1) 直接工程费。

直接工程费是指施工过程中耗用的构成工程实体和有助于工程实体形成的各项费用，包括人工费、材料费、机械使用费、仪表使用费。

① 人工费。

a. 概念：直接从事建筑安装工程施工的生产人员开支的各项费用。

b. 内容：包括基本工资、工资性补贴、辅助工资、职工福利费、劳动保护费。

c. 计算规则：信息通信建设工程不分专业和地区工资类别，综合取定人工费(技工为 114 元/工日，普工为 61 元/工日)，即

$$人工费 = 技工费 + 普工费$$

$$技工费 = 技工单价 \times 概算、预算的技工总工日$$

普工费＝普工单价×概算、预算的普工总工日

编制概预算时，技工总工日和普工总工日主要来自表三甲(预算表格中对应的表格，后续会进行详细说明)所需要安装的各分部分项工程的工日之和，然后乘以单价。最后将计算结果汇总在表二对应的人工费单元格中。

② 材料费。

a. 概念：施工过程中实体消耗的原材料、辅助材料、构配件、零件、半成品的费用和周转使用材料的摊销，以及采购材料所发生的费用总和。

b. 内容：包括材料原价、材料运杂费、运输报关费、采购及保管费、采购代理服务费和辅助材料费。

c. 计算规则：

材料费＝主要材料费＋辅助材料费

其中：

辅助材料费＝主要材料费×辅助费费率

主要材料费＝材料原价＋运杂费＋运输保险费＋采购及保管费＋采购代理服务费

式中：材料原价为供应价或供货地点价，运杂费＝材料原价×器材运杂费费率，运输保险费＝材料原价×保险费率 0.1%，采购及保管费＝材料原价×采购及保管费费率，采购代理服务费按实计列。

注：

a. 编制概预算时再进行相关费率的查阅；

b. 材料分项主要列在表四主要材料表中，计算的合计价格汇总在表二对应的主要材料费单元格中。

③ 机械使用费。

a. 概念：施工机械作业所发生的机械使用费及机械安拆费。

b. 内容：包括折旧费、大修理费、经常修理费、安拆费、人工费、燃料动力费和税费。

c. 计算规则：

机械使用费＝机械台班单价×概算、预算的机械台班量

注：

a. 编制概预算时再进行相关机械台班单价的查阅。

b. 机械使用费分项主要列在表三乙，计算的合计价格汇总在表二对应的机械使用费表格中。

④ 仪表使用费。

a. 概念：施工作业所发生的属于固定资产的仪表使用费。

b. 内容：包括折旧费、经常修理费、年检费和人工费。

c. 计算规则：

仪表使用费＝仪表台班单价×概算、预算的仪表台班量

注：

a. 编制概预算时再进行相关仪表台班单价的查阅。

b. 仪表使用费分项主要列在表三丙，计算的合计价格汇总在表二对应的仪表使用费单元格中。

(2) 措施项目费。

① 概念：为完成工程项目施工，发生于该工程前和施工过程中非工程实体项目的费用。

② 内容：包括文明施工费、工地器材搬运费、工程干扰费、工程点交费、场地清理费、临时设施费、工程车辆使用费、夜间施工增加费、冬雨季施工增加费、生产工具用具使用费、施工用水电蒸汽费、特殊地区施工增加费、已完工程及设备保护费、运土费、施工队伍调遣费、大型施工机械调遣费。

各项措施费主要体现在表二相应的单元格中，编制概预算时再进行各种计算基础和相关费率的查阅。措施费的计费基础一般为人工费，所以应先计算出人工费。

2) 间接费

间接费由规费、企业管理费构成，各项费用均为不包括增值税可抵扣进项税额的税前造价。

(1) 规费。

规费指政府和有关部门规定必须缴纳的费用，具体包括工程排污费、社会保障费、住房公积金、危险作业意外伤害保险费。

① 工程排污费根据施工所在地政府部门相关规定。

② 社会保障费 = 人工费 × 社会保障费费率。

③ 住房公积金 = 人工费 × 住房公积金费率。

④ 危险作业意外伤害保险费 = 人工费 × 危险作业意外伤害保险费费率。

规费即为以上四项的和：

规费 = 工程排污费 + 社会保障费 + 住房公积金 + 危险作业意外伤害保险费

(2) 企业管理费。

企业管理费指施工企业组织施工生产和经营管理所需费用，包括管理人员工资、办公费、差旅交通费、固定资产使用费、工器具使用费、劳动保险费、工会经费、职工教育经费、财产保险费、财务费、税金及其他。

间接费的各项内容主要体现在表二中。应该注意的是，间接费的计算基础与工程类别无关，相关费率需要在编制概预算时进行查阅。

3) 利润

利润指施工企业完成所承包工程获得的盈利。

计费标准和计算规则如下：

利润 = 人工费 × 利润率

利润体现在表二中。应该注意的是，各类通信工程的利润率费率均是 20%。

4) 销项税额

销项税额指按国家税法规定应计入建筑安装工程造价的增值税销项税额。

销项税额的计算公式如下：

销项税额=(人工费+乙供主材费+辅材费+机械使用费+仪表使用费+措施费+规费+企业管理费+利润)×11%+甲供主材费×适用税率

注：

(1) 甲供主材适用税率为材料采购税率，乙供主材指建筑服务方提供的材料。

(2) 销项税额体现在表二中，编制概预算时再进行相关费率的查阅。

2. 设备、工器具购置费

设备、工器具购置费指根据设计提出的设备(包括必需的备品、备件)、仪表、工器具清单，按设备原价、运杂费、运输保险费、采购及保管费和采购代理服务费计算的费用。设备、工器具购置费用是由需要安装设备购置费和不需要安装设备、工器具、维护用工器具/仪表购置费组成。

计费标准和计算规则为

设备、工器具购置费 = 设备原价 + 运杂费 + 运输保险费 + 采购及保管费 + 采购代理服务费

式中：设备原价指供应价或供货地点价，运杂费 = 设备原价 × 设备运杂费费率，运输保险费 = 设备原价 × 保险费费率，采购及保管费 = 设备原价 × 采购及保管费费率，采购代理服务费按实计列。

注：

(1) 编制概预算时再进行相关费率的查阅。

(2) 设备、工器具购置费主要体现在表四，计算的合计价格汇总在表一对应的单元格中。

4.2.3 工程建设其他费

工程建设其他费

工程建设其他费指应在项目建设投资中开支的固定资产其他费用、无形资产费用和其他资产费用，包括建设用地及综合赔补费、项目建设管理费、可行性研究费、研究试验费、勘察设计费、环境影响评价费、建设工程监理费、安全生产费、引进技术和引进设备其他费、工程保险费、工程招标代理费、专利及专用技术使用费、其他费用、生产准备及开办费。在这里特别需要指出的是安全生产费和生产准备及开办费。

(1) 安全生产费是施工企业按照国家有关规定和建筑施工安全标准，购置施工防护用具、落实安全施工措施以及改善安全生产条件所需要的各项费用。必须严格依照《关于印发〈企业安全生产费用提取和使用管理办法〉的通知》(财企〔2012〕16号)文件规定执行。在编制概预算时严格以建筑安装工程费为基础进行计列，严禁打折。

(2) 生产准备及开办费指建设项目为保证正常生产(或营业、使用)而发生的人员培训费、提前进场费以及投产使用初期必备的生产生活用具、工器具等购置费用。此项应根据项目类型或业主要求进行记取。

工程建设其他费主要体现在表五，在编制概预算时再进行计算规则和相关费率的查阅。

4.2.4 预备费

预备费是指在初步设计及概算内难以预料的工程费用，包括基本预备费和价差预备费。

对于施工图设计清晰明确、规模小且技术成熟的工程可以不设置预备费。

1. 基本预备费

基本预备费主要包括：

(1) 进行技术设计、施工图设计和施工过程中，在批准的初步设计和概算范围内所增加的工程费用。

(2) 由一般自然灾害所造成的损失和预防自然灾害所采取的措施费用。

(3) 竣工验收时为鉴定工程质量，必须开挖和修复隐蔽工程的费用。

2. 价差预备费

价差预备费指设备、材料的价差。预备费对应的计费标准和计算规则为：

$$预备费 = (工程费 + 工程建设其他费) \times 预备费费率$$

编制概预算时，预备费直接体现在表一，在编制时再进行不同工程预备费率的查阅。

4.2.5　建设期利息

建设期利息指建设项目贷款在建设期内发生并应计入固定资产的贷款利息等财务费用，应按银行当期利率计算。

编制概预算时，建设期利息直接体现在表一。当然，只有发生贷款的建设项目才有该项。

■ 课后习题

一、单项选择题

1. 直接费是建筑安装费的重要组部分，它包括(　　)。

A. 直接工程费、措施费　　B. 间接费、企业管理费

C. 直接工程费、财务费　　D. 规费、预备费

2. 施工图设计清晰明确、规模小并且技术成熟的工程可以不设置(　　)。

A. 不可预见费　　B. 预备费

C. 应急费　　D. 建设成本上升费

3. 规费和企业管理费构成(　　)。

A. 直接费　　B. 直接工程费

C. 间接费　　D. 税金

4. 措施费和企业管理费一般的取费基础是(　　)。

A. 人工费　　B. 材料费

C. 机械使用费　　D. 仪表使用费

5. 直接工程费指的是直接生产要素的消耗，下列费用属于直接工程费的是(　　)。

A. 建筑安装工程费、设备购置费、预备费

B. 人工费、材料费、施工机械使用费、仪表使用费

C. 临时设施费、劳保支出、施工队伍调遣费

D. 间接费、利润、销项税额

6. 通信基站的单项总投资由哪四部分组成？(　　)

A. 工程费、工程建设其他费、预备费、利息

B. 直接工程费、工程建设其他费、预备费、利息

C. 建筑安装工程费、工程建设其他费、预备费、利息

D. 工程建筑安装费、预备费、企业管理费、利息

7. 下列费用中不属于建筑安装工程费的有(　　)。

A. 直接费　　B. 间接费

C. 销项税额　　D. 施工队伍调遣费

8. 按费用定额规定，建筑安装工程间接费的取费基础一般为(　　)。

A. 人工费　　B. 直接费

C. 机械使用费　　D. 其他直接费

9. 建筑安装工程费中的其中一项为利润，一般利润的计费基础为(　　)。

A. 其他直接费　　B. 间接费

C. 人工费　　D. 材料费

10. 根据 451 定额的概预算费用定额规定，技工工日和普工工日的单价标准分别为(　　)。

A. 114 元和 61 元　　B. 114 元和 69 元

C. 48 元和 16 元　　D. 48 元和 48 元

11. 设备购置费是指(　　)。

A. 设备采购时的实际成交价

B. 设备采购和安装的费用之和

C. 设备在工地仓库出库之前所发生的费用之和

D. 设备在运抵工地之前发生的费用之和

12. 下列属于设备购置费的是(　　)。

A. 供销部门手续费　　B. 工地器材搬运费

C. 消费税　　D. 设备安装费

13. 下列不属于建设其他费的是(　　)。

A. 勘察设计费　　B. 监理费

C. 相关管理费　　D. 新材料试验费

14. 下列费用中，不能列入预备费的是(　　)。

A. 设计变更增加的费用

B. 一般自然灾害造成工程损失和预防自然灾害所采取措施的费用

C. 竣工验收时为鉴定工程质量对隐蔽工程进行必要的挖掘和修复费用

D. 对生产维护人员培训以及熟悉工艺流程、设备性能等在生产前作准备的费用

15. 安全生产费是购置施工防护用具、落实安全施工措施以及改善安全生产条件所需要的各项费用，它的计算依据是(　　)。

A. 工程费　　B. 工程建设其他费

C. 建筑安装工程费　　D. 直接工程费

二、多项选择题

1. 下列属于直接费的是(　　)。

A. 直接工程费　　B. 措施费

C. 企业管理费　　D. 财务费

2. 在工程建设中，除了价差预备费，属于静态投资费用的还有(　　)。

A. 设备购置费　　B. 建安工程费

C. 基本预备费　　D. 工程造价调整预备费

3. 下列选项属于措施费的有(　　)。

A. 冬雨季施工增加费　　B. 工程干扰费

C. 新技术培训费　　D. 仪器仪表使用费

4. 施工单位获得的利润与(　　)有关。

A. 工程类别　　B. 利润率

C. 人工费　　D. 施工企业资质等级

5. 建筑安装工程费用中直接工程费包括(　　)。

A. 材料费　　B. 企业管理费

C. 人工费　　D. 施工机械使用费

6. 概预算中的主要材料费由(　　)、采购及保管费、保险费组成。

A. 材料原价　　B. 运杂费

C. 包装费　　D. 辅助材料费

7. 下列不属于建筑安装工程费中直接费的是(　　)。

A. 直接工程费　　B. 措施费

C. 企业管理费　　D. 利润

8. 单项工程概算由(　　)组成。

A. 工程费　　B. 工程建设其他费

C. 预备费　　D. 建设期利息

9. 施工过程中耗用的构成工程实体和有助于工程实体形成的各项费用包括(　　)。

A. 人工费　　B. 材料费

C. 工地器材搬运费　　D. 机械使用费

10. 人工费指直接从事建筑安装工程施工的生产人员开支的各项费用，包括(　　)等。

A. 基本工资　　B. 工资性补贴

C. 辅助工资　　D. 职工福利费

11. 下列关于人工费的说法，正确的是(　　)。

A. 通信建设工程不分专业和地区工资类别，综合取定人工费

B. 人工费=技工费＋普工费

C. 人工费单价：技工 114 元/工日，普工为 61 元/工日

D. 人工费包括管理人员工资

12. 间接费中，规费包含的费用类型有(　　)。

A. 工程排污费　　B. 社会保障费

C. 住房公积金　　D. 危险作业意外伤害保险费

13. 施工机械作业所发生的费用包括(　　)等。

A. 折旧费　　B. 经常修理费

C. 人工费　　D. 税费

14. 对概、预算进行修改时，如果需要安装的设备费发生变动，会对(　　)产生影响。

A. 建筑安装工程费　　B. 工程建设其他费

C. 预备费　　D. 运营管理费

15. 工程建设其他费包括(　　)等。

A. 勘察设计费　　B. 施工队伍调遣费

C. 企业管理费　　D. 建设单位管理费

16. 预备费是初步设计及概算内难以预料的工程费用，包括(　　)。

A. 设备购置费　　B. 建安工程费

C. 基本预备费　　D. 价差预备费

17. 通信建设工程勘察设计费由(　　)组成。

A. 人工费　　B. 工程勘察费

C. 工程设计费　　D. 设计文件费

18. 工程建设其他费中，属于支付给服务支撑商费用的是(　　)。

A. 勘察设计费　　B. 监理费

C. 招标代理费　　D. 企业管理费

三、判断题

1. 不管分几阶段设计，所编制的施工图预算都不得计列预备费。(　　)

2. 工程排污费包含在建设单位管理费中。(　　)

3. 企业管理费的计算与工程类别无关，仅以人工费作为计费基础。(　　)

4. 安全生产费是企业购置施工防护用具、落实安全施工措施以及改善安全生产条件所需要的各项费用。(　　)

5. 生产准备及开办费指建设项目为保证正常生产(或营业、使用)而发生的人员培训费、提前进场费以及投产使用初期必备的生产生活用具、工器具等购置费用。(　　)

6. 工程建设其他费单指建设项开支的固定资产其他费用。(　　)

7. 建设期利息指建设项目贷款在建设期内发生并应计入固定资产的贷款利息等财务费用。(　　)

习题与答案

任务 4.3 概预算编制规程

课前引导

学习了概预算定额和费用定额之后，大家是不是很想知道概预算文件有哪些组成部分？它是依据什么规程编制出来的？有哪些编制方法？

任务描述

本任务学习概预算的作用、编制依据和编制程序等内容。通过本任务的学习，为后续工程实例的概预算编制打下坚实的基础。

任务目标

掌握信息通信工程概预算编制的程序和概预算文件的逻辑关系。

4.3.1　概预算认知

通信工程设计概预算是初步设计概算和施工图设计预算的统称，是通信工程在初步设计和施工图设计阶段的工程造价。它是根据各个不同设计阶段的深度和建设内容，按照国家主管部门颁布的概预算定额、设备材料价格、编制方法、费用定额、费用标准等有关规定，对通信建设项目、单项工程按实物工程量法预先计算和确定的全部费用文件。

4.3.2　概预算与设计阶段

信息通信建设工程概算、预算的编制，应按相应的设计阶段进行。信息通信工程设计分为一阶段设计、二阶段设计和三阶段设计，每个阶段对应不同的工程造价，如图4.3所示。

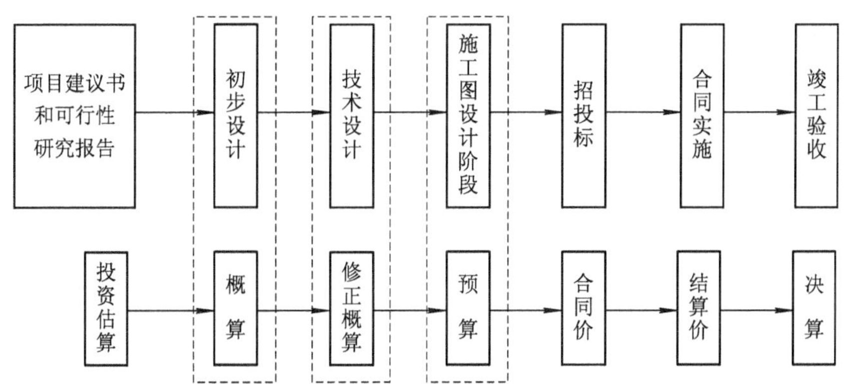

图4.3　工程设计阶段与概预算

(1) 规模较小、技术成熟或可套用标准设计的工程项目，可直接采用一阶段设计，即施工图设计。一阶段设计应编制施工图设计预算，并计列预备费、建设期利息等费用。

(2) 技术成熟的中小型项目，为简化设计步骤和缩短设计时间，采用初步设计和施工图设计两个阶段的两阶段设计。两阶段设计时，根据初步设计编制设计概算，根据施工图设计编制施工图预算。

(3) 重大工程项目，其技术要求严格、工艺流程复杂、缺乏设计经验，采用初步设计、技术设计和施工图设计三个阶段的三阶段设计。三阶段设计时，根据初步设计编制设计概算，根据技术设计编制修正概算，根据施工图设计编制施工图预算。

4.3.3 概预算的作用

1. 设计概算的作用

设计概算是用货币形式综合反映和确定建设项目从筹建至竣工验收的工程造价表现方式，其作用有：

(1) 是确定和控制固定资产投资、编制和安排投资计划、控制施工图预算的主要依据。

(2) 是审核贷款额度的主要依据。

(3) 是考核工程设计技术经济合理性和工程造价的主要依据。

(4) 是筹备设备、材料和签订订货合同的主要依据。

(5) 在工程招标承包制中是确定标底的主要依据。

2. 施工图预算的作用

施工图预算是用货币形式综合反映和确定建设项目从筹建至竣工验收的工程造价表现方式，其作用有：

(1) 是考核工程成本和确定工程造价的主要依据。

(2) 是签订工程承、发包合同的依据。

(3) 是价款结算的主要依据。

(4) 是考核施工图设计技术经济合理性的主要依据。

4.3.4 概预算编制依据

设计概算是初步设计文件的重要组成部分。编制设计概算应在投资估算的范围内进行。施工图预算是施工图设计文件的重要组成部分。编制施工图预算应在批准的设计概算范围内进行。对于一阶段设计，编制施工图预算应在投资估算的范围内进行。

1. 概算编制依据

(1) 批准的可行性研究报告。

(2) 初步设计图纸、设备材料表和有关技术文件。

(3) 国家相关管理部门发布的有关法律、法规、标准规范。

(4) 《信息通信建设工程预算定额》(目前信息通信工程用预算定额代替概算定额编制概算)、《信息通信建设工程费用定额》及其有关文件。

(5) 建设项目所在地政府发布的土地征用和赔补费等有关规定和有关合同、协议等。

(6) 其他有关合同、协议等。

2. 预算的编制依据

(1) 批准的初步设计概算及有关文件。

(2) 施工图、通用图、标准图及说明。

(3) 国家相关管理部门发布的有关法律、法规、标准规范。

(4) 《信息通信建设工程预算定额》《信息通信建设工程费用定额》及其有关文件。

(5) 建设项目所在地政府发布的有关土地征用和赔补费等有关规定。

(6) 其他有关合同、协议等。

4.3.5 概预算编制程序

信息通信建设工程概算、预算采用实物法编制。实物法编制工程概算、预算的步骤如图 4.4 所示。

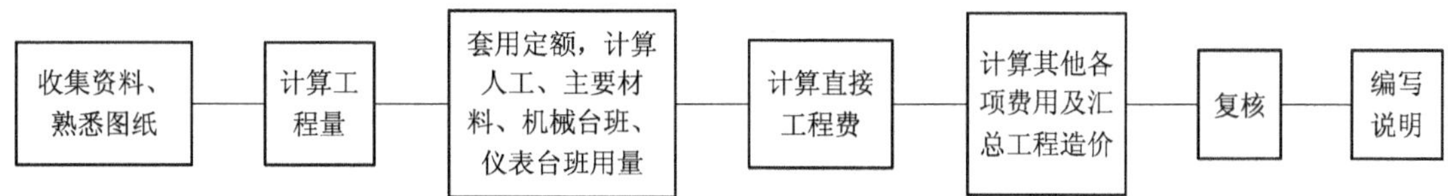

图 4.4　实物法编制工程概算、预算的步骤

1. 收集资料、熟悉图纸

在编制概算、预算前，针对工程具体情况和所编概算、预算内容收集有关资料，包括概算定额、预算定额、费用定额，以及材料、设备价格等，并对施工图进行一次全面详细的检查，查看图纸是否完整，明确设计意图，检查各部分尺寸是否有误以及有无施工说明。

2. 计算工程量

工程量计算是一项繁重而又十分细致的工作。工程量是编制概算、预算的基本数据，计算的准确与否直接影响到工程造价的准确度。

计算工程量时要注意以下几点：

(1) 熟悉图纸的内容及其相互关系，注意有关标注和说明。

(2) 计算单位应与所要依据的定额单位相一致。

(3) 计算过程一般可依照施工图顺序由下而上、由内而外、由左而右依次进行。

(4) 要防止误算、漏算和重复计算。

(5) 将同类项加以合并，并编制工程量汇总表。

3. 套用定额，计算人工、主要材料、机械台班、仪表台班用量

工程量经核对无误方可套用定额。套用相应定额时，用工程量分别乘以各子目人工、主要材料、机械台班、仪表台班的消耗量，计算出各分项工程的人工、主要材料、机械台班、仪表台班的用量，然后汇总得出整个工程各类实物的消耗量。套用定额时应核对工程内容与定额内容是否一致，以防误套。

4. 计算直接工程费

用当时、当地或行业标准的实际单价乘以相应的人工、材料、机械台班、仪表台班的消耗量，计算出人工费、材料费、机械使用费、仪表使用费，并汇总得出直接工程费。

5. 计算其他各项费用及汇总工程造价

按照工程项目的费用构成和信息通信建设工程费用定额规定的费率及计费基础，分别计算各项费用，然后汇总出工程总造价，并以信息通信建设工程概算、预算编制规程所规定的表格形式，编制出全套概算或预算表格。

6. 复核

对上述表格内容进行一次全面检查，检查所列项目、工程量计算结果、套用定额、选用单价、取费标准以及计算数值等是否正确。

7. 编写说明

复核无误后，进行对比、分析，写出编制说明。凡是概算、预算表格不能反映的一些事项以及编制中必须说明的问题，都应用文字表达出来，以供审批单位审查。

在上述步骤中，计算其他各项费用及汇总工程造价是形成全套概算或预算表格的过程，根据单项工程费用的构成，得到各项费用与表格之间的嵌套关系，如图 4.5 所示。

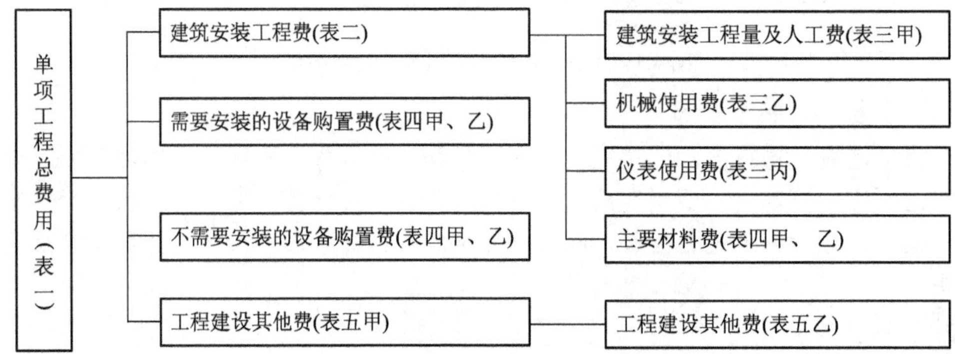

图 4.5 单项工程概算、预算表格间的关系

在编制全套表格的过程中应按图 4.6 的顺序进行，简称“三四二五一”。

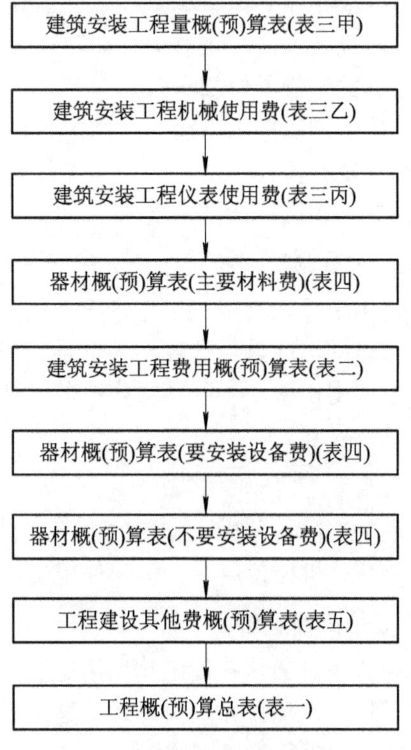

图 4.6 概(预)算表格填写顺序

4.3.6　概预算文件构成

概预算文件由编制说明和概算、预算表格组成。

1. 编制说明

编制说明一般由工程概况、编制依据、投资分析和其他需要说明的问题四个部分组成。

(1) 工程概况：说明项目规模、用途、概预算总价值、产品品种、生产能力、公用工程及项目外工程的主要情况等。

(2) 编制依据：主要说明编制时所依据的技术经济文件各种定额、材料设备价格、地方政府的有关规定和主管部门未作统一规定的费用计算依据和说明。

(3) 投资分析：主要说明各项投资的比例及类似工程投资额的比较，分析投资额高的原因、工程设计的经济合理性、技术的先进性及其适宜性等。

(4) 其他需要说明的问题：如建设项目的特殊条件和特殊问题，需要上级主管部门和有关部门帮助解决的其他有关问题等。

2. 概算、预算表格

信息通信建设工程概算、预算表格按照费用结构划分，由建筑安装工程费用系列表格、设备购置费用表格(包括需要安装的和不需要安装的设备)、工程建设其他费用表格以及工程预算总表等组成，全套共十类表，如表4.5所示。

表4.5　概算、预算表格构成

表号	表　名	内　容	备注
汇总表	建设项目总概算、预算表	供编制建设项目总概算、预算使用，建设项目的全部费用在本表中汇总	
表一	工程概算、预算总表	供编制单项(单位)工程概算、预算使用	
表二	建设安装工程费用概算、预算表	供编制建筑安装工程费使用	
表三甲	建筑安装工程量概算、预算表	供编制工程量，并计算技工和普工总工日数量使用	
表三乙	建筑安装工程机械使用费概算、预算表	供编制本工程所列的机械费用汇总使用	
表三丙	建筑安装工程仪器仪表使用费概算、预算表	供编制本工程所列的仪器、仪表费用汇总使用	
表四甲	国内器材概算、预算表	供编制本工程的主要材料、设备和工器具的数量和费用使用	
表四乙	引进器材概算、预算表	供编制引进工程的主要材料、设备和工器具的数量和费用使用	一般不计列
表五甲	工程建设其他费概算、预算表	供编制国内工程计列的工程建设其他费使用	
表五乙	引进设备工程建设其他费概算、预算表	供编制引进工程计列的工程建设其他费使用	一般不计列

(1) 建设项目总_____算表(汇总表)，供建设项目总概算、预算使用，如表 4.6 所示。

表 4.6　建设项目总_______算表(汇总表)

建设项目名称：　　　　建设单位名称：　　　　表格编号：　　　　第　页

序号	表格编号	工程名称	小型建筑工程费(元)	需要安装的设备费(元)	不需要安装的设备、工器具费(元)	建筑安装工程费(元)	其他费用(元)	预备费(元)	总价值				生产准备及开办费
									除税价	增值税	含税价	其中外币( )	
I	II	III	IV	V	VI	VII	VIII	IX	X	XI	XII	XIII	XIV
1													
2													
3													
4													
5													
6													
7													
8													
9													
10													
11													
12													
13													
14													
15													

设计负责人：　　　　审核：　　　　编制：　　　　编制日期：　　年　月

(2) 工程____算总表(表一)，供编制单项(单位)工程概算(预算)使用，如表 4.7 所示。

表 4.7　工程______算总表(表一)

建设项目名称：

项目名称：　　建设单位名称：　　表格编号：　　第　页

序号	表格编号	费用名称	小型建筑工程费(元)	需要安装的设备费(元)	不需要安装的设备、工器具费(元)	建筑安装工程费(元)	其他费用(元)	预备费(元)	总价值			
									除税价(元)	增值税(元)	含税价(元)	其中外币(　)
I	II	III	IV	V	VI	VII	VIII	IX	X	XI	XII	XIII
I												
1												
2												
3												
4												
5												
6												
7												
8												
9												
10												
11												
12												
13												
14												
15												

设计负责人：　　审核：　　编制：　　编制日期：　　年　月

(3) 建筑安装工程费用____算表(表二)，供编制建筑安装工程费使用，如表 4.8 所示。

表 4.8　建筑安装工程费用______算表(表二)

工程名称：　　建设单位名称：　　表格编号：　　第　页

序号	费用名称	依据和计算方法	合计(元)	序号	费用名称	依据和计算方法	合计(元)
Ⅰ	Ⅱ	Ⅲ	Ⅳ	Ⅰ	Ⅱ	Ⅲ	Ⅳ
	建筑安装工程费(含税价)			7.	工程车辆使用费		
	建筑安装工程费(不含税价)			8.	夜间施工增加费		
一	直接费			9.	冬雨季施工增加费		
(一)	直接工程费			10.	生产工具用具使用费		
1.	人工费			11.	施工用水电蒸汽费		
(1)	技工费			12.	特殊地区施工增加费		
(2)	普工费			13.	已完工程及设备保护费		
2.	材料费			14.	运土费		
(1)	主要材料费			15.	施工队伍调遣费		
(2)	辅助材料费			16.	大型施工机械调遣费		
3.	机械使用费			二	间接费		
4.	仪表使用费			(一)	规费		
(二)	措施费			1.	工程排污费		
1.	环境保护费			2.	社会保障费		
2.	文明施工费			3.	住房公积金		
3.	工地器材搬运费			4.	危险作业意外伤害保险费		
4.	工程干扰费			(二)	企业管理费		
5.	工程点交、场地清理费			三	利润		
6.	临时设施费			四	销项税额		

设计负责人：　　审核：　　编制：　　编制日期：　　年　月

(4) 建筑安装工程量____算表(表三甲)，供编制建筑安装工程量、计算技工和普工总工日数量使用，如表 4.9 所示。

表 4.9　建筑安装工程费用______算表(表三甲)

工程名称：　　　　建设单位名称：　　　　表格编号：　　　　第　页

<table>
<tr><th rowspan="2">序号</th><th rowspan="2">定额
编号</th><th rowspan="2">项 目 名 称</th><th rowspan="2">单位</th><th rowspan="2">数量</th><th colspan="2">单位定额值(工日)</th><th colspan="2">合计值(工日)</th></tr>
<tr><th>技工</th><th>普工</th><th>技工</th><th>普工</th></tr>
<tr><td>I</td><td>II</td><td>III</td><td>IV</td><td>V</td><td>VI</td><td>VII</td><td>VIII</td><td>IX</td></tr>
<tr><td>1</td><td></td><td></td><td></td><td></td><td></td><td></td><td></td><td></td></tr>
<tr><td>2</td><td></td><td></td><td></td><td></td><td></td><td></td><td></td><td></td></tr>
<tr><td>3</td><td></td><td></td><td></td><td></td><td></td><td></td><td></td><td></td></tr>
<tr><td>4</td><td></td><td></td><td></td><td></td><td></td><td></td><td></td><td></td></tr>
<tr><td>5</td><td></td><td></td><td></td><td></td><td></td><td></td><td></td><td></td></tr>
<tr><td>6</td><td></td><td></td><td></td><td></td><td></td><td></td><td></td><td></td></tr>
<tr><td>7</td><td></td><td></td><td></td><td></td><td></td><td></td><td></td><td></td></tr>
<tr><td>8</td><td></td><td></td><td></td><td></td><td></td><td></td><td></td><td></td></tr>
<tr><td>9</td><td></td><td></td><td></td><td></td><td></td><td></td><td></td><td></td></tr>
<tr><td>10</td><td></td><td></td><td></td><td></td><td></td><td></td><td></td><td></td></tr>
<tr><td>11</td><td></td><td></td><td></td><td></td><td></td><td></td><td></td><td></td></tr>
<tr><td>12</td><td></td><td></td><td></td><td></td><td></td><td></td><td></td><td></td></tr>
<tr><td>13</td><td></td><td></td><td></td><td></td><td></td><td></td><td></td><td></td></tr>
<tr><td>14</td><td></td><td></td><td></td><td></td><td></td><td></td><td></td><td></td></tr>
<tr><td>15</td><td></td><td></td><td></td><td></td><td></td><td></td><td></td><td></td></tr>
</table>

设计负责人：　　　　审核：　　　　编制：　　　　编制日期：　　年　月

(5) 建筑安装工程机械使用费____表(表三乙)，供编制建筑安装工程机械使用费汇总使用，如表 4.10 所示。

表 4.10 建筑安装工程机械使用费______算表(表三乙)

工程名称： 建设单位名称： 表格编号： 第 页

序号	定额编号	项目名称	单位	数量	机械名称	单位定额值		合计值	
						数量(台班)	单价(元)	数量(台班)	合价(元)
Ⅰ	Ⅱ	Ⅲ	Ⅳ	Ⅴ	Ⅵ	Ⅶ	Ⅷ	Ⅸ	Ⅹ
1									
2									
3									
4									
5									
6									
7									
8									
9									
10									
12									
13									
14									
15									

设计负责人： 审核： 编制： 编制日期： 年 月

(6) 建筑安装工程仪器仪表使用费____算表(表三丙)，供编制建筑安装工程仪表费用汇总使用，如表 4.11 所示。

表 4.11　建筑安装工程仪器仪表使用费______算表(表三丙)

工程名称：　建设单位名称：　表格编号：　第　页

序号	定额编号	项目名称	单位	数量	仪表名称	单位定额值		合计值	
						数量(台班)	单价(元)	数量(台班)	合价(元)
Ⅰ	Ⅱ	Ⅲ	Ⅳ	Ⅴ	Ⅵ	Ⅶ	Ⅷ	Ⅸ	Ⅹ
1									
2									
3									
4									
5									
6									
7									
8									
9									
10									

设计负责人：　审核：　编制：　编制日期：　年　月

(7) 国内器材____算表(表四甲)，供编制国内器材(需要安装的设备、不需要安装的设备、主要材料)的购置费使用，如表 4.12 所示。

表 4.12　国内器材______算表(表四甲)

工程名称：　建设单位名称：　表格编号：　第　页

序号	名称	规格程式	单位	数量	单价(元)	除税价	增值税	含税价	备注
Ⅰ	Ⅱ	Ⅲ	Ⅳ	Ⅴ	Ⅵ	Ⅶ	Ⅷ	Ⅸ	Ⅹ
1									
2									
3									
4									
5									
6									
7									
8									
9									

设计负责人：　审核：　编制：　编制日期：　年　月

(8) 引进器材____算表(表四乙)，供编制引进器材(需要安装的设备、不需要安装的设备、主要材料)的购置费使用，如表 4.13 所示。

表 4.13 引进器材______算表(表四乙)

工程名称： 建设单位名称： 表格编号： 第 页

<table>
<tr><th rowspan="3">序号</th><th rowspan="3">中文名称</th><th rowspan="3">外文名称</th><th rowspan="3">单位</th><th rowspan="3">数量</th><th colspan="2">单价</th><th colspan="4">合价</th></tr>
<tr><th rowspan="2">外币
( )</th><th>折合人民币(元)</th><th rowspan="2">外币
( )</th><th colspan="3">折合人民币(元)</th></tr>
<tr><th>除税价</th><th>除税价</th><th>增值税</th><th>含税价</th></tr>
<tr><td>I</td><td>II</td><td>III</td><td>IV</td><td>V</td><td>VI</td><td>VII</td><td>VIII</td><td>IX</td><td>X</td><td>XI</td></tr>
<tr><td>1</td><td></td><td></td><td></td><td></td><td></td><td></td><td></td><td></td><td></td><td></td></tr>
<tr><td>2</td><td></td><td></td><td></td><td></td><td></td><td></td><td></td><td></td><td></td><td></td></tr>
<tr><td>3</td><td></td><td></td><td></td><td></td><td></td><td></td><td></td><td></td><td></td><td></td></tr>
<tr><td>4</td><td></td><td></td><td></td><td></td><td></td><td></td><td></td><td></td><td></td><td></td></tr>
<tr><td>5</td><td></td><td></td><td></td><td></td><td></td><td></td><td></td><td></td><td></td><td></td></tr>
<tr><td>6</td><td></td><td></td><td></td><td></td><td></td><td></td><td></td><td></td><td></td><td></td></tr>
<tr><td>7</td><td></td><td></td><td></td><td></td><td></td><td></td><td></td><td></td><td></td><td></td></tr>
<tr><td>8</td><td></td><td></td><td></td><td></td><td></td><td></td><td></td><td></td><td></td><td></td></tr>
<tr><td>9</td><td></td><td></td><td></td><td></td><td></td><td></td><td></td><td></td><td></td><td></td></tr>
<tr><td>10</td><td></td><td></td><td></td><td></td><td></td><td></td><td></td><td></td><td></td><td></td></tr>
<tr><td>11</td><td></td><td></td><td></td><td></td><td></td><td></td><td></td><td></td><td></td><td></td></tr>
</table>

设计负责人： 审核： 编制： 编制日期： 年 月

(9) 工程建设其他费____算表(表五甲)，供编制工程建设其他费使用，如表 4.14 所示。

表 4.14 工程建设其他费______算表(表五甲)

工程名称： 建设单位名称： 表格编号： 第 页

序号	费用名称	计算依据及方法	除税价	增值税	含税价	备注
I	II	III	IV	V	VI	VII
1	建设用地及综合赔补费					
2	建设单位管理费					
3	可行性研究费					
4	研究试验费					
5	勘察设计费					

续表

序号	费用名称	计算依据及方法	除税价	增值税	含税价	备注
6	环境影响评价费					
7	劳动安全卫生评价费					
8	建设工程监理费					
9	安全生产费					
10	工程质量监督费					
11	工程定额测定费					
12	工程保险费					
13	工程招标代理费					
14	建设期利息					
15	中介机构审计费					
	合计					
16	生产准备及开办费					

设计负责人：　　审核：　　编制：　　编制日期：　年月

(10) 引进设备工程建设其他费用____算表(表五乙)，供编制引进设备工程建设其他费使用，如表4.15所示。

表4.15　引进设备工程建设其他费______算表(表五乙)

工程名称：　　建设单位名称：　　表格编号：　　第　页

序号	费用名称	计算依据及方法	金额				备注
			外币( )	折合人民币( )			
				除税价	增值税	含税价	
I	II	III	IV	V	VI	VII	VIII
1							
2							
3							
4							
5							
6							
7							
8							
9							
10							

设计负责人：　　审核：　　编制：　　编制日期：　年　月

■ 课后习题

一、单项选择题

1. 初步设计阶段编制的工程造价为(　　)。

A. 施工图预算(含预备费)　　B. 施工预算

C. 估算　　D. 概算

2. 施工图预算是在(　　)阶段编制的确定工程造价的文件。

A. 方案设计　　B. 初步设计

C. 技术设计　　D. 施工图设计

3. 概算文件由(　　)和概算表组成。

A. 图纸　　B. 编制说明

C. 有关文件与设计合同书　　D. 会议纪要

4. 表三甲、表三乙编制的是(　　)。

A. 工程费　　B. 工程量和施工机械费

C. 工程建设其他费　　D. 材料费

5. 填写概、预算表格通常按(　　)顺序进行。

A. 表三甲乙丙、表四、表五、表二、表一

B. 表三甲乙丙、表四、表二、表五、表一

C. 表四、表五、表三甲乙丙、表二、表一

D. 表五、表四、表三甲乙丙、表二、表一

6. 在建设工程开工前，要由(　　)根据施工图设计确定工程量，套用有关定额、单价等，编制施工图预算。

A. 施工单位　　B. 设计单位

C. 定额管理部门　　D. 造价咨询单位

二、多项选择题

1. 施工图预算是用货币形式综合反映和确定建设项目从筹建至竣工验收的工程造价表现方式，其作用有(　　)。

A. 签订工程承发包合同　　B. 工程价款结算

C. 可行性研究报告　　D. 签订建设工程总承包合同核定贷款额度

2. 设计概算是根据(　　)编制的。

A. 工程可行性研究报告　　B. 设备合同价格

C. 初步设计　　D. 施工图设计

3. 施工图预算审核的步骤是备齐有关资料、熟悉图纸、了解施工现场情况、了解预算所包括的范围和(　　)。

A. 了解预算所采用的定额

B. 选定审核方法、对预算进行审核

C. 预算审核结果的处理与定案

D. 送造价管理部门审批

4. 预算编制说明应包括工程概况、编制依据和(　　)。

A. 投资分析

B. 其他需要说明的问题

C. 承包合同

D. 工程技术经济指标分析

三、判断题

1. 对于一阶段设计，应该编制施工图预算，计列预备费和建设期利息等费用。(　　)

2. 编制概算时，应严格按照批准的可行性研究报告和相关文件进行。(　　)

四、简答题

简述信息通信工程概预算的程序或步骤。

习题与答案

项目 5　概预算实例编制

项目概述

本项目主要采用 451 定额对项目 3 的综合实训图纸进行概预算编制，根据《第五代移动通信设备安装工程造价编制指导意见》《信息通信建设工程费用定额、信息通信建设工程概预算编制规程》的合订版本(T5G 定额)进行企业一线最新的 5G 工程案例概预算编制。

项目目标

能根据工程条件，使用相关的定额和编制规程，准确完成实际工程案例的概预算编制。

知识导图

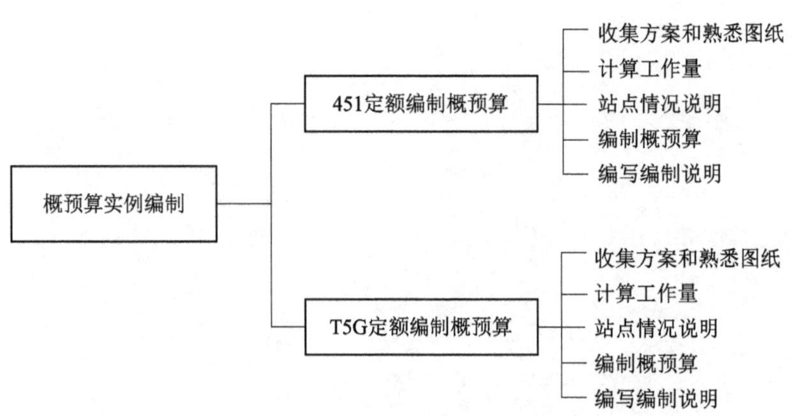

任务 5.1　451 定额编制概预算

课前引导

学习了定额与概预算，掌握了概预算的编制规程，那现在就需要大家根据实际的工程案例完成概预算文件编制。

451 定额编制概预算
课堂实录

任务描述

本任务基于 451 定额，编制项目 3 综合实训共址站设计图纸的概预算文件。

任务目标

熟练查找和使用 451 定额，准确进行实际工程案例的概预算编制。

5.1.1　收集方案和熟悉图纸

(1) 设备布置平面图见图 5.1。

本站新增 5G 系统一套，包括 DCDU(1U)、BBU(2U)、传输设备 SPN(2U)、ODF(2U)设备和 ODF 盒，室外新增 3 根 4 m 长的抱杆和 3 个 AAU 等相关配套。

(2) 导线计划表见图 5.2。

① 新增设备安装在现有的设备柜中，新增 DCDU 和铁锂电池利用旧电源柜现有的空开；

② 开关电源连接到 DCDU，采用 $1\times35\,mm^2$电力电缆 2 根，共 6 m；

③ 开关电源连接到铁锂电池，采用 $1\times35\,mm^2$电力电缆 2 根，共 6 m；

④ BBU 连接到同机柜内的 DCDU，采用 $2\times35\,mm^2$ 的电力电缆，共 1 m；

⑤ SPN 连接到同机柜内的 DCDU，采用 $2\times35\,mm^2$ 的电力电缆，共 1 m；

⑥ DCDU 连接到机柜内的接地排，采用 $1\times35\,mm^2$ 的接地电缆，共 2 m；

⑦ BBU 连接到机柜内的接地排，采用 $1\times35\,mm^2$ 的接地电缆，共 2 m；

⑧ SPN 单元连接到机柜内的接地排，采用 $1\times35\,mm^2$的接地电缆，共 2 m。

(3) 天馈系统图见图 5.3。

① 本站天面位于 5 层楼顶部；

② GPS 天线安装于机房天面；

③ 本次新增 3 根 4 m 长的抱杆用于挂载 AAU 天线，天线挂高为 19 m。

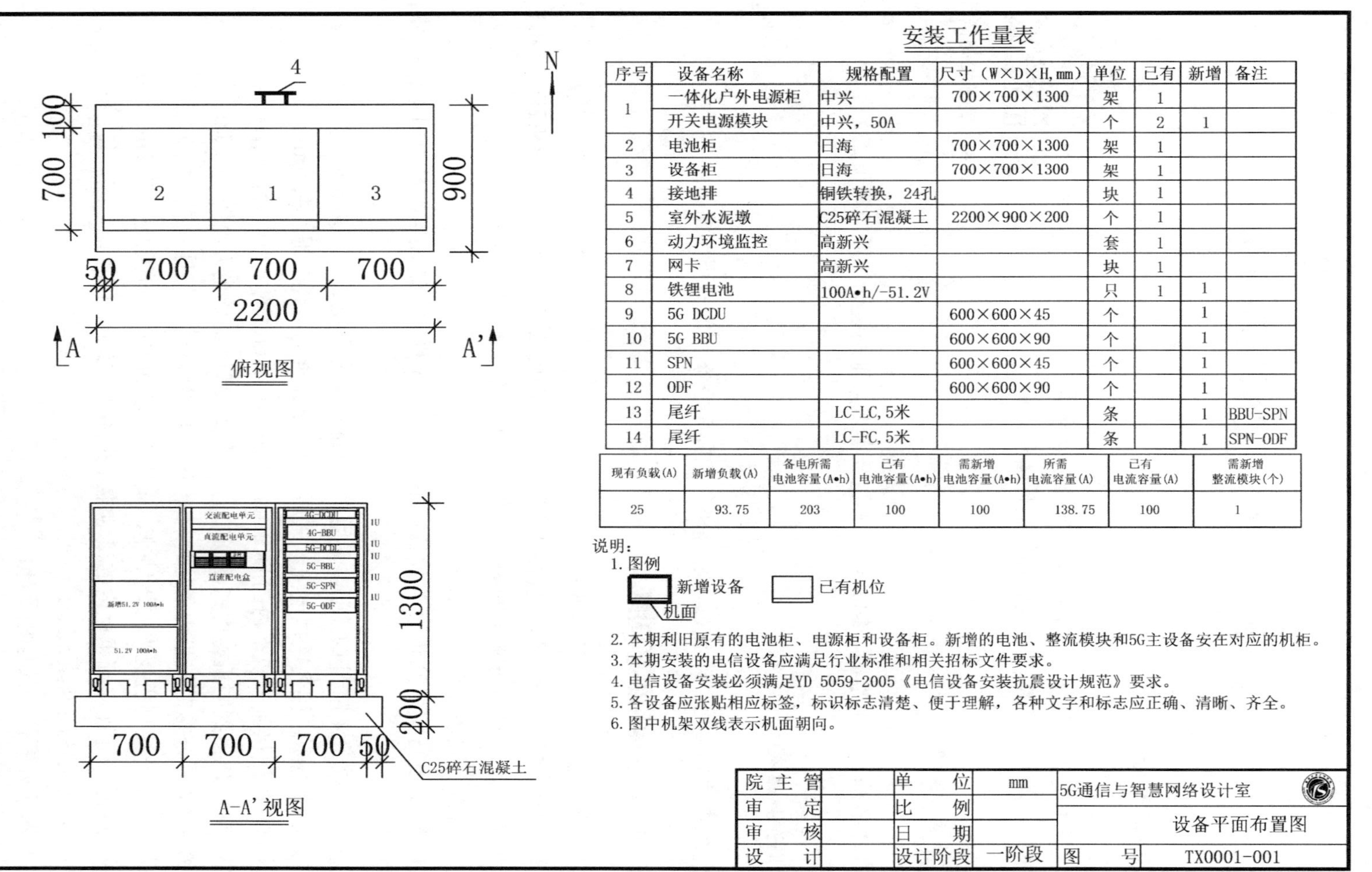

安装工作量表

序号	设备名称	规格配置	尺寸（W×D×H,mm）	单位	已有	新增	备注
1	一体化户外电源柜	中兴	700×700×1300	架	1		
	开关电源模块	中兴，50A		个	2	1	
2	电池柜	日海	700×700×1300	架	1		
3	设备柜	日海	700×700×1300	架	1		
4	接地排	铜铁转换，24孔		块	1		
5	室外水泥墩	C25碎石混凝土	2200×900×200	个	1		
6	动力环境监控	高新兴		套	1		
7	网卡	高新兴		块	1		
8	铁锂电池	100A•h/-51.2V		只	1	1	
9	5G DCDU		600×600×45	个		1	
10	5G BBU		600×600×90	个		1	
11	SPN		600×600×45	个		1	
12	ODF		600×600×90	个		1	
13	尾纤	LC-LC,5米		条		1	BBU-SPN
14	尾纤	LC-FC,5米		条		1	SPN-ODF

现有负载(A)	新增负载(A)	备电所需电池容量(A•h)	已有电池容量(A•h)	需新增电池容量(A•h)	所需电流容量(A)	已有电流容量(A)	需新增整流模块(个)
25	93.75	203	100	100	138.75	100	1

说明：

1. 图例

   新增设备 机面　　已有机位

2. 本期利旧原有的电池柜、电源柜和设备柜。新增的电池、整流模块和5G主设备安在对应的机柜。
3. 本期安装的电信设备应满足行业标准和相关招标文件要求。
4. 电信设备安装必须满足YD 5059-2005《电信设备安装抗震设计规范》要求。
5. 各设备应张贴相应标签，标识标志清楚、便于理解，各种文字和标志应正确、清晰、齐全。
6. 图中机架双线表示机面朝向。

院主管		单位	mm	5G通信与智慧网络设计室	
审定		比例		设备平面布置图	
审核		日期			
设计		设计阶段	一阶段	图号	TX0001-001

图 5.1　设备布置平面图

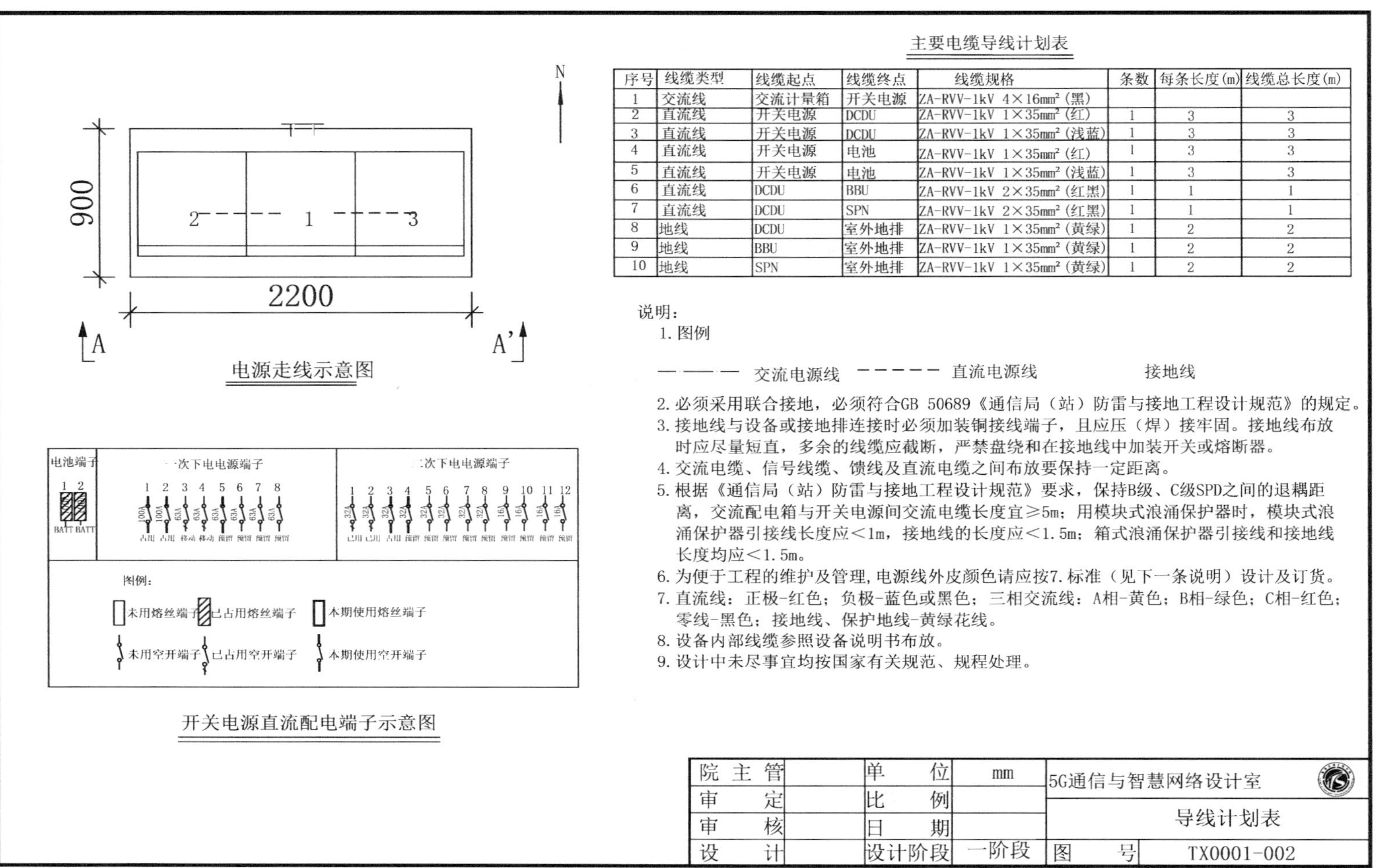

主要电缆导线计划表

序号	线缆类型	线缆起点	线缆终点	线缆规格	条数	每条长度(m)	线缆总长度(m)
1	交流线	交流计量箱	开关电源	ZA-RVV-1kV 4×16mm² (黑)			
2	直流线	开关电源	DCDU	ZA-RVV-1kV 1×35mm² (红)	1	3	3
3	直流线	开关电源	DCDU	ZA-RVV-1kV 1×35mm² (浅蓝)	1	3	3
4	直流线	开关电源	电池	ZA-RVV-1kV 1×35mm² (红)	1	3	3
5	直流线	开关电源	电池	ZA-RVV-1kV 1×35mm² (浅蓝)	1	3	3
6	直流线	DCDU	BBU	ZA-RVV-1kV 2×35mm² (红黑)	1	1	1
7	直流线	DCDU	SPN	ZA-RVV-1kV 2×35mm² (红黑)	1	1	1
8	地线	DCDU	室外地排	ZA-RVV-1kV 1×35mm² (黄绿)	1	2	2
9	地线	BBU	室外地排	ZA-RVV-1kV 1×35mm² (黄绿)	1	2	2
10	地线	SPN	室外地排	ZA-RVV-1kV 1×35mm² (黄绿)	1	2	2

说明:

1. 图例

交流电源线　　直流电源线　　接地线

2. 必须采用联合接地，必须符合GB 50689《通信局（站）防雷与接地工程设计规范》的规定。
3. 接地线与设备或接地排连接时必须加装铜接线端子，且应压（焊）接牢固。接地线布放时应尽量短直，多余的线缆应截断，严禁盘绕和在接地线中加装开关或熔断器。
4. 交流电缆、信号线缆、馈线及直流电缆之间布放要保持一定距离。
5. 根据《通信局（站）防雷与接地工程设计规范》要求，保持B级、C级SPD之间的退耦距离，交流配电箱与开关电源间交流电缆长度宜≥5m；用模块式浪涌保护器时，模块式浪涌保护器引接线长度应<1m，接地线的长度应<1.5m；箱式浪涌保护器引接线和接地线长度均应<1.5m。
6. 为便于工程的维护及管理，电源线外皮颜色请应按7.标准（见下一条说明）设计及订货。
7. 直流线：正极-红色；负极-蓝色或黑色；三相交流线：A相-黄色；B相-绿色；C相-红色；零线-黑色；接地线、保护地线-黄绿花线。
8. 设备内部线缆参照设备说明书布放。
9. 设计中未尽事宜均按国家有关规范、规程处理。

院主管		单位	mm	5G通信与智慧网络设计室	
审定		比例		导线计划表	
审核		日期			
设计		设计阶段	一阶段	图号	TX0001-002

图 5.2　导线计划表

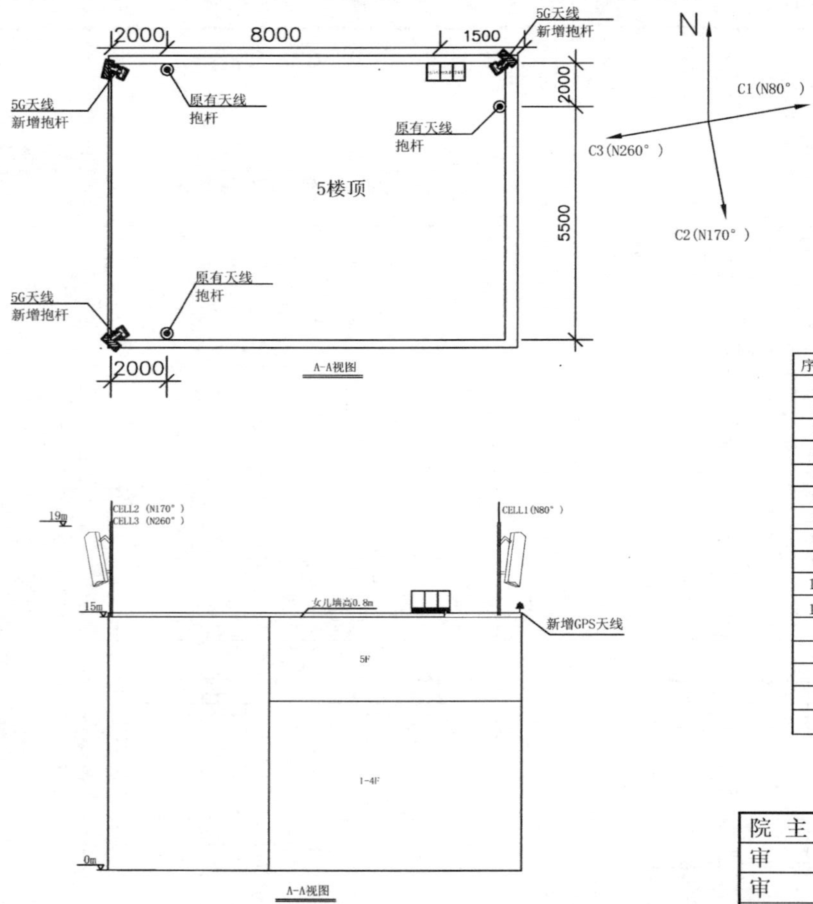

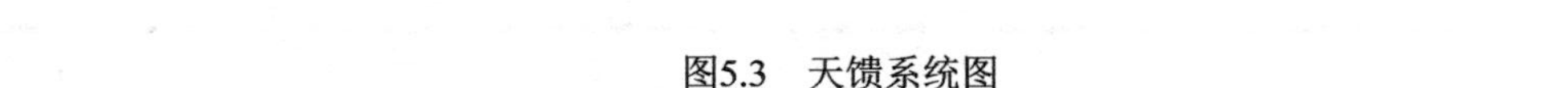

5G扇区参数表

经纬度		东经：113.094000°		北纬：23.746000°	海拔：25m
扇区	天线类型	天线挂高	方向角	电子下倾角+机械下倾角	覆盖区域
CELL1	5G天线	19m	80°	0° +6°	某校
CELL2	5G天线	19m	170°	0° +6°	某校
CELL3	5G天线	19m	260°	0° +6°	某校

材料表

序号	名称	规格	单位	数量	备注
1	4m抱杆		根	3	
2	5G天线		副	3	
3	AAU铠装尾纤	LC-LC（2芯）	米	46	7米+16米+23米
4	AAU电源电缆	$2\times10mm^2$	米	46	7米+16米+23米
5	AAU接地线		米	3	
6	AAU电源电缆接地线及卡子		套	3	
7	AISG电调跳线	5米/条	条	3	
8	GPS天线		副	1	
9	GPS馈线		米	3	
10	GPS馈线避雷器及接地线		套	1	
11	GPS功分器一分四套装		套	1	

院主管		单位	mm	5G通信与智慧网络设计室	
审定		比例		天馈系统图	
审核		日期			
设计		设计阶段	一阶段	图号	TX0001-003

图5.3 天馈系统图

5.1.2　计算工程量

经过对设计图的解读，得到相关的主设备及材料统计如表 5.1 所示。

表 5.1　主设备和材料表

设备材料名称	配置数量或规格	安 装 方 式
安装 50 A 整流模块	1 个	嵌入式安装
安装 100 A・h 铁锂电池	1 组	嵌入式安装
安装基站主设备 BBU	1 台	嵌入式安装
安装电源转换器/配电单元	1 台	嵌入式安装
安装传输设备 SPN	1 台	嵌入式安装
安装 ODF 盒	1 台	嵌入式安装
放绑软光纤	10 m	
室内布放 35 mm^2 电力电缆(单芯)	18 m	
室内布放 2 × 35 mm^2 电力电缆(双芯)	2 m	
安装 4 m 抱杆	3 根	
安装 AAU 单元	3 台	楼面抱杆安装
布放 AAU 用光缆	46 m	
室外布放 2 × 10 mm^2 电力电缆(双芯)	46 m	
安装 AAU 接地线	3 m	
安装 AISG 电调跳线	15 m	
安装 GPS 天线	1 个	
布放 GPS 馈线	3 m	

5.1.3　站点情况说明

在套用相关定额进行本工程预算编制前，需要明确相关信息，防止编制相关费用时出现缺失或错误。

(1) 本工程施工地点位于广东省清远市。

(2) 施工单位距离施工地点 10km。

(3) 勘察费：4250 元/站(不含税价)。

(4) 设计费：(设备购置费 + 建筑安装工程费)×3.3%。

(5) 监理费：(设备购置费 + 建筑安装工程费)×3.3%。

(6) 本次计列了传输设备安装，以及两个 100GE 光口的调测等费用。

(7) 本次 5G 主设备安装调测涉及的人工、机械和仪表均套用 LTE 定额。

(8) 本工程所有设备和材料均为甲方提供，设备费税率为 17%，主要材料费税率为 13%。

(9) 本次假设主设备费单独计列，BBU、AAU、GPS 天线等均有单独价格。

(10) 设备和材料的运杂费、运输保险费、采购均按工程类别按规定使用。

(11) 本次其他费只计列建设单位管理费、勘察设计费、工程监理费、安全生产费、工程招标代理费。安全生产费税率按 1.5%计取，勘察费、设计费、工程监理费和工程招标代理费税率按 6%计取。

(12) 预备费取 3%。

(13) 设备器材单价如表 5.2 所示。

表 5.2　设备器材单价表

序号	名　称	规 格 程 式	单位	除税价(元)
1	交流配电箱	380 V/63 A(含防雷模块)	台	1665.25
2	交流配电箱	380 V/100 A(含防雷模块)	台	2100.36
3	组合式开关电源	48 V/600 A 高效系统(50 A 高效模块)150 A	架	9092.69
4	组合式开关电源	48 V/600 A 高效系统(50 A 高效模块)200 A	架	10583.75
5	一体化开关电源柜	700 mm× 700 mm× 1300 mm	个	7500.00
6	整流模块	50 A 高效模块	个	1000.00
7	普通阀控密封铅酸蓄电池	2 V 300 A • h 不含 GPS 防盗模块	只	220.24
8	普通阀控密封铅酸蓄电池	2 V 500 A • h 不含 GPS 防盗模块	只	360.00
9	普通阀控密封铅酸蓄电池	12 V 150 A • h 不含 GPS 防盗模块	只	1800.00
10	普通阀控密封铅酸蓄电池	12 V 200 A • h 不含 GPS 防盗模块	只	2000.00
11	铁锂电池	51.2 V/100 A • h	组	3000.00
12	铁锂电池	51.2 V/150 A • h	组	4000.00
13	铁锂电池	51.2 V/200 A • h	组	5000.00
14	配套机架	配套综合柜整机配套综合柜体 (2000 mm × 600 mm × 600 mm)	个	963.95
15	配套机架	室外一体化综合柜 (700 mm × 700 mm × 1300 mm)	个	1500.00
16	配套机架	室外一体化综合柜 (900 mm × 900 mm × 2100 mm)	个	2100.00
17	普通空调壁挂	2P 单冷单相整机	台	3177.36
18	普通空调壁挂	3P 单冷单相整机	台	3900.00
19	动环监控	主设备室内型(含网卡)	套	2516.24
20	动环监控	主设备室外型(含网卡)	套	2700.00
21	砖混房屋-固定式馈线窗	9 大孔 27 小孔馈线窗	个	211.97
22	砖混房屋-室内接地汇流排	室内接地汇流排-24 孔	个	192.31
23	砖混房屋-室外接地汇流排	室外接地汇流排-24 孔	个	192.31
24	室内走线架	400 mm	个	116.24
25	室内走线架	600 mm	个	126.50

续表

序号	名　称	规 格 程 式	单位	除税价(元)
26	DCDU	双电源输入	个	800.00
27	5G BBU	2U大小，含板件	套	10000.00
28	SPN	含2个100 GE光接口业务板	个	7000.00
29	ODF	48口	个	500.00
30	AAU天线	5G NR	副	15000.00
31	LTE天线	FAD频段	副	6500.00
32	RRU	FAD频段	个	10000.00
33	GPS天线	GPS天线	个	1000.00
34	GPS功分器	一分四	套	800.00
35	抱杆	3 m	根	2000.00
36	抱杆	4 m	根	2400.00
37	抱杆	6 m	根	3500.00

(14) 主要材料单价表如表5.3所示。

表5.3　主要材料价格表

名　称	规 格 程 式	除税价(元)
电力电缆	铜芯阻燃聚氯乙烯绝缘聚氯乙烯护套软电缆ZA-RVV 1×6 mm^2(黄绿)	10.00
电力电缆	铜芯阻燃聚氯乙烯绝缘聚氯乙烯护套软电缆ZA-RVV 1×16 mm^2(黄绿)	13.00
电力电缆	铜芯阻燃聚氯乙烯绝缘聚氯乙烯护套软电缆ZA-RVV 2×10 mm^2	15.00
电力电缆	铜芯阻燃聚氯乙烯绝缘聚氯乙烯护套软电缆ZA-RVV 1×35 mm^2(黄绿)	17.65
电力电缆	铜芯阻燃聚氯乙烯绝缘聚氯乙烯护套软电缆ZA-RVV 1×35 mm^2(红)	17.65
电力电缆	铜芯阻燃聚氯乙烯绝缘聚氯乙烯护套软电缆ZA-RVV 1×35 mm^2(蓝)	17.65
电力电缆	铜芯阻燃聚氯乙烯绝缘聚氯乙烯护套软电缆ZA-RVV 1×70 mm^2(黑)	32.00
电力电缆	铜芯阻燃聚氯乙烯绝缘聚氯乙烯护套软电缆ZA-RVV 1×95 mm^2(黑)	45.27
电力电缆	铜芯阻燃聚氯乙烯绝缘聚氯乙烯护套软电缆ZA-RVV 1×95 mm^2(红)	45.73
电力电缆	铜芯阻燃聚氯乙烯绝缘聚氯乙烯护套软电缆ZA-RVV 1×95 mm^2(浅蓝)	45.73
电力电缆	铜芯阻燃聚氯乙烯绝缘聚氯乙烯护套软电缆ZA-RVV 1×95 mm^2(黄绿)	45.73
电力电缆	铜芯阻燃聚氯乙烯绝缘聚氯乙烯护套软电缆ZA-RVV 4×16 mm^2(黑)	60.00
信号线	光纤(2芯)	3.00
信号线	1/2馈线	35.00
信号线	7/8馈线	80.00
信号线	AISG电调跳	15.00

5.1.4 编制概预算

根据编制概预算表格的逻辑关系，逐一完成相关表格的编制汇总。

1. 编制表三甲

表三甲的填写说明如下：

(1) 表三甲供编制工程量，并计算技工和普工总工日数量使用。

(2) 第Ⅱ栏根据《信息通信建设工程预算定额》填写所套用预算定额子目的编号。若需临时估列工作内容子目，在本栏中标注“估列”两字，“估列”条目达到两项时，应编写“估列”序号。

(3) 第Ⅲ、Ⅳ栏根据《信息通信建设工程预算定额》分别填写所套用定额子目的名称、单位。

(4) 第Ⅴ栏填写对应子目的工程量数值。

(5) 第Ⅵ、Ⅶ栏填写所套用定额子目的单位工日定额值。

(6) 第Ⅷ栏为第Ⅴ栏与第Ⅵ栏的乘积。

(7) 第Ⅸ栏为第Ⅴ栏与第Ⅶ栏的乘积。

根据工程量和《信息通信建设工程预算定额》，完成表三甲的编制，如表 5.4 所示。

表 5.4 建筑安装工程量预算表(表三甲)

建设项目名称：清远职教城 5G 网络覆盖提升工程
单项工程名称：×××学校××基站安装工程
建设单位名称：×××公司　　表格编号：TAB3A

序号	定额编号	项目名称	单位	数量	单位定额值(工日)		合计值(工日)	
					技工	普工	技工	普工
Ⅰ	Ⅱ	Ⅲ	Ⅳ	Ⅴ	Ⅵ	Ⅶ	Ⅷ	Ⅸ
1	TSD3-070	安装高开关电源模块(50 A)	个	1.000	1.12	0.00	1.12	0.00
2	TSD3-031	安装锂电池组(100 A•h)	个	1.000	0.80	0.00	0.80	0.00
3	TSW2-052	安装基站主设备(机柜嵌入式)	台	1.000	1.08	0.00	1.08	0.00
4	TSD4-011	安装与调试配电监控单元	点	1.000	1.00	0.00	1.00	0.00
5	TSY2-001	安装传输设备(子机框及公共单元盘)	套	1.000	1.05	0.00	1.05	0.00
6	TSY2-004	安装测试传输设备接口盘(100 Gb/s 及以上)	端口	2.000	2.15	0.00	4.30	0.00
7	TXL7-027	增(扩)装光纤一体熔接托盘	套	1.000	0.10	0.00	0.10	0.00
8	TSW1-053	设备机架间放绑软光纤(15 m 以下)	条	2.000	0.29	0.00	0.58	0.00
9	TSW1-061	室内布放电力电缆(单芯相线截面积 35 mm^2 以下)	十米条	1.800	0.2	0.000	0.36	0.00
10	TSW1-061	室内布放电力电缆(单芯相线截面积 35 mm^2 以下)2 芯	十米条	1.800	0.27	0.000	0.49	0.00
11	TSW5-063	通信抱杆安装(楼面抱杆安装、单杆高度 6 m 以下)	基	3.000	7.00	0.00	21.00	0.00

续表

序号	定额编号	项　目　名　称	单位	数量	单位定额值(工日)		合计值(工日)	
					技工	普工	技工	普工
12	TSW2-016	安装定向天线(抱杆上)	副	3.000	4.42	0.00	13.26	0.00
13	TSW1-053	设备机架间放绑软光纤(15 m 以下)	条	3.000	0.29	0.00	0.87	0.00
14	TSW1-054	设备机架间放绑软光纤(每增加 1 m)	米条	9.000	0.03	0.00	0.27	0.00
15	TSW1-068	室外布放电力电缆(单芯截面积 16mm^2 以下)	十米条	4.600	0.23	0.00	1.08	0.00
16	TSW1-068	室外布放电力电缆(单芯截面积 16 mm^2 以下)	十米条	0.300	0.18	0.00	0.05	0.00
17	TSW2-023	安装调测卫星全球定位系统(GPS)天线	副	1.000	1.80	0.00	1.80	0.00
18	TSY2-084	GPS 馈线布放(10 m)	十米	0.300	0.50	0.00	0.15	0.00
19	TSW2-033	安装集束电缆(馈线)	米	15.000	0.10	0.00	1.50	0.00
20	TSW2-078	LTE/4G 基站系统调测 3 个“载·扇”以下(5G 套用 4G 定额)	站	1.00	16.82	0.00	16.82	0.00
21	TSW2-081	配合基站系统调测(定向)	扇区	3.00	1.41	0.00	4.23	0.00
22	TSW2-093	LTE/4G 基站联网调测(5G 套用 4G 定额)	扇区	3.00	6.32	0.00	18.96	0.00
		合　计					90.87	0.00
设计负责人：×××		编制：××××		审核：×××		编制日期：××××年××月		

2. 编制表三乙

表三乙供计算机械使用费使用。查阅设计图可知，本工程未发生机械使用费，无需编制表三乙。

3. 编制表三丙

表三丙的填写说明如下：

(1) 表三丙供计算仪表使用费使用。

(2) 第Ⅱ、Ⅲ、Ⅰ和Ⅴ栏分别填写所套用定额子目的编号、名称、单位以及对应子目的工程量数值。

(3) 第Ⅵ、Ⅶ栏分别填写定额子目所涉及的仪表名称及仪表台班的单位定额值。

(4) 第Ⅷ栏填写根据《信息通信建设工程施工机械、仪表台班单价》查找到的相应仪表台班单价值。

(5) 第Ⅸ栏填写第Ⅶ栏与第Ⅴ栏的乘积

(6) 第Ⅹ栏填写第Ⅷ栏与第Ⅸ栏的乘积。

根据工程量和《信息通信建设工程预算定额》，完成表三丙的编制，如表 5.5 所示。

表 5.5 建筑安装工程量预算表(表三丙)

建设项目名称：清远职教城 5G 网络覆盖提升工程项目
单项工程名称：×××学校××基站安装工程
建设单位名称：×××　　公司　　　　表格编号：TAB3C

序号	定额编号	项目名称	单位	数量	仪表名称	单位定额值		合计值	
						数量(台班)	单价(元)	数量(台班)	合价(元)
Ⅰ	Ⅱ	Ⅲ	Ⅳ	Ⅴ	Ⅵ	Ⅶ	Ⅷ	Ⅸ	Ⅹ
1	TSY2-004	安装测试传输设备接口盘(100 Gb/s 及以上)	端口	2.00	数字传输分析仪 100 Gb/s	0.050	2400.00	0.100	240.00
2	TSY2-004	安装测试传输设备接口盘(100 Gb/s 及以上)	端口	2.00	数字宽带示波器 100 Gb/s	0.030	1288.00	0.060	77.28
3	TSY2-004	安装测试传输设备接口盘(100 Gb/s 及以上)	端口	2.00	稳定光源	0.100	117.00	0.200	23.40
4	TSY2-004	安装测试传输设备接口盘(100 Gb/s 及以上)	端口	2.00	光可变衰耗器	0.030	129.000	0.060	7.740
5	TSY2-004	安装测试传输设备接口盘(100 Gb/s 及以上)	端口	2.00	光功率计	0.100	116.000	0.200	23.200
6	TSW2-078	LTE/4G 基站系统调测 3 个“载•扇”以下(5G 套用 4G 定额)	站	1.00	误码测试仪 2M	1.260	120.000	0.000	0.000
7	TSW2-078	LTE/4G 基站系统调测 3 个“载•扇”以下(5G 套用 4G 定额)	站	1.00	射频功率计	1.260	147.000	0.000	0.000
8	TSW2-078	LTE/4G 基站系统调测 3 个“载•扇”以下(5G 套用 4G 定额)	站	1.00	微波频率计	1.260	140.000	0.000	0.000
9	TSW2-078	LTE/4G 基站系统调测 3 个“载•扇”以下(5G 套用 4G 定额)	站	1.00	操作测试终端(电脑)	1.260	125.000	0.000	0.000
10	TSW2-093	LTE/4G 基站联网调测(5G 套用 4G 定额)	扇区	3.00	移动路测系统	0.140	428.00	0.000	0.00
11	TSW2-093	LTE/4G 基站联网调测(5G 套用 4G 定额)	扇区	3.00	射频功率计	0.140	147.00	0.000	0.00
12	TSW2-093	LTE/4G 基站联网调测(5G 套用 4G 定额)	扇区	3.00	操作测试终端(电脑)	0.140	125.00	0.000	0.00
		合　计							371.62

设计负责人：×××　　编制：××××　　审核：×××　　编制日期：××××年××月

4. 编制表四甲

表四甲的填写说明如下。

(1) 表四甲可根据需要拆分成主要材料表，需要安装的设备表和不需要安装的设备、仪表、工器具表。表格标题下面括号内根据需要填写“主要材料”“需要安装的设备”“不需要安装的设备、仪表、工器具”字样。

(2) 第Ⅱ、Ⅲ、Ⅳ、Ⅴ、Ⅵ栏分别填写名称、规格程式、单位、数量、单价。第Ⅵ栏为不含税单价。

(3) 第Ⅶ栏填写第Ⅵ栏与第Ⅴ栏的乘积。第Ⅷ、Ⅸ栏分别填写合计的增值税及含税价。

(4) 第 Ⅹ 栏填写需要说明的有关问题。

(5) 依次填写上述信息后，还需计取下列费用：① 小计；② 运杂费；③ 运输保险费；④ 采购及保管费；⑤ 采购代理服务费；⑥ 合计。

(6) 用于主要材料表时，应将主要材料分类后按上述第(5)点计取相关费用，然后进行总计。

根据工程量和表 5.2 设备器材单价表，完成表四甲(需要安装的设备)的编制，如表 5.6 所示。

表 5.6　国内器材预算表(表四甲)(需要安装的设备)

建设项目名称：清远职教城 5G 网络覆盖提升工程项目

单项工程名称：×××学校××基站安装工程

建设单位名称：×××公司　　表格编号：TAB4XA

序号	名　称	规格程式	单位	数量	单价/元	除税价(元)	增值税(元)	含税价(元)	备注
Ⅰ	Ⅱ	Ⅲ	Ⅳ	Ⅴ	Ⅵ	Ⅶ	Ⅷ	Ⅸ	Ⅹ
1	整流模块	50 A 高效模块	个	1	1000.00	1000.00	170.00	1170.00	
2	铁锂电池	100 A • h	组	1	3000.00	3000.00	510.00	3510.00	
3	DCDU	双电源输入	个	1	800.00	800.00	136.00	936.00	
4	5G BBU	2U 大小，含板件	套	1	10000.00	10000.00	1700.00	11700.00	
5	SPN	含 2 个 100GE 光接口业务板	个	2	7000.00	14000.00	2380.00	16380.00	
6	ODF	48 口	个	1	500.00	500.00	85.00	585.00	
7	抱杆	4 m	根	3	2400.00	7200.00	1224.00	8424.00	
8	AAU 天线	5G NR	副	3	15000.00	45000.00	7650.00	52650.00	
9	GPS		个	1	1000.00	1000.00	170.00	1170.00	
10	GPS 功分器	一分四	套	1	800.00	800.00	136.00	936.00	
	(1) 小计					83300.00	14161.00	97461.00	
	(2) 采购及保管费：(1) × 1.0%					833.00	141.61	974.61	
	(3) 运输保险费：(1) × 0.10%					83.30	14.16	97.46	
	(4) 运杂费：(1) × 9.00%					7497.00	764.69	8261.69	
	总　计					91713.30	15081.47	106794.77	

设计负责人：×××　　编制：××××　　审核：×××　　编制日期：××××年××月

根据工程量和表 5.3，完成表四甲主要材料表的编制，如表 5.7 所示。

表 5.7 国内器材预算表(表四甲)(主要材料)

建设项目名称：清远职教城 5G 网络覆盖提升工程项目

单项工程名称：×××学校××基站安装工程

建设单位名称：×××公司　　表格编号：TAB4ZC

序号	名 称	规格程式	单位	数量	单价(元)	除税价(元)	增值税(元)	含税价(元)	备注
I	II	III	IV	V	VI	VII	VIII	IX	X
1	信号线	光纤(2 芯)	m	10	3.00	30.00	3.90	33.90	
2	电力电缆	铜芯阻燃聚氯乙烯绝缘聚氯乙烯护套软电缆 ZA-RVV 1 × 35 mm^2(黄绿)	m	6	17.65	105.90	13.77	119.67	
3	电力电缆	铜芯阻燃聚氯乙烯绝缘聚氯乙烯护套软电缆 ZA-RVV 1 × 35 mm^2(红)	m	6	17.65	105.90	13.77	119.67	
4	电力电缆	铜芯阻燃聚氯乙烯绝缘聚氯乙烯护套软电缆 ZA-RVV 1 × 35 mm^2(蓝)	m	6	17.65	105.90	13.77	119.67	
5	电力电缆	铜芯阻燃聚氯乙烯绝缘聚氯乙烯护套软电缆 ZA-RVV 2 × 35 mm^2(红黑)	m	2	27.65	55.30	7.19	62.49	
6	电力电缆	铜芯阻燃聚氯乙烯绝缘聚氯乙烯护套软电缆 ZA-RVV 2 × 10 mm^2	m	46	15.00	690.00	89.70	779.70	
7	信号线	光纤(2 芯)	m	46	3.00	138.00	17.94	155.94	
8	信号线	1/2 馈线	m	3	35.00	105.00	13.65	118.65	
	信号线	AISG 电调跳	条		15.00	225.00	29.25	254.25	
	(1) 其他类小计					1561.00	202.93	1763.93	
	(2) 其他类运杂费：(1) × 9.0%					140.49	10.96	95.25	
	(3) 采购及保管费：(1) × 1.00%					15.61	2.03	17.64	
	(4) 运输保险费：(1) × 0.10%					1.56	0.20	1.76	
	合计(Ⅰ)：[(1)～(4)之和]					1718.66	216.12	1878.59	

设计负责人：×××　　编制：××××　　审核：×××　　编制日期：××××年××月

本工程无进口的主要材料、设备和工器具，故无需编制表四乙。

5. 编制表二

表二的填写说明如下：

(1) 第III栏根据《信息通信建设工程费用定额》相关规定，填写第 II 栏各项费用的计算依据和方法。

(2) 第IV栏填写第 II 栏各项费用的计算结果。

根据计算依据，编制建筑安装工程费，如表 5.8 所示。

表 5.8 建筑安装工程费用预算表(表二)

建设项目名称：清远职教城 5G 网络覆盖提升工程
单项工程名称：×××学校××基站安装工程
建设单位名称：×××公司　　　　表格编号：TAB2

序号	费用名称	依据和计算方法	合计(元)	序号	费用名称	依据和计算方法	合计(元)
Ⅰ	Ⅱ	Ⅲ	Ⅳ	Ⅰ	Ⅱ	Ⅲ	Ⅳ
	建筑安装工程费(含税价)	一＋二＋三＋四	26487.97	7.	工程车辆使用费	人工费 × 5.00%	517.94
	建筑安装工程费(不含税价)	一＋二＋三	23832.07	8.	夜间施工增加费	人工费 × 2.10%	217.53
一	直接费	(一)＋(二)	15318.20	9.	冬雨季施工增加费	室外人工费 × 1.80%	186.46
(一)	直接工程费	1.＋2.＋3.＋4.	12500.61	10.	生产工具用具使用费	人工费 × 0.8%	82.87
1.	人工费	(1)+(2)	10358.77	11.	施工用水电蒸汽费	按施工工艺	
(1)	技工费	技工工日 × 114 元	10358.77	12.	特殊地区施工增加费		
(2)	普工费	普工工日 × 61 元	0.00	13.	已完工程及设备保护费	经业主确认	
2.	材料费	(1)＋(2)	1770.22	14.	运土费	按要求	
(1)	主要材料费	表四	1718.66	15.	施工队伍调遣费	单程调遣费定额 × 调遣人数 × 2	
(2)	辅助材料费	主要材料费 × 3.00%	51.56	16.	大型施工机械调遣费	总吨位 × 调遣运距 × 0.62 × 2	
3.	机械使用费	表三乙	0.00	二	间接费	(一)＋(二)	6442.12
4.	仪表使用费	表三丙	371.62	(一)	规费	1.＋2.＋3.＋4.	3489.87
(二)	措施费	1～16 项之和	2817.59	1.	工程排污费	按规定	
1.	环境保护费	人工费 × 1.20%	124.31	2.	社会保障费	人工费 × 28.50%	2952.25
2.	文明施工费	人工费 × 1.10%	113.95	3.	住房公积金	人工费 × 4.19%	434.03
3.	工地器材搬运费	人工费 × 1.10%	113.95	4.	危险作业意外伤害保险费	人工费 × 1.00%	103.59
4.	工程干扰费	人工费 × 4.00%	414.35	(二)	企业管理费	人工费 × 27.4%	2952.25
5.	工程点交、场地清理费	人工费 × 2.50%	258.97	三	利润	人工费 × 20.00%	2071.75
6.	临时设施费	人工费 × 7.60%	787.27	四	销项税额	(人工费+乙供主材费+辅材费+机械使用费+仪表使用费+措施费+规费+企业管理费+利润) × 11%+甲供主材费× 适用税率(13%)	2655.90

设计负责人：×××　　编制：××××　　审核：×××　　编制日期：××××年××月

完成表二建筑安装工程费编制后，加上表四中的国内设备器材费就可以算出工程费。

6. 编制表五

表五的填写说明如下：

(1) 本工程无进口设备器材，故无需编制表五乙。

(2) 本表第Ⅲ栏根据《信息通信建设工程费用定额》相关费用的计算规则填写。

(3) 第Ⅷ栏填写需要补充说明的内容事项。

根据计算规则，编制工程建设其他费(表五甲)，如表5.9所示。

表5.9 工程建设其他费预算表(表五甲)

建设项目名称：清远职教城5G网络覆盖提升工程项目
单项工程名称：×××学校××基站安装工程
建设单位名称：×××公司　　表格编号：TAB5A

序号	费用名称	计算依据及方法	除税价(元)	增值税(元)	含税价(元)	备注
Ⅰ	Ⅱ	Ⅲ	Ⅳ	Ⅴ	Ⅵ	Ⅶ
1.	建设用地及综合赔补费					不计取
2.	建设单位管理费	工程费 × 1.5%	1733.18	103.99	1837.17	
3.	可行性研究费					不计取
4.	研究试验费					不计取
5.	勘察设计费	勘察费4250/站 + 工程费 × 3.3%	8063.00	483.78	8546.78	
6.	环境影响评价费					不计取
7.	劳动安全卫生评价费					不计取
8.	建设工程监理费	工程费 × 3.3%	3813.00	228.78	4041.78	
9.	安全生产费	建筑安装工程费 × 1.50%	357.48	21.45	378.93	
10.	工程质量监督费					不计取
11.	工程定额测定费					不计取
12.	工程招标代理费	工程费 × 1%	1155.45	69.33	1224.78	
13.	中介机构审计费					不计取
	合计		15122.11	907.33	16029.44	

设计负责人：×××　　编制：××××　　审核：×××　　编制日期：××××年××月

7. 编制表一

表一的填写说明如下：

(1) 表首“建设项目名称”填写立项工程项目全称。

(2) 第Ⅱ栏填写本工程各类费用概算(预算)表格编号。

(3) 第Ⅲ栏填写本工程概算(预算)各类费用名称。

(4) 第Ⅳ～Ⅸ栏填写各类费用合计，费用均为除税价。

(5) 第Ⅹ栏填写第Ⅳ～Ⅸ栏之和。

(6) 第Ⅺ栏填写Ⅳ～Ⅸ栏各项费用建设方应支付的进项税额之和。

(7) 第Ⅻ栏填写Ⅹ、Ⅺ栏之和。

(8) 第XⅢ栏填写本工程引进技术和设备所支付的外币总额。

根据前面各项费用计算，汇总工程预算总表，如表 5.10 所示

表 5.10　工程预算总表(表一)

建设项目名称：清远职教城 5G 网络覆盖提升工程

单项工程名称：×××学校××基站安装工程

建设单位名称：×××公司　　　　表格编号：TAB1

序号	表格编号	费用名称	小型建筑工程费(元)	需要安装的设备费(元)	不需要安装的设备、工器具费(元)	建筑安装工程费(元)	其他费用(元)	预备费(元)	总价值			
									除税价(元)	增值税(元)	人民币(元)	其中外币(美元)
I	II	III	IV	V	VI	VII	VIII	IX	X	XI	XII	XIII
一		工程费	0.00	91713.30	0.00	23832.07	15122.11	0.00	130667.48	18644.69	149312.17	
1	表二	建筑安装工程费				23832.07			23832.07	2655.90	26487.97	
2	表四甲(需安装的设备表)	需要安装的设备费		91713.30					91713.30	15081.47	106794.77	
3	表四甲(不需安装的设备表)	不需要安装的设备费					15122.11		15122.11	907.33	16029.44	
二	表五甲	工程建设其他费										
		合计	0.00	91713.30	0.00	23832.07	15122.11	0.00	130667.48	18644.69	149312.17	
三		预备费 3%						3920.02	3920.02	0.00	3920.02	
四		建设期利息[无]										
		总计	0.00	91713.30	0.00	23832.07	15122.11	3920.02	134587.50	18644.69	153232.19	

设计负责人：×××　　编制：××××　　审核：×××　　编制日期：××××年××月

5.1.5　编写编制说明

一般而言，编制说明包括工程概述、编制依据，其他可根据实际情况编写，下面只给出工程概述和编制依据。

1. 工程概述

本工程为清远职教城 5G 网络覆盖提升工程的某基站工程，预算总金额为 134 587.50

元人民币(不含税)，含税金额为 153 232.19 元人民币。

2. 编制依据

(1) 工信部通信[2016]451 号《关于印发信息通信建设工程预算定额、工程费用定额及工程概预算编制规程的通知》。

(2) 《信息通信建设工程预算定额第一册　通信电源设备安装工程》。

(3) 《信息通信建设工程预算定额第二册　有线通信设备安装工程》。

(4) 《信息通信建设工程预算定额第三册　无线通信设备安装工程》。

(5) 《信息通信建设工程预算定额第四册　通信线路工程》。

(6) 计价格[1999]1283 号文发布的《建设项目前期工作咨询收费暂行规定》的通知。

(7) 国家发展计划委员会、建设部《工程勘察设计收费标准》2002 年修订本。

(8) 国家发展改革委、建设部《建设工程监理与相关服务收费管理规定》。

(9) 财政部、应急部财资[2022]136 号文关于印发《企业安全生产费用提取和使用管理办法》的通知。

■ 课后习题

操作题：

请编制本任务所用设计图纸的工程造价，要求提交完整的(带有公式链接的 Excel 表格)概预算文件。

习题与答案

任务 5.2　T5G 定额编制概预算

课前引导

T5G 定额编制概预算课堂实录

通过任务 5.1 的学习，相信大家都能够熟练使用 451 定额进行概预算编制了，然而我们关于概预算编制的学习就到此结束了吗？答案是否定的。为了适应 5G 工程建设的需要，工业和信息化部通信工程定额质监中心编制了《第五代移动通信设备安装工程造价编制指导意见》《信息通信建设工程费用定额　信息通信建设工程概预算编制规程》的合订版本(以下简称“本指导意见”)，现在我们就结合该指导意见来进行 5G 工程案例的概预算编制。

任务描述

由于《第五代移动通信设备安装工程造价编制指导意见》《信息通信建设工程费用定额　信息通信建设工程概预算编制规程》的合订版本的定额条目是以 T5G 进行编写的，所以本任务简称 T5G 定额编制概预算，实际介绍内容为结合该指导意见进行企业一线最新的 5G 工程案例概预算编制。

任务目标

熟练使用 T5G 定额，完成 5G 工程案例的概预算编制。

5.2.1　收集方案和熟悉图纸

(1) 基站机房设备布置平面图，见图 5.4。

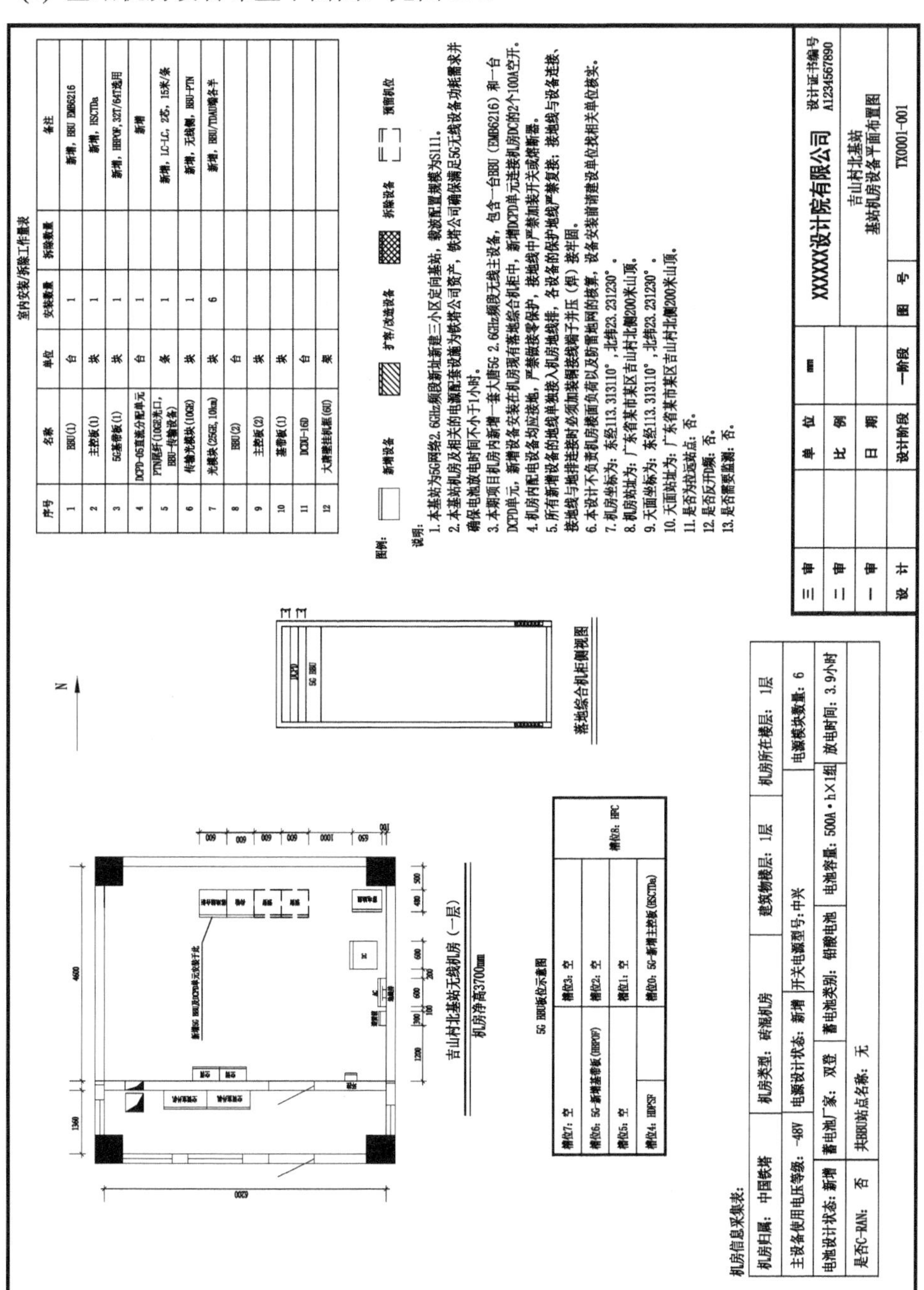

图 5.4　基站机房设备布置平面图

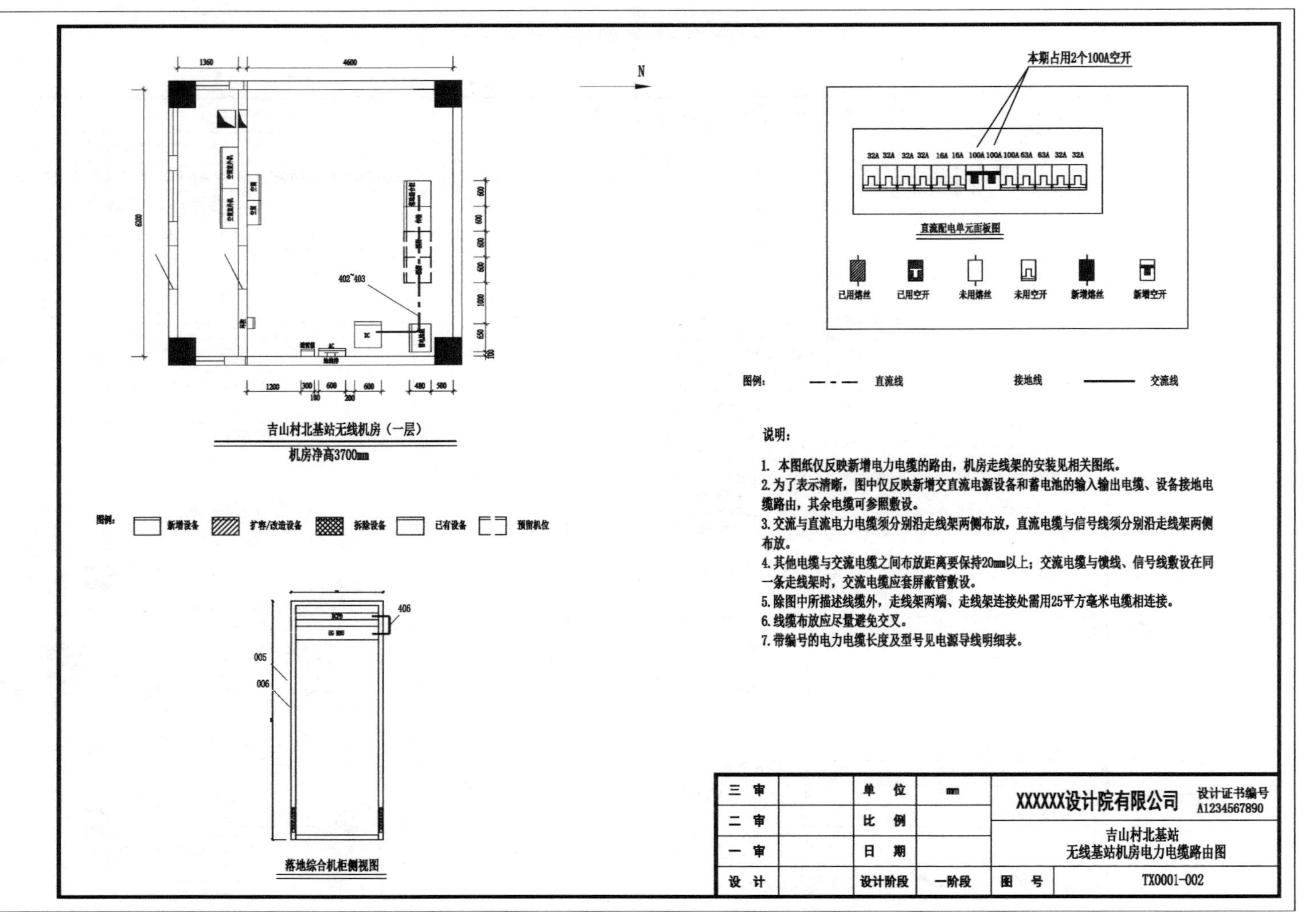

图5.5　无线基站机房电力电缆路由图

新增电力电缆明细表

导线编号	导线路由		设计电压(V)	设计电流(A)	敷设方式	导线数据																						备注
						型号	RVVZ-1kV			RVVZ-1kV			RVVZ-1kV			RVVZ-1kV			RVVZ-1kV			RVVZ-1kV			RVVZ-1kV			
	起	止				截面(mm^2)	4×25			1×95			1×35			1×25			1×16			2×4			1×6			
						载流量(A)	96			253			165			132			97			29			54			
						长度(m)	条数	每条长	总长	条数	每条长	总长	条数	每条长	总长	条数	每条长	总长	条数	每条长	总长	条数	每条长	总长	条数	每条长	总长	
901	交流配电箱	组合电源交流配电单元	~380	50	走线架																							设计开列
400	电源线（空开至智能框电池模块正极）	蓄电池组A(+)	-48V	300	走线架																							红色
401	电源线（空开至智能框电池模块负极）	蓄电池组A(-)	-48V	300	走线架																							蓝色
402	组合电源交流配电单元1路	DCPD-05	-48V	100	走线架														2	11	22							红色
403	组合电源交流配电单元1路	DCPD-05	-48V	100	走线架														2	11	22							蓝色
404	组合开关电源直流配电单元2路（中心机房）	DCPD-10	-48V	100	走线架																							红色
405	组合开关电源直流配电单元2路（中心机房）	DCPD-10	-48V	100	走线架																							蓝色
406	DCPD-05	BBU	-48V	10	机架内																	1	1	1				黑色
001	室内总地线排	交流配电箱保护地线排			走线架																							设计开列
002	室内总地线排	组合开关电源工作地线排			走线架																							设计开列
003	室内总地线排	组合开关电源保护地线排			走线架																							黄绿色
004	室内总地线排	机框保护地			走线架																							黄绿色
005	综合柜地线排	DCPD保护地			走线架																				1	3	3	黄绿色
006	综合柜地线排	BBU保护地			走线架																				1	3	3	黄绿色
007	室内总地线排	室外地线排			走线架																							黄绿色
008	综合柜地线排	蓄电池组			走线架																							黄绿色
008	综合柜地线排	蓄电池组A(-)			走线架																							黄绿色
008	DF保护地				走线架																							黄绿色
合计																												设计开列
																				44			1			6		厂家提供

传输及其他配套设备电缆不在本设计中计列。

三 审		单 位	mm	XXXXXX设计院有限公司	设计证书编号 A1234567890
二 审		比 例		吉山村北基站 无线基站机房电力电缆工作量	
一 审		日 期			
设 计		设计阶段	一阶段	图 号	TX0001-003

图5.6 无线基站机房导线计划表

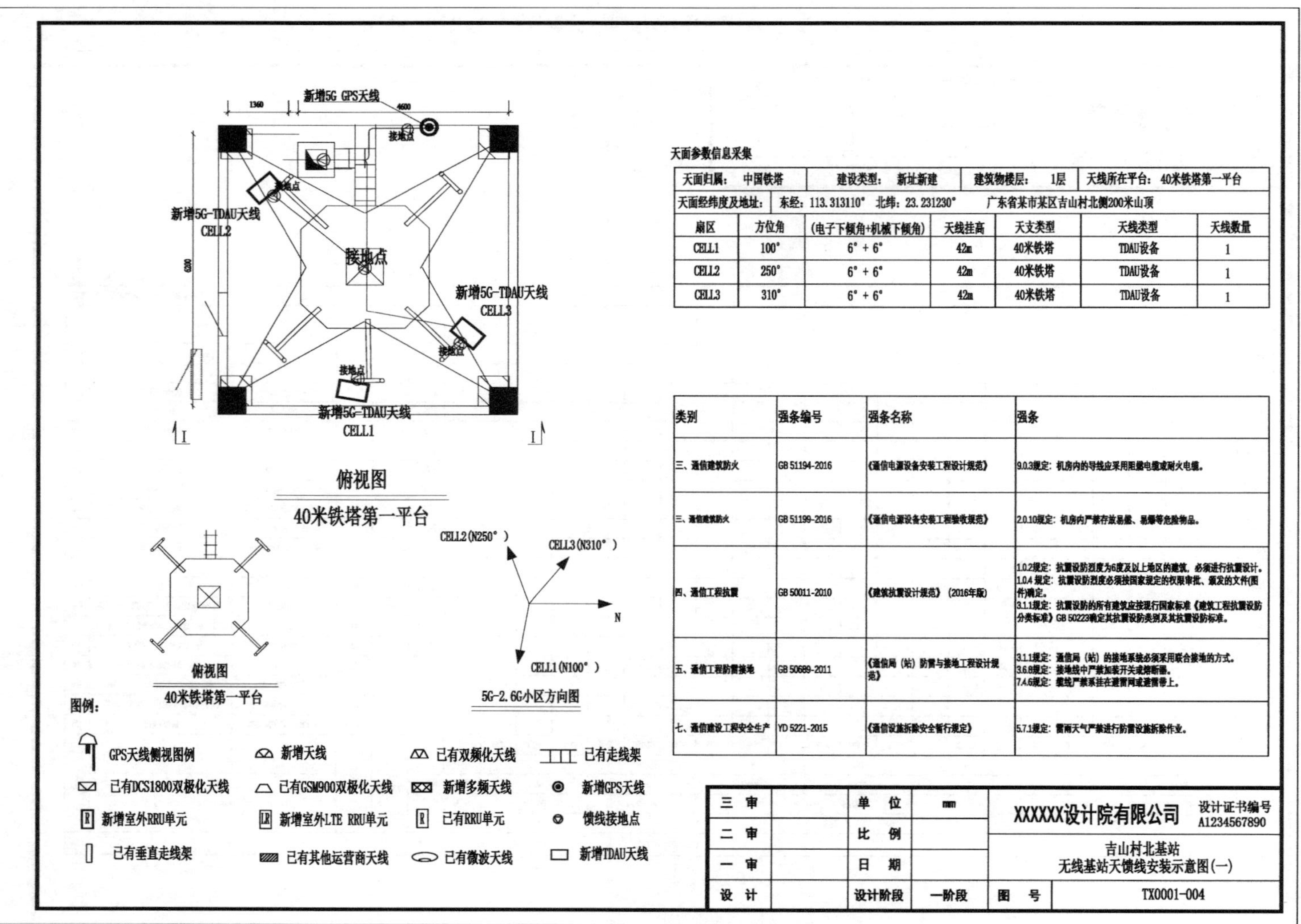

天面归属：中国铁塔		建设类型：新址新建		建筑物楼层：1层	天线所在平台：40米铁塔第一平台	
天面经纬度及地址：	东经：113.313110° 北纬：23.231230°	广东省某市某区吉山村北侧200米山顶				
扇区	方位角	(电子下倾角+机械下倾角)	天线挂高	天支类型	天线类型	天线数量
CELL1	100°	6°+6°	42m	40米铁塔	TDAU设备	1
CELL2	250°	6°+6°	42m	40米铁塔	TDAU设备	1
CELL3	310°	6°+6°	42m	40米铁塔	TDAU设备	1

类别	强条编号	强条名称	强条
三、通信建筑防火	GB 51194-2016	《通信电源设备安装工程设计规范》	9.0.3规定：机房内的导线应采用阻燃电缆或耐火电缆。
三、通信建筑防火	GB 51199-2016	《通信电源设备安装工程验收规范》	2.0.10规定：机房内严禁存放易燃、易爆等危险物品。
四、通信工程抗震	GB 50011-2010	《建筑抗震设计规范》(2016年版)	1.0.2规定：抗震设防烈度为6度及以上地区的建筑，必须进行抗震设计。 1.0.4 规定：抗震设防烈度必须按国家规定的权限审批、颁发的文件(图件)确定。 3.1.1规定：抗震设防的所有建筑应按现行国家标准《建筑工程抗震设防分类标准》GB 50223确定其抗震设防类别及其抗震设防标准。
五、通信工程防雷接地	GB 50689-2011	《通信局(站)防雷与接地工程设计规范》	3.1.1规定：通信局(站)的接地系统必须采用联合接地的方式。 3.6.8规定：接地线中严禁加装开关或熔断器。 7.4.6规定：缆线严禁系挂在避雷网或避雷带上。
七、通信建设工程安全生产	YD 5221-2015	《通信设施拆除安全暂行规定》	5.7.1规定：雷雨天气严禁进行防雷设施拆除作业。

三 审		单 位	mm	XXXXXX设计院有限公司	设计证书编号 A1234567890
二 审		比 例		吉山村北基站 无线基站天馈线安装示意图(一)	
一 审		日 期			
设 计		设计阶段	一阶段	图 号	TX0001-004

图5.7 无线基站天馈线安装示意图(一)

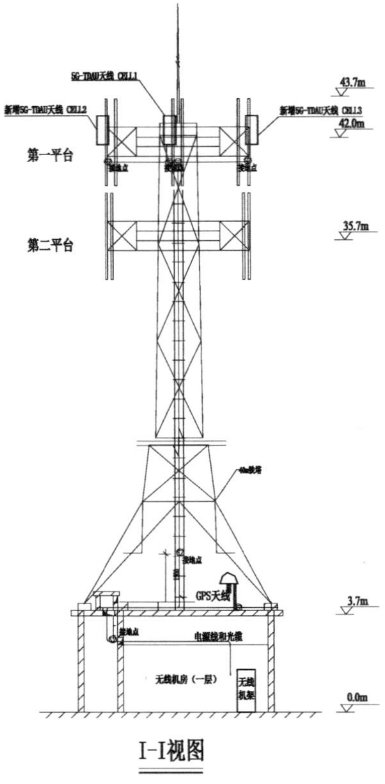

天馈线系统安装加固材料表(主设备类)

序号	名称	名称	单位	安装数量	拆除数量	备注
1	TDAU设备	TDAU5132N41（32TR）	副	3		新增
2	AAU设备	AAU5336	副			
3	RRU/AAU/TDAU直流电源电缆(1)	2×6mm² (0~40)	米			
4	RRU/AAU/TDAU直流电源电缆(2)	2×10mm² (41~70)	米	180		
5	RRU/AAU/TDAU直流电源电缆(3)	2×16mm² (71~100)	米			
6	RRU/AAU/TDAU室外接地电缆	1×16mm²	米	6		
7	TDAU光缆(1)	直连LC-LC	米	180		
8	电源电缆接地线及卡子		个			
9	GPS馈线		米	18		
10	GPS天线		个	1		
11	馈线包		套	1		新增，含有防雷器以及金属软跳

1. 本基站为5G网络2.6GHz频段新址新建三小区定向基站，主要为完善所属区域及周边的无线网络覆盖。
2. 本期工程在40m铁塔第一平台新增3副5G-TDAU天线，具体位置如图所示。
3. 本基站天面物业归属铁塔，本站BBU安装于机房综合机架内，天面新增的TDAU采用2×10mm²从机房新增DCPD单元取电的方式。
4. 本期TDAU单元需要布放光缆，光缆水平每0.8m、垂直每1m利用光缆固定卡与走线架或支架加固一次。
5. 新增GPS天线安装在机房天面空旷位置，上方90°范围内（至少南向45°）应无建筑物遮挡。GPS天线馈线应在下支撑杆和下天面前接地，GPS天线的安装支架及抱杆须良好接地。GPS天线馈线套PVC管布放；GPS天线设在楼顶时，GPS馈线在楼顶布线严禁与避雷带缠绕。
6. TDAU供电电缆应在进入馈线窗前1m处，选择平直走线部分做屏蔽层防雷接地，若电缆长度超过60m，需在电缆中间部分加做一处防雷接地。
7. 光缆和电缆分开布放，线缆的走向清晰、顺直，相互间不要交叉，捆扎牢固，松紧适度。
8. 天馈线、室外设备和支撑杆应注意做好防雷接地工作，所有室外设备应在避雷针45°保护范围内；如本楼的防雷接地电阻达不到工程要求，应重新做防雷地网。
9. 馈线接地要求顺着馈线下行方向，不允许出现“回流”现象；与馈线夹角以不大于15°为宜。
10. 楼顶的各种金属设施，必须分别与楼顶避雷带或接地预留端子就近连通。
12. 铺设接地线应平直拼拢、整齐，不得有急剧弯曲的凹凸不平现象，避免出现“V”形和“U”形弯，连线的弯曲角度不得小于90°。
13. 线缆严禁系挂在避雷网或避雷带上。
14. 室外地排采用截面积不小于95mm²的多股铜导线或40mm×4mm的镀锌扁钢可靠接地。
15. 室外铜排应单独接入地网，不可串连接地，且各接地地下引接点应相距5m以上。
16. 本设计不负责杆体风压承重以及防雷地网的核算，设备安装前请建设单位找相关单位核实。

I-I视图

三　审		单　位	mm	XXXXXX设计院有限公司	设计证书编号 A1234567890
二　审		比　例		吉山村北基站 无线基站天馈线安装示意图(二)	
一　审		日　期			
设　计		设计阶段	一阶段	图　号	TX0001-005

图5.8　无线基站天馈线安装示意图(二)

① 本基站为5G新址新建2.6 GHz频段3小区定向基站；BBU嵌入式安装；本基站配套设施为第三方铁塔公司；本基站采用D-RAN组网(非拉远站)，基站机房及天馈位于同一位置。

② 本基站载频配置为S1/1/1；AAU配置为R1/1/1。

③ 机房内新增一套大唐5G 2.6 GHz频段无线主设备，包含一台BBU(EMB6216)和一台DCDU。新增设备安装在机房现有落地综合机柜中，新增DCDU连接机房DC的2个100 A空开。

(2) 基站电源走线路由图及导线计划表分别如图5.5和图5.6所示。

① DCDU连接机房内现有直流电源DC柜，采用1 × 16 mm^2电力电缆2根，共22 m。

② BBU连接到同机柜内的DCDU单元，采用2 × 2.5 mm^2的电力电缆，共1 m。

③ DCDU连接到机柜内接地排，采用1 × 16 mm^2的接地电缆，共3 m。

④ BBU连接到机柜内接地排，采用1 × 16 mm^2的接地电缆，共3 m。

(3) 无线基站天馈线安装图见图5.7和图5.8。

① 本站拉远天面位于机楼顶部。

② GPS天线安装于机房天面，使用1/2馈线与BBU连接，材料计列见《基站天线位置及馈线走向路由图》。

③ 本站天面新增3副TDAU(AAU)，TDAU安装在40 m高铁塔第一层平台，挂高为42 m。

5.2.2 计算工作量

经过对图纸的解读，得到相关的主设备及材料统计如表5.11所示。

表5.11 主设备及材料表

设备材料名称	配置数量或规格	安装方式
安装基站主设备(机柜/箱)	1台	嵌入式安装
安装电源转换器/配电单元	1台	嵌入式安装
传输光模块	7套	
放绑软光纤	15 m	
室内布放16 mm^2电力电缆(单芯)	44 m	
室内布放2 × 4 mm^2电力电缆(双芯)	1 m	
室内布放6 mm^2电力电缆(单芯)	6 m	
安装AAU	3台	铁塔抱杆安装
布放AAU用光缆	180 m	
室外布放2 × 10 mm^2电力电缆(双芯)	180 m	
安装GPS天线	1个	
布放GPS馈线	18 m	

5.2.3　站点情况说明

在套用相关定额进行预算编制前，需要明确相关信息，防止编制相关费用时出现缺失或错误。

(1) 本工程施工地点位于广东省某市。

(2) 施工单位距离施工地点 22 km。

(3) 勘察费：4 009.43 元/站(不含税价)。

(4) 设计费：(工程费＋小型建筑工程费)×3%×设计费专业调整系数(1.15)×设计费工程复杂系数(1.1)×设计费附加调整系数(1.0)。

(5) 监理费：(工程费＋小型建筑工程费)×1.6%，不计保修阶段监理费。

(6) 工程采用一般计税方式，主设备税率为 16%，除主设备外建设方另行采购的设备和主材税率为 13%。

(7) 主设备费按扇区综合计价，分为硬件综合价和软件综合价。硬件综合价除税价为 137 300.00 元/站，含工程中用到的 BBU、AAU、GPS 天线及厂家配置的相关线缆材料(硬件综合价和软件综合价税率按 13%计取)。

(8) 按建设方管理规定不计取运杂费、运输保险费、采购及报关费；不计取预备费。

(9) 按建设方管理规定，其他费只计列勘察费、设计费、工程监理费、安全生产费、制作粘贴资产条码费和资源录入费。安全生产费税率按 2%计取，勘察费、设计费、工程监理费、制作粘贴资产条码费和资源录入费税率按 6%计取。

(10) 本期工程中相关的光模块、光纤及线缆作为主设备配件，均由厂家提供，无需建设方单独购买。

5.2.4　编制概预算

根据编制概预算的表格的逻辑关系，一一完成相关表格的编制汇总。

1. 编制表三甲

表三甲的填写说明如下：

(1) 表三甲供编制工程量，并计算技工和普工总工日数量使用。

(2) 第Ⅱ栏根据《信息通信建设工程预算定额》填写所套用预算定额子目的编号。若需临时估列工作内容子目，在本栏中标注“估列”两字，“估列”条目达到两项时，应编写“估列”序号。

(3) 第Ⅲ、Ⅳ栏根据《信息通信建设工程预算定额》分别填写所套定额子目的名称、单位。

(4) 第Ⅴ栏填写对应子目的工程量数值。

(5) 第Ⅵ、Ⅶ栏填写所套定额子目的单位工日定额值。

(6) 第Ⅷ栏为第Ⅴ栏与第Ⅵ栏的乘积。

(7) 第Ⅸ栏为第Ⅴ栏与第Ⅶ栏的乘积。

根据工程量和《信息通信建设工程预算定额》，完成表三甲的编制，如表 5.12 所示。

表 5.12 建筑安装工程量预算表(表三甲)

建设项目名称：×××地区 2.6 GHz 频段无线主设备项目

单项工程名称：×××基站设备安装工程

建设单位名称：×××公司　　　　表格编号：TSW-3A

序号	定额编号	项目名称	单位	数量	单位定额值(工日)		合计值(工日)	
					技工	普工	技工	普工
Ⅰ	Ⅱ	Ⅲ	Ⅳ	Ⅴ	Ⅵ	Ⅶ	Ⅷ	Ⅸ
1	T5G2-047	安装电源转换器/配电单元	台	1.00	0.80	0.00	0.80	0.00
2	T5G1-054	放绑软光纤(15 m 以下)	米条	2.00	0.29	0.00	0.58	0.00
3	T5G1-058	布放 AAU(用光缆)	米条	180.00	0.04	0.00	7.20	0.00
4	T5G1-066	室内布放电力电缆(单芯)截面积 16 mm^2 以下	十米条	5.00	0.15	0.00	0.75	0.00
5	T5G1-074	室外布放电力电缆(单芯)、截面积 16 mm^2 以下	十米条	0.60	0.18	0.00	0.11	0.00
6	T5G1-066	室内布放电力电缆(两芯)、截面积 16 mm^2 以下	十米条	0.10	0.17	0.00	0.02	0.00
7	T5G1-074	室外布放电力电缆(两芯)、截面积 16mm^2 以下	十米条	18.00	0.20	0.00	3.56	0.00
8	T5G1-088	封堵馈线窗	个	1.00	0.75	0.00	0.75	0.00
9	T5G2-067	安装室外天线 RRU 一体化设备(地面铁塔上，40 m 以下)	套	3.00	7.79	0.00	23.37	0.00
10	T5G2-068	安装室外天线 RRU 一体化设备(地面铁塔上，40 m 以上至 80 m 以下每增加 1 m)	套	6.00	0.10	0.00	0.60	0.00
11	T5G2-020	安装调测卫星 GPS 天线	副	1.00	1.80	0.00	1.80	0.00
12	T5G2-024	布放射频同轴电缆 1/2 英寸以下(4 m 以下)	条	1.00	0.20	0.00	0.20	0.00
13	T5G2-025	布放射频同轴电缆 1/2 英寸以下(每增加 1 m)	米条	14.00	0.03	0.00	0.42	0.00
14	T5G2-040	调测室外基站天、馈线系统(1/2 英寸射频同轴电缆)	条	1.00	0.38	0.00	0.38	0.00
15	T5G2-046	安装基站主设备(机柜/箱嵌入式)	台	1.00	1.08	0.00	1.08	0.00
16	T5G2-119	配合调测第五代移动通信基站系统	扇区	3.00	1.41	0.00	4.23	0.00
17	T5G2-121	第五代移动通信基站-配合联网调测	站	1.00	2.11	0.00	2.11	0.00
18	T5G2-122	第五代移动通信基站-配合基站割接、开通	站	1.00	1.30	0.00	1.30	0.00
19	TSW2-108	安装、调测光电转换模块	个	7.00	0.30	0.00	2.10	0.00
		小计					**51.36**	**0.00**
		扩容调增工日(小计 × 10%)					**0.00**	**0.00**
		合计					**51.36**	**0.00**
		其中天馈线及室外安装调测工日					**30.46**	**0.00**

设计负责人：×××　　编制：××××　　审核：×××　　编制日期：××××年××月

2. 编制表三乙

表三乙供计算机械使用费使用。查阅设计图可知，本工程未发生机械使用费，无需编制表三乙。

3. 编制表三丙

表三丙的填写说明如下：

(1) 表三丙供计算仪表使用费使用。

(2) 第Ⅱ、Ⅲ、Ⅰ和Ⅴ栏分别填写所套用定额子目的编号、名称、单位以及对应子目的工程量数值。

(3) 第Ⅵ、Ⅶ栏分别填写定额子目所涉及的仪表名称及仪表台班的单位定额值。

(4) 第Ⅷ栏填写根据《信息通信建设工程施工机械、仪表台班单价》查找到的相应仪表台班单价值。

(5) 第Ⅸ栏填写第Ⅶ栏与第Ⅴ栏的乘积

(6) 第Ⅹ栏填写第Ⅷ栏与第Ⅸ栏的乘积。

根据工程量和《信息通信建设工程预算定额》，完成表三丙的编制，如表5.13所示。

表5.13　建筑安装工程量预算表(表三丙)

建设项目名称：×××地区2.6 GHz频段无线主设备项目
单项工程名称：×××基站设备安装工程
建设单位名称：×××公司　　表格编号：TSW-3C

序号	定额编号	项 目 名 称	单位	数量	仪表名称	单位定额值		合计值	
						数量(台班)	单价(元)	数量(台班)	合价(元)
Ⅰ	Ⅱ	Ⅲ	Ⅳ	Ⅴ	Ⅵ	Ⅶ	Ⅷ	Ⅸ	Ⅹ
1	TSW2-108	安装、调测光电转换模块	个	7.00	误码测试仪(10 Gb/s)	0.30	524	2.10	1100.40
2	T5G2-040	调测室外基站天馈线系统(1/2英寸射频同轴电缆)	台班	1.00	天馈线测试仪	0.05	140	0.05	7.00
3	T5G2-040	调测室外基站天馈线系统(1/2英寸射频同轴电缆)	台班	1.00	操作测试终端(电脑)	0.05	125	0.05	6.25
4	T5G2-040	调测室外基站天馈线系统(1/2英寸射频同轴电缆)	台班	1.00	互调测试仪	0.05	310	0.05	15.50
		合 计						2.25	1129.15

设计负责人：×××　　编制：××××　　审核：×××　　编制日期：××××年××月

注：本工程的天馈线系统调测、基站调测和开通等部分工作由厂家督导完成，故在表三丙编制中无频谱分析仪、光功率计、光谱和天线姿态测量仪等仪表的台班使用费。

4. 编制表四甲

表四甲的填写说明如下：

(1) 表四甲可根据需要拆分成主要材料表，需要安装的设备表和不需要安装的设备、仪表、工器具表。表格标题下面括号内根据需要填写“主要材料”“需要安装的设备”“不需要安装的设备、仪表、工器具”字样。

(2) 第Ⅱ、Ⅲ、Ⅳ、Ⅴ、Ⅵ栏分别填写名称、规格程式、单位、数量、单价。第Ⅵ栏为不含税单价。

(3) 第Ⅶ栏填写第Ⅵ栏与第Ⅴ栏的乘积。第Ⅷ、Ⅸ栏分别填写合计的增值税及含税价。

(4) 第Ⅹ栏填写需要说明的有关问题。

(5) 依次填写上述信息后，还需计取下列费用：① 小计；② 运杂费；③ 运输保险费；④ 采购及保管费；⑤ 采购代理服务费；⑥ 合计。

(6) 用于主要材料表时，应将主要材料分类后按上述第(5)点计取相关费用，然后进行总计。

根据工程量和站点情况说明，完成表四甲(需要安装的设备)的编制，如表5.14所示。

表5.14　国内器材预算表(表四甲)(需要安装的设备)

建设项目名称：×××地区2.6 GHz频段无线主设备项目
单项工程名称：×××基站设备安装工程
建设单位名称：×××公司　　表格编号：TSW-04-01

序号	名　称	规格程式	单位	数量	除税价单价(元)	除税价合计(元)	增值税(元)	含税价(元)	备注
Ⅰ	Ⅱ	Ⅲ	Ⅳ	Ⅴ	Ⅵ	Ⅶ	Ⅷ	Ⅸ	Ⅹ
一	甲购设备成交价					137300.00	17849.00	155149.00	
1	硬件成交价	按单站	个	1	137300.00	137300.00	17849.00	155149.00	
	小计 1					137300.00	17849.00	155149.00	
	总计					137300.00	17849.00	155149.00	

设计负责人：×××　　编制：××××　　审核：×××　　编制日期：××××年××月

本工程无进口的主要材料、设备和工器具，无需编制表四乙，但根据站点情况说明可知，此处还需要编制国内配套设备表和小型建筑安装工程费用预算表，如表5.15和表5.16所示。

表 5.15　国内配套设备表(表四甲)

建设项目名称：×××地区 2.6 GHz 频段无线主设备项目
单项工程名称：×××基站设备安装工程
建设单位名称：×××公司　　　　表格编号：TSW-04-02

序号	名　称	规格程式	单位	数量	除税价单价(元)	除税价合计(元)	增值税(元)	含税价(元)	备注
Ⅰ	Ⅱ	Ⅲ	Ⅳ	Ⅴ	Ⅵ	Ⅶ	Ⅷ	Ⅸ	Ⅹ
一	甲购设备								
2	4+4+4+8 700-900-1800-FA 电调天线		副	0	4500.00	0.00	0.00	0.00	
	小计 1					0.00	0.00	0.0	
	总计					0.00	0.00	0.00	

设计负责人：×××　　编制：××××　　审核：×××　　编制日期：××××年××月

表 5.16　小型建筑工程费用预算表(表四甲)

建设项目名称：×××地区 2.6 GHz 频段无线主设备项目
单项工程名称：×××基站设备安装工程
建设单位名称：×××公司　　　　表格编号：TSW-04-05

序号	名　称	规格程式	单位	数量	除税价单价(元)	除税价合计(元)	增值税(元)	含税价(元)	备注
Ⅰ	Ⅱ	Ⅲ	Ⅳ	Ⅴ	Ⅵ	Ⅶ	Ⅴ	Ⅵ	Ⅶ
1	封波导入口安装(包干)		站	1	200.00	200.00	18.00	218.00	
	小计					200.00	18.00	218.00	
	合计					200.00	18.00	218.00	

设计负责人：×××　　编制：××××　　审核：×××　　编制日期：××××年××月

5. 编制表二

表二的填写说明如下：

(1) 第Ⅲ栏根据《信息通信建设工程费用定额》相关规定，填写第Ⅱ栏各项费用的计算依据和方法。

(2) 第Ⅳ栏填写第Ⅱ栏各项费用的计算结果。

根据计算依据，编制建筑安装工程费用预算表，如表 5.17 所示。

表 5.17　建筑安装工程费用预算表(表二)

建设项目名称：×××地区 2.6 GHz 频段无线主设备项目

单项工程名称：×××基站设备安装工程

建设单位名称：×××公司　　　　　　　　表格编号：TSW-2

序号	规格程式	依据和计算方法	合计(元)	序号	规格程式	依据和计算方法	合计(元)
I	II	III	IV	I	II	III	IV
	建筑安装工程费含税价	一＋二＋三＋四	14240.88	8	夜间施工增加费	人工费 × 2.10%	122.95
	建筑安装工程费除税价	一＋二＋三	13065.03	9.	冬雨季施工增加费	人工费 × 2.50%	86.81
一	直接工程费	(一)＋(二)	8317.31	10.	生产工具用具使用费	人工费 × 0.80%	46.84
(一)	直接费	1＋2＋3＋4	6984.02	11.	施工用水电蒸汽费	按实际计列	0.00
1.	人工费	(1)＋(2)	5854.87	12.	特殊地区施工增加费	特殊地区补贴金额 × 总工日	0.00
(1)	技工费	技工总工日 × 114.0 元/工日	5854.87	13.	已完工程及设备保护费	人工费 × 1.50%	52.09
(2)	普工费	普工总工日 × 61.0 元/工日	0.00	14.	运土费	工程量(吨・千米) × 运费单价[元/(吨・千米)]	0.00
2.	材料费	(1)＋(2)	0.00	15.	施工队伍调遣费	0 元/人 × 5 人 × 2	0.00
(1)	主要材料费	表四(材料表)合计	0.00	16.	大型施工机械调遣费	单程调遣费 × 调遣人数 × 2	0.00
(2)	辅助材料费	(主要材料费＋光、电缆设备费) × 3.0%	0.00	二	间接费	(一)＋(二)	3576.74
3.	机械使用费	表三乙合计(不计取)	0.00	(一)	规费		1972.51
4.	仪表使用费	表三丙合计	1129.15	1.	工程排污费	按实际计列	0.00
(二)	其他直接费	1～16 项之和	1333.29	2.	社会保障费	人工费 × 28.50%	1668.64
2.	文明施工费	人工费 × 1.10%	64.40	3.	住房公积金	人工费 × 4.19%	245.32
3.	工地器材搬运费	人工费 × 1.10%	64.40	4.	危险作业意外伤害保险费	人工费 × 1.00%	58.55
4.	工程干扰费	人工费 × 4.00%	234.19	(二)	企业管理费	人工费 × 27.40%	1604.23
5.	工程点交、场地清理费	人工费 × 2.50%	146.37	三	利润	人工费 × 20.00%	1170.97
6.	临时设施费	人工费 × 3.80%	222.49	四	销项税额	(人工费＋机械费＋仪表费＋乙供主材费＋辅材费＋措施费＋间接费＋利润) × 9%＋甲供主材增值税	1175.85
7.	工程车辆使用费	人工费 × 5.00%	292.74				

设计负责人：×××　　编制：××××　　审核：×××　　编制日期：××××年××月

完成表二建筑安装工程费编制后，加上表四中的国内设备器材费就可以算出工程费。

6. 编制表五

表五的填写说明如下：

(1) 本工程无进口设备器材，故无须编制表五乙。

(2) 本表第Ⅲ栏根据《信息通信建设工程费用定额》相关费用的计算规则填写。

(3) 第Ⅷ栏填写需要补充说明的内容事项。

根据计算规则，编制工程建设其他费预算表(表五甲)，如表 5.18 所示。

表 5.18　工程建设其他费预算表(表五甲)

建设项目名称：××××地区 2.6 GHz 频段无线主设备项目

单项工程名称：××××基站设备安装工程

建设单位名称：×××××××××××××公司　　表格编号：TSW-5

序号	费用名称	计算依据及方法	除税价(元)	增值税(元)	含税价(元)	备注
I	II	III	IV	V	VI	
1.	勘察设计费	勘察费 + 设计费	9723.37	583.40	10306.78	
(1)	勘察费	宏蜂窝 4250 元/站，微蜂窝 3400 元/站	4009.43	240.57	4250.00	
(2)	设计费	计价格〔2002〕10 号文：计费基价 × 专业调整系数(1.15) × 工程复杂系数(1.10) × 附加调整系数(1.0)	5713.94	342.84	6056.78	
2.	工程监理费	施工阶段监理费 + 勘察设计保修阶段监理费	2409.04	144.54	2553.58	
(1)	施工阶段监理	(建筑安装工程费 + 小型建筑工程费) × 费率系数(1.6%)	2409.04	144.54	2553.58	
(2)	勘察设计保修阶段监理	不计取	0.00	0.00	0.00	
3.	安全生产费	(建筑安装工程费 + 小型建筑工程费) × 安全生产费费率(2%)	265.30	15.92	281.22	
4.	制作粘贴资产条码费	100 元/站	100.00	6.00	106.00	
5.	资源录入费	新建、替换基站 100 元/站；扩容按照新建标准的 50%计取	100.00	6.00	106.00	
	合计		**12597.71**	**755.86**	**13353.57**	

设计负责人：×××　　：××××　　审核：×××　　编制日期：×××

7. 编制表一

表一的填写说明如下：

(1) 表首“建设项目名称”填写立项工程项目全称。

(2) 第Ⅱ栏填写本工程各类费用概算(预算)表格编号。

(3) 第Ⅲ栏填写本工程概算(预算)各类费用名称。

(4) 第Ⅳ～Ⅸ栏填写各类费用合计，费用均为除税价。

(5) 第Ⅹ栏填写第Ⅳ～Ⅸ栏之和。

(6) 第Ⅺ栏填写Ⅳ～Ⅸ栏各项费用建设方应支付的进项税额之和。

(7) 第Ⅻ栏填写Ⅹ、Ⅺ栏之和。

(8) 第ⅩⅢ栏填写本工程引进技术和设备所支付的外币总额。

根据前面各项费用计算，汇总工程预算总表，如表 5.19 所示。

表 5.19 工程预算总表(表一)

建设项目名称：××××地区 2.6 GHz 频段无线主设备项目

单项工程名称：××××基站设备安装工程

建设单位名称：×××××××××××××公司　　　　表格编号：TSW-1

序号	表格编号	费用名称	概、预算表价值(元)									
			小型建筑工程费(元)	需安装的设备费(元)	不需要安装的设备和仪表器具费(元)	建筑安装工程费(元)	其他费用(元)	预备费(元)	总计			
									除税价(元)	增值税(元)	含税价(元)	其中外汇(美元)
Ⅰ	Ⅱ	Ⅲ	Ⅳ	Ⅴ	Ⅵ	Ⅶ	Ⅷ	Ⅸ	Ⅹ	Ⅺ	Ⅻ	ⅩⅢ
一	WX-2, 04-01, 04-02	工程费		137300.00		13065.03			150365.03	19024.85	169389.88	
二	TSW-5	工程建设其他费用					12597.71		12597.71	755.86	13353.57	
		合计		**137300.00**		**13065.03**	**12597.71**		**162962.74**	**19780.71**	**182743.45**	
三		预备费						**0.00**	0.00		0.00	
四	WX-04-05	小型建筑工程费	200.00						200.00	18.00	218.00	
		总计	**200.00**	**137300.00**		**13065.03**	**12597.71**	**0.00**	**163162.74**	**19798.71**	**182961.45**	

设计负责人：×××　　编制：××××　　审核：×××　　编制日期：×××

5.2.5 编写编制说明

一般而言，编制说明包括工程概述、编制依据，其他可根据实际情况编写。下面仅给出工程概述和编制依据。

1. 工程概述

本工程为××××地区 2.6GHz 频段无线主设备项目××××基站设备安装工程，预算总金额为 163 162.74 元人民币(不含税)，含税金额为 182 961.45 元人民币。

2. 编制依据

(1) 工信部通信[2016]451 号文《关于印发信息通信工程预算定额、工程费用定额及工程概预算编制规程的通知》。

(2) 《信息通信建设工程预算定额第一册　通信电源设备安装工程》。

(3) 《信息通信建设工程预算定额第二册　有线通信设备安装工程》。

(4) 《信息通信建设工程预算定额第三册　无线通信设备安装工程》。

(5) 《信息通信建设工程预算定额第四册　通信线路工程》。

(6) 工业和信息化部通信工程定额质监中心 2021 年 5 月出版的《第五代移动通信设备安装工程造价编制指导意见》。

(7) 工信部通信工程定额中心编制的《信息通信建设工程费用定额　信息通信工程概预算编制规程》。

(8) 国家发展计划委员会关于印发《建设项目前期工作咨询收费暂行规定》的通知。

(9) 国家发展计划委员会、建设部《工程勘察设计收费标准》2002 年修订本。

(10) 国家发展改革委、建设部《建设工程监理与相关服务收费管理规定》。

(11) 财政部、应急部关于印发《企业安全生产费用提取和使用管理办法》的通知。

■ 课后习题

操作题：

请编制本任务所用设计图纸的工程造价，要求提交完整的(带有公式链接的 Excel 表格)概预算文件。

习题与答案

项目 6　设计文件的编制、会审与交底

项目概述

本项目主要包括设计文件的定义、设计文件的编制要求和编制顺序与组成，以及设计文件会审流程、会审目的、审查要点和会审之后的交底内容。

项目目标

(1) 掌握设计文件的作用、编制要求。
(2) 掌握设计文件的组成，完成设计文件的编制。
(3) 掌握设计文件会审和交底的流程、目的、组织方和参建单位。
(4) 掌握设计文件审查的要点和交底内容。

知识导图

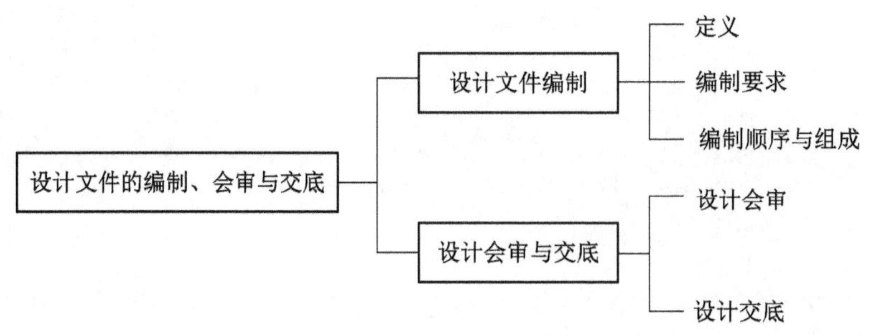

任务6.1　设计文件编制

课前引导

设计院交付建设方的是一份工程设计图纸和概预算文件，还是完整的设计文件？如果是完整的设计文件，那么这份设计文件应该包括什么内容？编制时有哪些要求？

任务描述

本任务介绍设计文件的定义、编制要求、编制顺序与组成。通过本任务学习，要求学生能够编制出完整的设计文件。

任务目标

(1) 掌握设计文件的定义及编制要求。

(2) 掌握设计文件的编制顺序和组成，能提交完整的设计文件。

6.1.1　设计文件的定义

设计文件是设计任务的具体实现，是勘察、测量所获得资料的组合呈现，也是设计规范、标准和技术的综合运用。设计文件能够充分体现设计者的指导思想和设计意图，并为工程建设安装、指导施工提供准确可靠的依据。

通信工程设计文件要考虑技术和经济两方面因素，做到技术和经济的统一。其中，技术问题通过设计文件中的说明和图纸解决，经济问题通过设计文件中的概算、施工图预算和修正概算解决。

6.1.2　编制要求

设计文件的编制要求

工程设计中凡依据国家或行业强制性标准的，应在设计依据中明确强制性标准文号及名称。涉及节能、环保、劳动保护、共建共享的工程应增加相关内容，并符合国家及行业相关现行的规范和标准。

设计文件一般按初步设计和施工图设计、进行两阶段编制，规模较小、技术成熟或套用标准的通信工程项目可按一阶段设计编制。

初步设计应根据批准的可行性研究报告和设计委托，以及设计勘察所取得的设计输入基础资料进行编制。初步设计的主要内容应包括工程概述、业务及网络资源现状、业务需求、建设方案、设备配置及选型原则、局站建设条件和工艺要求、设备安装基本要求、防雷与接地、抗震加固要求、安全与防火要求、运行维护、培训与仪表配置要求、工程进度安排、概算编制说明、概算表、图纸等。

施工图设计应根据批准的初步设计或设计委托，以及设计勘察所取得的设计输入基础资料进行编制。施工图设计的主要内容包括工程概述、网络资源现状及分析、建设方案、设备、器材配置、工程实施要求、施工注意事项、验收指标及要求、运行维护、培训与仪表配置、预算编制说明、预算表、设计图等内容。

一阶段设计应包括上述初步设计及施工图设计相关部分的内容，达到相应的深度要求，再编制工程概(预)算。

初步设计、一阶段设计文件的总册应简述方案比选、推荐总体方案、建设总规模和总投资，以及投资分析等方面的结论。总册包含的内容有总体说明(设计依据、设计文件组成、总体方案、总的规模容量及需要进行总体说明的内容概要等)、总投资额(包括概算或预算汇总表)和设计总图(如总体方案图、平面图、系统图、结构图、路由图、网络图等)。

概(预)算编制应包含概(预)算编制说明及概(预)算表格，概(预)算的编制应执行相应的定额和编制规程的相关要求。

设计文件的编制顺序

6.1.3 编制顺序与组成

设计文件的编制顺序一般为封面、扉页、资质文件、文件分发表、目录、设计说明、概预算文件和图纸，如图 6.1 所示。对于规模较大、设计文件较多的项目，设计说明书和设计图纸可按专业成册。

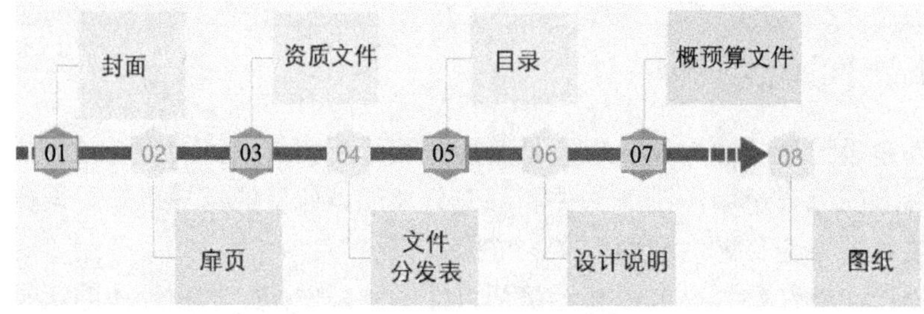

图 6.1 设计文件的编制顺序

1. 封面

设计文件的封面如图 6.2 所示，包括以下内容。

(1) 建设项目名称：建设项目名称应与立项名称一致。

(2) 设计阶段：设计阶段标识分为初步设计、施工图设计、一阶段设计，各阶段修改册在相应设计阶段后加括号标识。

(3) 单项工程名称及编册。

① 项目编号：设计单位的项目计划代号。

② 建设单位名称：应使用全称。

③ 设计单位名称：应使用全称。

(4) 出版年月等内容。

设计单位应在设计封面上加盖设计单位公章或设计文件专用章等。

中国铁塔XX省分公司

XXXX年XX高铁公众通信网络覆盖基础设施工程

汇总册

初步设计 全套设计文件

项目编号：

建设单位：中国铁塔股份有限公司XX省分公司

设计单位：XX省邮电规划设计院有限责任公司

XX省邮电规划设计院有限责任公司

XXXX 年 XX 月

图 6.2　设计文件的封面示意图

2. 扉页

设计文件的扉页如图 6.3 所示，包括以下内容。

(1) 建设项目名称：与立项名称一致，包括建设项目名称和设计阶段。

(2) 单项工程名称及编册。

(3) 设计单位的企业负责人、技术负责人、设计总负责人、单项设计负责人、设计人、审核人、概(预)算编制及审核人员姓名和证书编号。

3. 资质文件

咨询、设计单位必须拥有项目要求对应的工程勘察资质证书和工程设计资质证书才能承揽相应的工程，相关资质如图 6.4 所示，严禁无资质或超越资质承揽相应工程。

中国铁塔XX省分公司

XXXX年XX高铁公众通信网络覆盖基础设施工程

汇总册

初步设计·全套设计文件

总 经 理：XXX

总 工 程 师：XXX

院 主 管：XXX

项目总负责人：XXX

各专业负责人：XXX

概预算审核人：XXX	证号：通信（概）字XXX
概预算编制人：XXX	证号：通信（概）字XXX

图 6.3　设计文件的扉页示意图

图 6.4　资质文件示意图

4. 文件分发表

文件分发表应放在扉页之后，出版份数和种类应满足建设单位要求，如图 6.5 所示。

设计文件分发表

单位名称	全套文件	全套电子版设计文件	图纸及说明	全套概（预）算	全套器材概（预）算表
中国铁塔股份有限公司XX省分公司	8	1			
XX省邮电规划设计院有限责任公司归档	1	1			
合　计	9	2			
备　注	设计单位名称：XX 省邮电规划设计院有限责任公司 设计单位地址：XX 省 XX 市建邺区楠溪江东街 XX 号 邮编：210019 项目总负责人：XX 联系电话：XXXXX 电子邮箱：XXXXX 建设单位名称：中国铁塔股份有限公司XX省分公司 建设单位地址：XX省海口市国贸路 8 号建行大厦 19 层 邮编：570000 建设单位联系人：XX 联系电话：XXX 电子邮箱：XXX				

图 6.5　文件分发表示意图

5. 目录

设计文件的目录如图 6.6 所示，一般要求录入到正文说明的第三级标题，即部分、章、节。三级目次均应给出编号、标题和页码。

6. 设计说明

1) 概述

(1) 应说明工程概况，包括工程名称、建设背景、建设目的、建设内容、设计阶段划分、概算投资等情况。

(2) 应说明设计依据，主要包括可行性研究报告、可行性研究报告的批复、建设单位设计任务委托书、国家标准、国家相关技术体制、设计规范和行业标准、工程勘察和收集的资料等。作为设计依据的相关文件，应列出发文单位、文号、文件名称。

(3) 应说明设计文件编册，包括全套设计文件组成情况以及本册设计的编册及名称。

(4) 初步设计与经批准的可行性研究报告的规模、投资情况发生变化时，应着重说明发生变化的内容及原因。

目　录

图 6.6　设计文件的目录示意图

(5) 应简述建设规模及主要工程量，包括工程总体方案结论、建设规模和主要工作量。

(6) 应说明设计范围及分工，应说明设计内容和设计范围，根据实际情况明确各专业间的分工界面及与建设单位和设备供应商之间的分工界面。如果设计由多家设计单位共同承担，应说明各设计单位之间的分工。

2) 业务需求分析

业务需求分析应包括业务发展现状、业务预测方法及预测结果、工程满足期限。如果初步设计与可行性研究报告有较大变动，应详细说明理由。

3) 建设方案

(1) 网络发展现状应分析网络资源现状、资源利用情况、存在的问题，并简述相关网络以及所需配套设备情况。

(2) 应说明建设的原则、建设目标和建设思路；详细说明为满足业务需求、建设原则及建设目标而拟定的建设方案、技术指标及参数、形成的生产能力、相关建设需求。建设方案在可行性研究报告的基础上应进一步细化，充分利用现有资源，进行方案比选。

(3) 设备、器材配置及选型应包括工程拟购置的主要通信设备、器材的技术要求(含抗震要求)、配置要求及选型原则，设备功能、性能、接口种类及数量等。

(4) 通信局站建设条件及工艺要求应根据工程内容提出，主要包括以下内容：

① 通信局站建设的选址要求、机房的工艺要求，包括室内净空高度、地面等效均布活荷载机房环境要求及消防等要求。

② 对直流或交流供电系统的技术要求和负荷需求。

③ 防雷与接地系统要求，包括接地方式、接地电阻等要求。

④ 对铁塔的工艺要求，包括平台、高度、负载等要求。

⑤ 对楼顶天线增高架的工艺要求，包括高度、负载等要求。

⑥ 对进线室的工艺要求，包括净高、净宽等要求。

⑦ 对其他配套系统建设的要求。

⑧ 对工程所采用的设备或材料的节能、环保、消防安全提出的要求。

⑨ 需共建共享的建设项目，应根据国家、行业相关规定及技术标准提出建设方案，并符合国家及行业的相关现行的规范和标准。

⑩ 对维护管理、维护仪表配备、生产管理人员定额及工程人员技术培训的要求等。

⑪ 对于特殊地区、特殊工程，应增加劳动保护要求。

(5) 工程进度安排应简述设计批复、工程采购、设备到货、施工图设计、设备安装、设备调测、初次验收、试运行、竣工验收等阶段安排。

7. 概预算文件

工程概预算部分由工程项目建设投资、编制依据、投资分析和概预算表等组成。

1) 工程项目建设投资

工程项目建设投资主要说明项目规模、用途、概(预)算总价值、生产能力、公用工程及项目外工程的主要情况等。

2) 编制依据

编制依据主要说明编制概算、预算文件时所依据的技术经济文件、采用的定额类型、材料设备价格和地方政府的有关规定。比如，本书所列的“中国铁塔海南省分公司2015年西环高铁公众通信网络覆盖基础设施工程”建设年份是2015年，采用的是2008年的75定额，而不是前述任务介绍的451定额或T5G定额，所以设计日期非常重要。在此简单列出该工程当时编制工程概预算的依据如下：

(1) 工信部〔2008〕75号文“关于发布《通信建设工程概算预算编制办法》及相关定额的通知”；

(2) 工信部2008年5月发布的《通信建设工程概算、预算编制办法》；

(3) 工信部2008年5月发布的《通信建设工程费用定额》；

(4) 工信部2008年5月发布的《通信建设工程施工机械、仪表台班费用定额》；

(5) 工信部 2008 年 5 月发布的《通信建设工程预算定额　第一册 通信电源设备安装工程》；

(6) 工信部 2008 年 5 月发布的《通信建设工程预算定额　第三册 无线通信设备安装工程》；

(7) 工信部 2008 年 5 月发布的《通信建设工程预算定额　第四册 通信线路工程》；

(8) 工信部 2008 年 5 月发布的《通信建设工程预算定额　第五册 通信管道工程》。

3) 投资分析

投资分析是某一专业的各种概预算表格，可以根据工程实际情况进行编制。

4) 概预算表

根据国内信息通信工程的特点，概预算表格统一使用前面介绍的各种表格，此处不再重复介绍。

8. 图纸

见图纸部分，或单独成册。

■ 课后习题

一、单项选择题

1. 设计文件的组成应按照(　　)的顺序装订。

A. 封面、扉页、资质证书、分发表、目次、设计说明、概(预)算文件、图纸

B. 封面、扉页、分发表、资质证书、目次、设计说明、概(预)算文件、图纸

C. 封面、扉页、分发表、目次、资质证书、设计说明、概(预)算文件、图纸

D. 封面、扉页、资质证书、目次、分发表、设计说明、概(预)算文件、图纸

2. 单项设计标明单项负责人联系方式，总册则要标明(　　)的联系方式。

A. 建设单位项目负责人　　B. 施工负责人

C. 设计总负责人　　D. 监理负责人

3. 工程设计文件按一般工程和较小工程分类编册，文件包括总册或单项工程设计分册。原则上总册为(　　)。

A. 第一册　　B. 第二册　　C. 第三册　　D. 最后一册

4. 设计文件的设计说明需要有目录，一般要求目录录入到正文说明的第(　　)级标题。

A. 一　　B. 二　　C. 三　　D. 四

5. 单项工程一般按不同的(　　)或不同的通信系统进行划分。

A. 建设阶段　　B. 专业类型　　C. 工序方法　　D. 施工内容

6. 若建设单位要求以初步设计指导工程施工，则初步设计文件的编制深度应达到(　　)的编制要求。

A. 方案设计　　B. 初步设计

C. 一阶段设计　　D. 施工图设计

二、多项选择题

1. 编制出版的设计文件，封面应注明(　　)等信息。

A. 项目名称　　B. 建设单位
C. 设计单位　　D. 编制年月

2. 编制出版的设计文件，封面涉及的设计人员有(　　)。

A. 项目负责人　　B. 专业负责人
C. 概预算编制人　　D. 概预算审核人

3. 目次一般要求录入到正文说明的第三级标题，即(　　)。

A. 部分　　B. 章
C. 节　　D. 条

4. 一阶段设计中，设计编制的工程进度安排应简述设计批复、工程采购、(　　)、试运行、竣工验收等阶段安排。

A. 设备到货　　B. 施工图设计
C. 设备安装调试　　D. 初验

三、判断题

1. 工程设计中凡依据国家或行业强制性标准的，需要在设计依据中明确强制性标准文号及名称。(　　)

2. 2017 年前编制的设计项目、设计文件编制的说明及概(预)算表格、概(预)算的编制均应执行 451 定额相关规定。(　　)

3. 勘察设计单位必须取得相应的资质证书方能从事对应等级的设计工作。(　　)

4. 初步设计与可行性研究报告有较大变动时，应详细说明理由。(　　)

习题与答案

任务 6.2　设计会审与交底

课前引导

设计文件交付甲方后是直接分发给相关的参建单位进行工程实施，还是先召集参建单位对方案进行讨论，听取设计单位的汇报和其他参建单位的意见呢？

任务描述

本任务介绍设计会审的流程、审查要点以及会审后相关单位需要完成的工作，比如建设方需要出具会审纪要和会审批复，设计单位需要对相关参建单位进行设计交底。

任务目标

(1) 了解设计会审与交底的流程、目的和内容。

(2) 能针对设计会审的审查要点进行解答并向相关参建单位进行设计交底。

6.2.1 设计会审

设计会审

设计会审是由建设单位组织，设计单位、施工单位和监理单位参加，就设计方案进行探讨和修订的一个过程。会上由设计单位就项目概况、项目特点和疑难点进行介绍，就设计思路、设计方法和设计方案进行汇报。其他参建单位提出疑问和意见，设计单位进行解答或补充修改，最终达成会审结果。建设单位将会审结果整理成会审纪要下发，作为施工和结算依据的一部分。

初步设计审查重点包括是否符合批准的设计任务书要求，设计指导思想和设计方案是否体现国家的有关方针政策及电信发展技术政策，确认设计方案的可行性、正确性及经济性，核定方案的技术标准和建筑标准、工程建设规模和单位工程造价、各项技术经济指标、建设工期及增员计划。

施工图设计审查重点包括内容是否与批准的初步设计文件相符，施工图设计的深度能否达到指导施工的要求，新采用或特殊要求的施工方法及施工技术标准是否可行，有无论证依据、具体工作量及设备材料的品种、型号、数值和施工图预算。

会审后需要出具相关的会审纪要，明确会审结果，如图 6.7 所示。

中国铁塔XX省分公司XXXX年XX高铁
公众通信网络覆盖基础设施工程初步设计
会审纪要

时间：XXXX年3月24 日8:30-12:00

地点：中国铁塔股份有限公司XX省分公司会议

室 主持：XXX

出席：XXX

议题：中国铁塔XX省分公司XXXX年XX高铁公众通信网络覆盖基础设施工程初步设计会审

记录：XXX

会议讨论事项：

XX 省邮电规划设计院有限责任公司设计人员进行了XX高铁公众通信网络覆盖基础设施工程 307 个站点设计勘察并完成设计编制。

1、本期委托XX省邮电规划设计院有限责任公司设计内容包含：铁塔基础设计、铁塔桅杆设计、机房机柜基础设计、电源配套设备设计、运营商设备空间预留空间和设备接地等设计。

2、XX院主设计人员介绍工程概况、工程特点、项目疑难点、设计思路、设计规模和设计方案，与会者对设计方案进行审查和提出疑问，设计人员进行了一一解答。

3、经过与会人员认真全面的审查和讨论，现将会议的主要内容纪要如下：

①初步设计符合可行性研究报告批复、设计深度和投资概算满足编制要求。

②技术方案及概（预）算符合设计要求，可指导施工。

③会审结论。与会代表一致意见，XX省邮电规划设计院有限责任公司编制的工程设计文件通过会审。

报：公司领导

送：建设发展部、采购部

校对：运营发展部 XXX

图 6.7　会审纪要

根据会审结果，建设方出具设计会审批复，如图 6.8 所示。

关于中国铁塔XX省分公司
XXXX年XX高铁公众通信网络覆盖基础设施工程初步设计的批复

建设维护部：

运营发展部组织相关单位对《中国铁塔XX省分公司XX年XX高铁公众通信网络覆盖基础设施工程初步设计》进行了审查，现批复如下：

一、XX省邮电规划设计院有限责任公司编制的《中国铁塔XX省分公司XXXX年XX高铁公众通信网络覆盖基础设施工程初步设计》（全一册设计）符合该工程可行性研究报告批复的要求，可据此进行工程实施。

……

中国铁塔股份有限公司XX省分公司

XXXX 年XX 月XX 日

图 6.8　设计批复

6.2.2　设计交底

设计交底

设计交底是指在施工图完成并经审查合格后，设计单位在设计文件交付施工时，按法律规定的义务就施工图设计文件向施工单位和监理单位做出详细的说明。

设计交底的目的是使施工单位和监理单位正确贯彻设计意图，加深对设计文件特点、难点、疑点的理解，掌握关键工程部位的质量要求，确保工程质量。

一般交底书包括的内容主要有：

(1) 施工现场的自然条件、工程地质及水文地质条件等；

(2) 设计主导思想、建设要求与构思、使用的规范；

(3) 设计抗震设防烈度的确定；

(4) 基础设计、主体结构设计装修设计、设备设计(设备选型)等；

(5) 对基础、结构及装修施工的要求；

(6) 对建材的要求，以及对使用新材料、新技术、新工艺的要求；

(7) 施工中应特别注意的事项等；

(8) 设计单位对监理单位和承包单位提出的施工图中问题的答复。

常见的设计交底书如图 6.9 所示。

设 计 方 案 交 底 书

项目名称		项目编号	
建设单位		项目经理	
设计单位		设计负责人	
施工单位		施工负责人	
		施工负责人	
监理单位		监理负责人	
技术交底地点			
技术交底日期			
设 计 交 底 内 容			
工程概况、主要工程量:			
设计交底主要内容（技术关键点、施工难点等）：			
技术方面: 土建部分: 铁塔部分: 动力配套方面:			

安全方面:

一、基本规定

二、工具使用安全

三、开箱操作安全

四、立机架作业安全

五、放线缆作业安全

六 、作业安全

七、 作业现场的安全防护

八、高处作业安全

九、九、安全保护用品的配发与使用

十：其他提示

图 6.9　设计交底书的示意图

■ 课后习题

一、单项选择题

1. 设计会审应由(　　)组织其他参建单位共同进行。

A. 建设单位　　B. 监理单位
C. 施工单位　　D. 以上都可以

2. 图纸会审通常是(　　)，只有通过了会审才能进行交底。
A. 在设计交底前进行
B. 在设计交底后进行
C. 与设计交底同时进行
D. 与设计交底不存在时间上的先后关系

3. 施工图设计交底的目的是设计单位向施工单位和监理单位进行(　　)和说明。
A. 设计图纸的交接　　B. 施工和监理任务的部署
C. 质量目标的分解落实　　D. 设计意图的传达

4. 图纸会审的会议纪要应由(　　)负责整理，即整理会上提出的问题，会后由各方会签。
A. 监理单位　　B. 建设单位
C. 施工单位　　D. 设计单位

5. 图纸会审的内容一般不包括(　　)。
A. 图纸是否已经审查机构签字、盖章
B. 设计地震烈度是否符合当地要求
C. 设计人员的证书
D. 图纸是否满足项目立项的功能

6. 设计交底的主要内容不包括(　　)。
A. 设计意图的说明
B. 施工单位对设计图纸疑问的解释
C. 工程材料的来源是否有保证
D. 建筑、结构等专业在施工中的难点、疑点问题的说明

7. 施工图纸会审的目的，不包括(　　)。
A. 熟悉设计图纸、领会设计意图
B. 找出需要解决的技术难题，拟定解决方案
C. 解决图纸中可能存在的问题
D. 提高施工质量、节约施工成本

二、多项选择题

1. 图纸会审的主要目的在于(　　)。
A. 发现问题、隐患
B. 让施工单位熟悉图纸，了解工程特点、设计意图
C. 提醒施工单位注意有关事项
D. 为施工单位解决技术难题

2. 设计交底的内容一般包括(　　)。
A. 工程地质及水文地质条件
B. 设计思想和方法

C. 施工中应特别注意的事项

D. 对监理施工单位的答疑

三、判断题

1. 设计会审对新技术标准或特殊要求的施工方法应该审查是否可行，有无论证依据。( )

2. 设计会审时施工单位在场，且设计文件会审后并无修改，因此设计单位无需对施工单位进行设计交底。( )

习题与答案

项目 7　赛证融通之基站仿真实训

项目概述

5G 移动网络运维“1+X”考证和全国职业院校技能大赛“5G 组网与运维”是提升设计人员专业技能的重要手段。“1+X”考证和技能竞赛中一个重要模块为站点工程，包括室外通信基站和室内分布系统建设。本项目主要介绍“1+X”考证和技能竞赛涉及的站点工程部分，采用 5G 站点工程建设仿真软件(简称 Project5GPro 软件)相关的基站建设模块，即进行新建/共建宏站仿真训练，完成从选址、勘察、设计、概预算编制、工程实施和验收等全生命周期内容。

项目目标

(1) 了解“1+X”考证和技能竞赛。

(2) 掌握 Project5GPro 软件，熟练使用软件完成新建/共建宏站全生命周期的仿真实训。

知识导图

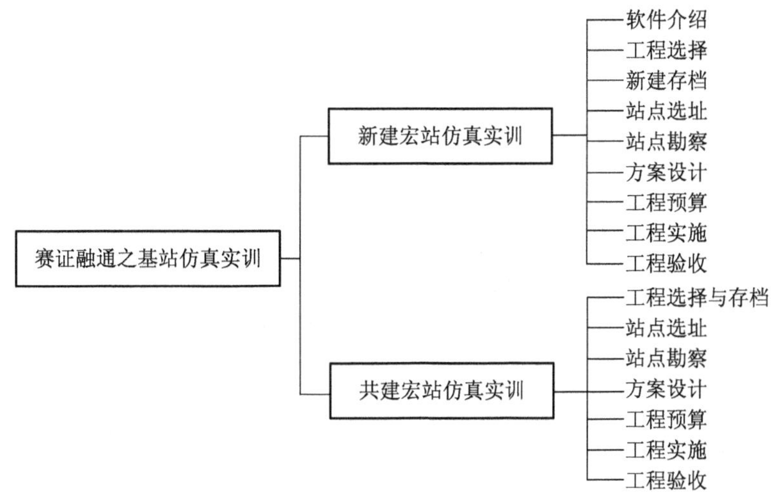

任务 7.1 新建宏站仿真实训

课前引导

“1+X”考证与技能竞赛和本门课程有什么关系？要完成本模块的内容需要使用什么工具？

任务描述

5G 站点工程软件是深圳 IUV 公司开发的一款教学仿真软件，也是通信专业“1+X”考证与技能竞赛的重要实现载体。结合前述课程内容，本任务使用该软件完成新建宏站的勘察、设计、安装部署和概预算编制等内容。

任务目标

熟练使用 Project5GPro 软件，完成室外新建宏站的勘察、设计、概预算编制和安装部署等内容。

7.1.1 软件介绍

5G 站点工程

软件介绍

5G 站点工程仿真软件集成了新建宏站、共建宏站、传统室分和数字室分等四大类建站方式，包含密集城区、一般城区和偏远山区三大用户情景以及写字楼、住宅小区、商业广场等 15 个经典网络建设场景，可实现站点选址、站点勘察、方案设计、工程预算、工程实施和工程验收六大操作流程，还原了真实的工作环境。该软件提供的典型机房、天馈建设方式、硬件设备与前述内容遥相呼应，同时能进行 3D 工程展现，呈现建设过程且能自动评分，随时检验学习情况，可作为教学的一个重要辅助手段。

使用时，需输入相应的账号和密码，选择对应的教学模式。软件提供了实训模式、测评模式和竞技模式。本书采用第一种模式进行讲解，如图 7.1 所示。

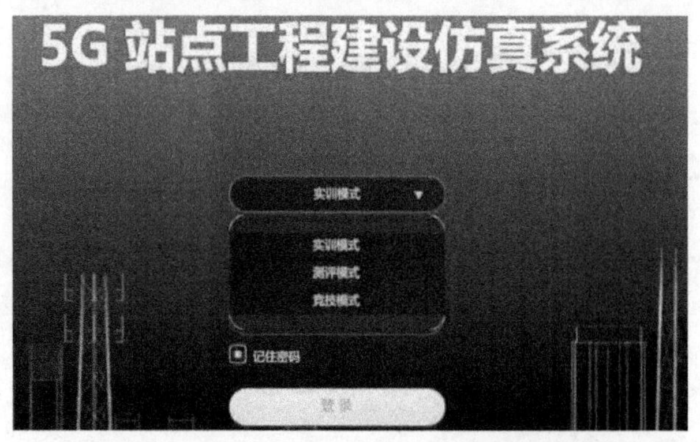

图 7.1 5G 站点工程仿真软件的启动示意图

7.1.2　工程选择

登录进入软件之后，可供选择的模式有“新建工程”“最新工程”“存档管理”，如图 7.2 所示。新建工程指的是从无到有新建一个工程项目。最新工程指的是之前未完成、系统自动保存的最近的工程项目。存档管理则是用户命名存储的一个工程，后续可以继续读取该工程进行相关的操作。

图 7.2　工程选择

7.1.3　新建存档

点击“新建工程”新建一个存档，工程名称可以自行命名，比如“新建工程+班级+学号”等，可在说明处填写一些关于站点的信息，如图 7.3 所示。

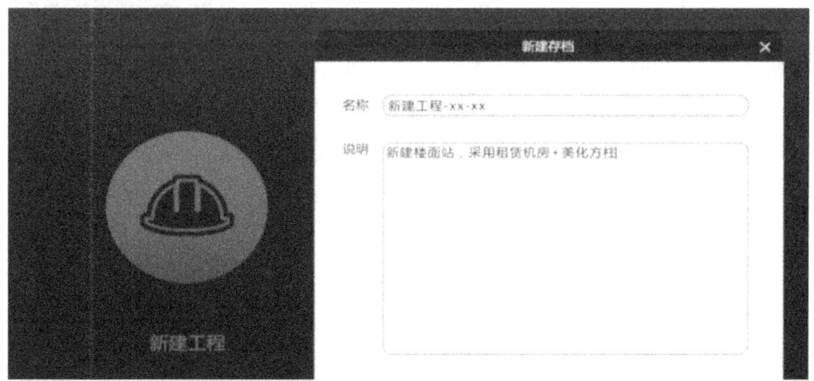

图 7.3　新建工程示意图

进入新建工程后再点击“新建宏站”，进入后续流程，如图 7.4 所示。

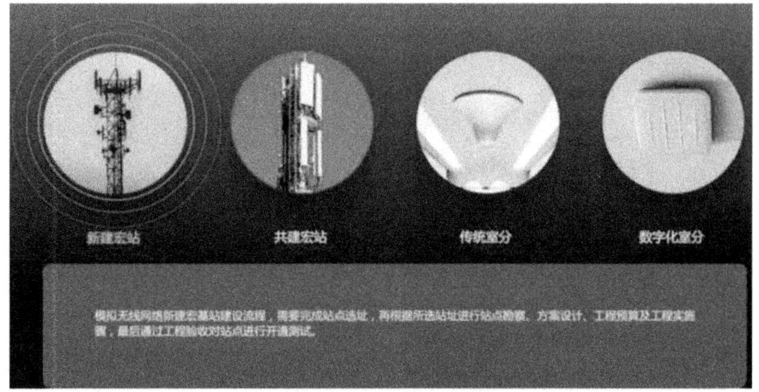

图 7.4　新建宏站示意图

7.1.4 站点选址

站点选址

根据软件提供的场景，分别点击各场景，综合判断每种建站环境的优缺点，根据任务 2.2 介绍的内容(如交通、市电情况、承重要求和居民对建站的接受程度等因素)确定建站地点，点击进入摸底测试。这里综合评选之后选择在商业广场建站，点击“进入摸底测试”，选择测试网络和测试设备，如图 7.5 所示。

图 7.5 摸底测试

摸底测试结果如图 7.6 所示。其中，RSRP 为参考信息接收功率。

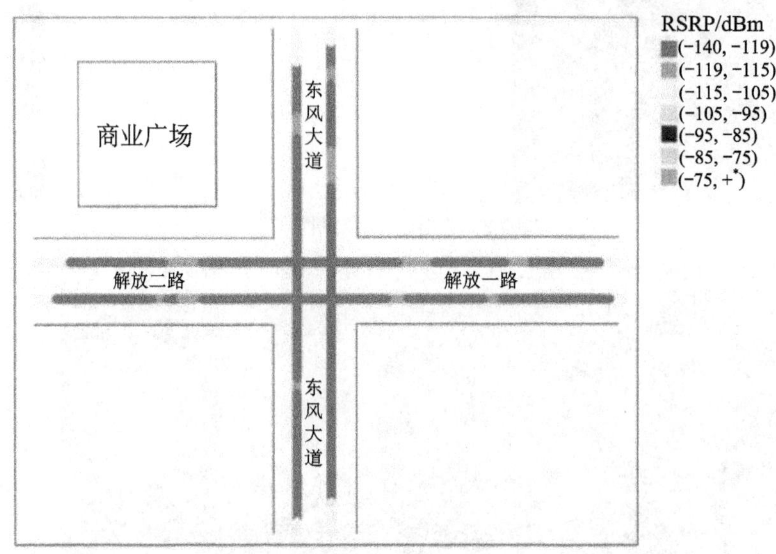

图 7.6 摸底测试结果

需要注意的是，测试之后会有一个规划输出报告，其中的规划频段、投资预算、建筑承重能力和基本风压等都是可以修改的，如图 7.7 所示。建议初学者先采用默认参数值。

工程规划

默认　自定义

覆盖区域

东风大道　解放一路　解放二路

覆盖半径　400 m

天线高度　19 m

计算公式

天线高度=覆盖半径×tan (天线下倾角[6]-天线垂直半功率角[6.5]÷2)

规划频段

2600MHz　3500MHz

投资预算

低　中　高　超高

建设周期

3天　5天　28天　40天

物业协调难度

不考虑　容易　一般　困难

建筑承重能力

不考虑　低　中　高

基本风压

0.3kN/m²　0.6kN/m²　0.9kN/m²

图 7.7　规划输出报告

7.1.5　站点勘察

站点勘察

进入勘察页面，三个绿点(椭圆框标注)区域是提供可用信息填入的勘察记录表(也就是勘察报告)，黄色的小点(未标注的点)则需要使用工具箱中的工具进行测量或拍照，如图 7.8 所示。

图 7.8　站点勘察页面

填写勘察报告时，一定不能出现多字、少字或者错别字的情况。对于测量拍照时需要进行的视角切换问题，软件提供了商业广场全景(用于天面勘察)、租赁机房全景(用于机房勘察)和第一人称视角(不方便勘察测量时可切换到第一人称视角)。勘察报告准确无误完成后，在工程验收的系统评分之处显示 100%完成。如果得分不足 100%，则需要返回做对应的修改。勘察报告如图 7.9 所示。

无线基站勘察报告(新建宏站)

基本信息

项目	内容		
规划站名	湖山区长青世纪购物中心		
实际站名	湖山区长青世纪购物中心		
行政归属	湖山 区/县		
详细地址	长青市湖山区东风大道131号长青世纪购物中心		
经度	84.005799 (东经)	纬度	38.444979 (北纬)
海拔	2269 m	楼层	4 层
层高	4 m	天面宽度	100000 mm
天面长度	120000 mm	女儿墙厚度	240 mm

女儿墙材质：○混凝土 ●砖墙 ○构造柱

女儿墙高度：1200 mm

区域类型：●市区 ○郊区 ○县城 ○乡镇 ○农村 ○其他

覆盖场景：●道路 ○高速高铁 ○旅游区 ○居民区 ○校园 ○工业厂区 ○农村 ○重点项目

基站配置：○S1 ○S11 ○S111 ●S1111

频段：○2600MHz ●3500MHz

电源系统

市电引入点：○就近引入 ●大楼内

市电引入距离：15 m

引入类型：●380V ○220V

机房信息

上游机房：○长青市核心机房 ●湖山区承载机房 ○绿峰县承载机房

传输引入距离：2200 m

机房信息

机房类型：○土建机房 ○彩钢板机房 ○一体化机柜 ●租赁机房

机房所在楼层：5 层

项目	数值	项目	数值
机房长度	4000 mm	机房宽度	4000 mm
机房高度	2800 mm	机房门长度	2000 mm
机房门宽度	900 mm	机房窗长度	900 mm
机房窗宽度	1200 mm		

塔桅信息

塔桅类型：○三管塔 ○单管塔 ○角钢塔 ○美化树 ○景观塔 ○增高塔 ○美化水桶 ●美化方柱 ○美化空调 ○抱杆

塔桅高度：4 m

共塔桅：○是 ●否

天线信息

射频拉远单元：●AAU ○RRU+天线

天线类型：○65°传统定向天线 ○90°传统定向天线 ●65°AAU天线

项目	数值	项目	数值
天线挂高	19 m	天线数量	4 副
天线方向角1	10 °	天线方向角2	100 °
天线方向角3	170 °	天线方向角4	260 °
天线下倾角1	6 °	天线下倾角2	6 °
天线下倾角3	6 °	天线下倾角3	6 °

图 7.9　勘察报告

7.1.6　方案设计

天馈安装平面

方案设计主要完成天馈安装平面图(俯视图)、天馈安装立面图、机房设备布置平面图以及走线架布置平面图的方案设计。

1. 天馈安装平面图

天馈安装平面图，也就是俯视图。顾名思义，俯视图是从上往下看，所以得到的都是方框性质的平面图，图中用不同的图例表示机房和天线。在操作时，需要从软件提供的图例中选择并拖动相关的设备到天面，并且要对应前面勘察所确定的天线类型和机房类型。

在软件中主要通过天线基础参数表来显示小区方位图，不过软件无法做到百分之百的逼真。比如小区的方位角在设计中应该有相应的角度，但完成设计之后软件均显示正北方向，这显然是不对的。软件完成后的设计如图 7.10 所示。

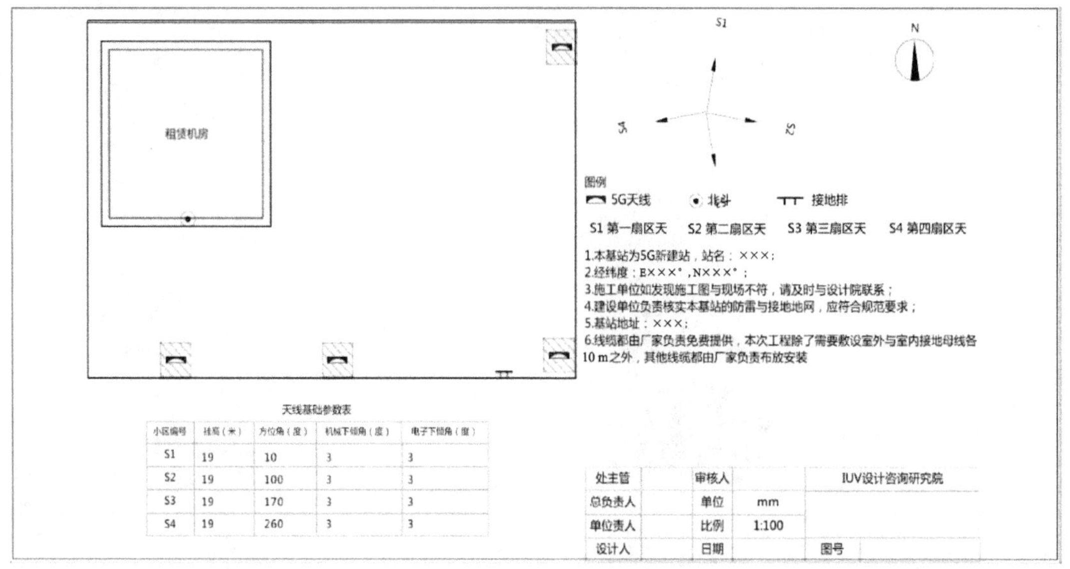

小区编号	挂高（米）	方位角（度）	机械下倾角（度）	电子下倾角（度）
S1	19	10	3	3
S2	19	100	3	3
S3	19	170	3	3
S4	19	260	3	3

图 7.10　天馈安装平面图

2. 天馈安装立面图

天馈安装立面图

立面图和俯视图一般放在一起画出，作为天面走线路由和计算相关线缆长度的辅助设计图。软件完成的4个小区的天线立面图如图7.11所示。实际上，按照图7.10所示的天线设计，立面图只能显示3个小区，其中，2副天线在立面图应该是重合的。设计人员应该清楚地知道设计图与软件展示的不同之处。

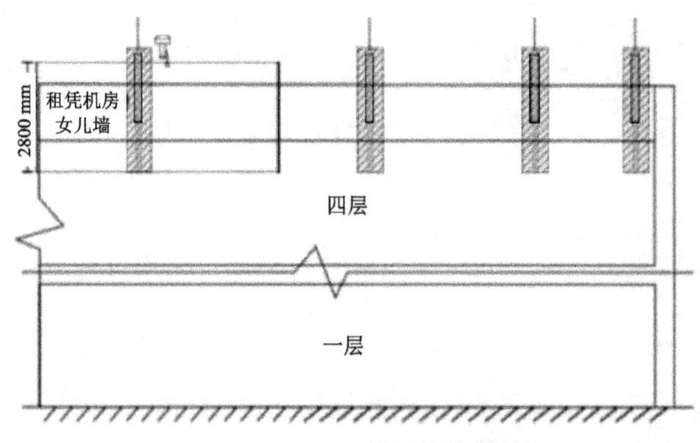

图 7.11　天馈安装立面图

3. 机房设备布置平面图

机房设备布置平面图

机房设备布置平面图中包括机房配套相关设备，如电源配套和主设备设计。在操作时需要结合软件提供的安装位置，合理部署相关的电源、机柜和运营商设备以及分配电源端子。比如设计机柜时，机面必须朝外完全打开、无遮挡，其他则可以根据项目三的设计要求执行。每个人的设计方案，如设备布放位置是有所区别的，不必追求一致，只要后期实施能够与设计方案保持一致即可。软件完成的机房设备布置平面图如图7.12所示。

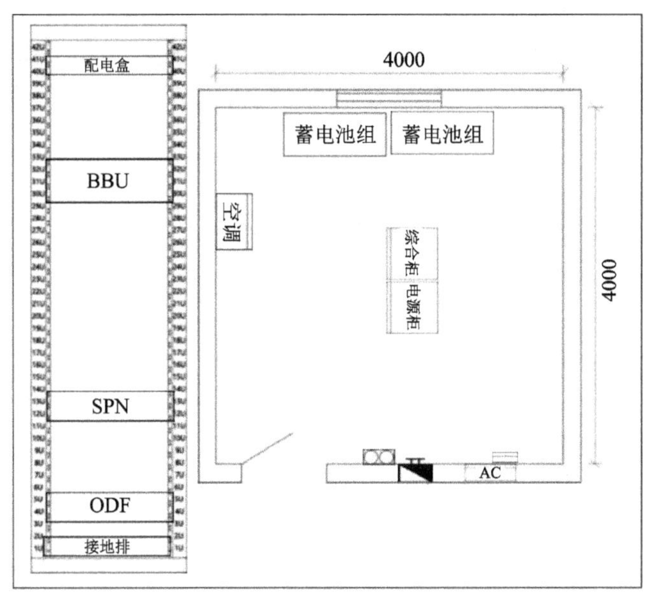

图 7.12　机房设备布置平面图

4. 走线架布置平面图

走线架布置平面图

进行走线架设计时，一定要结合设备布置平面图。需要注意的是，软件提供的操作界面，无论是设备布置平面图还是走线架布置平面图，均缺少定位，故在操作时需要小心拖动。软件界面缺少材料表和相关设备的数量统计，这对于后期概预算编制也是不方便的。软件完成的走线架布置平面图如图 7.13 所示。

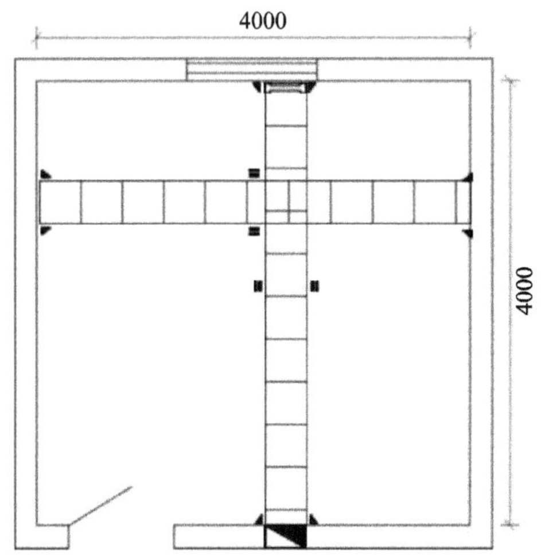

图 7.13　走线架布置平面图

7.1.7　工程预算

软件设计中的概预算与工程实际使用的概预算不同。比如说表一，应该由工程费＋工程建设其他费组成，在软件中则是由建筑安装工程费+工程建设其他费组成，因为软件把设备费用链接到表二的建筑安装工程费了。同理，软件的表四把电源柜、综合柜和运营商主设备等都当作主要材料费了，这也是导致表一的格式与实际工程使用的概预算表格不同的原因。

1. 表三编制

表三的编制

表三中，表三甲用于编制工程量并计算技工和普工总工日，表三乙用于计算机械使用费，表三丙用于计算仪表使用费。在编制表三甲时需要注意：

(1) TSD3-004 安装蓄电池抗震架数量的计算；

(2) TSD3-073 安装一体化电源柜(落地式)定额条目的场景选择；

(3) TSD3-066 安装组合式开关电源(工作电流在 600 A 以上)，一是与 TSD3-073 的关系，二是为什么选择的是工作电流在 600 A 以上的电源。

不能选 GPS 安装调试模块是因为预算子目给的是 TXL 线路专业，这也是需要注意的。

根据天馈安装平面示意图中第 6 点说明“线缆都由厂家负责免费提供，本次工程除了需要敷设室外与室内接地母线各 10 m 之外，其他线缆都由厂家负责布放安装”可以知道，母线是厂家包料不包工(不需要材料费但需要人工费)，其他线缆是包工包料(无需额外的人工费和材料费)。完成后的表三甲定额条目和数量如图 7.14 所示。

建筑安装工程量预算表(表三甲)

序号	定额编号	项目名称	单位	数量	单位定额值（工日）		概预算值（工日）	
					技工	普工	技工	普工
Ⅰ	Ⅱ	Ⅲ	Ⅲ	Ⅴ	Ⅵ	Ⅶ	Ⅷ	Ⅷ
1	TSD3-004	安装蓄电池抗震架(列长)(双层双列)	m	3	0.89	0.00	2.67	0.00
2	TSD3-016	安装48V铅酸蓄电池组(1500Ah以下)	组	2	9.85	0.00	19.70	0.00
3	TSD3-073	安装一体化开关电源柜(落地式)	台	1	2.80	0.00	2.80	0.00
4	TSD4-004	安装与调试通用空调(立式)	台	1	1.75	0.00	1.75	0.00
5	TSD6-011	安装室内接地排	个	2	0.69	0.00	1.38	0.00
6	TSD6-012	敷设室内接地母线	十米	1	1.00	0.00	1.00	0.00
7	TSD6-013	敷设室外接地母线	十米	1	2.29	0.00	2.29	0.00
8	TSD3-066	安装组合式开关电源(600A以上)	架	1	6.90	0.00	6.90	0.00
9	TSD3-076	开关电源系统调试	系统	1	4.00	0.00	4.00	0.00
10	TSW1-002	安装室内电缆走线架(水平)	m	8	0.12	0.00	0.96	0.00
11	TSW1-003	安装室内电缆走线架(垂直)	m	3	0.08	0.00	0.24	0.00
12	TSW1-014	安装室内无源综合架(柜)(落地式)	个	1	1.61	0.00	1.61	0.00
13	TSW1-031	安装室外接地排	个	1	0.88	0.00	0.88	0.00
14	TSW2-016	安装定向天线(抱杆上)	副	4	4.42	0.00	17.68	0.00
15	TSW2-052	安装基站主设备(机柜/箱嵌入式)	台	1	1.08	0.00	1.08	0.00
16	TXL7-027	增(扩)装光纤一体化熔接托盘	套	1	0.10	0.00	0.10	0.00
17	TSY2-083	安装、调测全球 定位系统(GPS)	套	1	4.00	0.00	4.00	0.00
18	TSW2-078（参）	5GNR 基站系统调测 3 个"载·扇"以下	站	1	20.68	0.00	20.68	0.00
19	TSW2-079（参）	5GNR 基站系统调测 3 个"载·扇"以上每增加一个"载·扇"	载·扇	1	1.68	0.00	1.68	0.00
20	TSW2-080	配合基站系统调测	站	1	4.22	0.00	4.22	0.00
21	TSW2-081	配合基站系统调测	扇区	4	1.41	0.00	5.64	0.00
22	TSW2-093（参）	5GNR 基站联网调测	扇区	4	8.68	0.00	34.72	0.00
23	TSW2-094	配合联网调测	站	1	2.11	0.00	2.11	0.00
24	TSW2-095	配合基站开通	站	1	1.30	0.00	1.30	0.00
				0	0.00	0.00	0.00	0.00
				0	0.00	0.00	0.00	0.00
				0	0.00	0.00	0.00	0.00
				0	0.00	0.00	0.00	0.00
				0	0.00	0.00	0.00	0.00
		合计					139.39	0.00

图 7.14　编制的表三甲

表三乙的编制相对简单。点击预算子目，选择需要的机械台班条目即可，完成后的表三乙如图 7.15 所示。

建筑安装工程量预算表(表三乙)

序号	定额编号	项目名称	单位	数量	机械名称	单位定额值（工日）		概预算值（工日）	
						数量(台班)	单价(元)	数量(台班)	合价(元)
Ⅰ	Ⅱ	Ⅲ	Ⅳ	Ⅴ	Ⅵ	Ⅶ	Ⅷ	Ⅸ	Ⅹ
1	TSD6-012	敷设室内接地母线	十米	1	交流弧焊机	0.10	120.00	0.10	12.00
2	TSD6-013	敷设室外接地母线	十米	1	交流弧焊机	0.04	120.00	0.04	4.80
3	TSD3-016	安装48V铅酸蓄电池组(1500Ah以下)	组	2	叉式装载车(3t)	0.30	374.00	0.60	224.40
				0		0.00	0.00	0.00	0.00
		合计						0.74	241.20

图 7.15　编制的表三乙

表三丙的编制也是选择需要的仪表条目即可，完成后的表三丙如图 7.16 所示。

建筑安装工程量预算表(表三丙)

序号	定额编号	项目名称	单位	数量	仪表名称	单位定额值（工日）		概预算值（工日）	
						数量(台班)	单价(元)	数量(台班)	合价(元)
Ⅰ	Ⅱ	Ⅲ	Ⅳ	Ⅴ	Ⅵ	Ⅶ	Ⅷ	Ⅸ	Ⅹ
1	TSD3-076	开关电源系统调试	系统	1	手持式多功能万用表	0.20	117.00	0.20	23.40
2	TSD3-076	开关电源系统调试	系统	1	绝缘电阻测试仪	0.20	120.00	0.20	24.00
3	TSD3-076	开关电源系统调试	系统	1	杂音计	0.20	117.00	0.20	23.40
4	TSW2-078(参)	5GNR 基站系统调测 3 个"载·扇"以下	站	1	射频功率计	1.26	147.00	1.26	185.22
5	TSW2-078(参)	5GNR 基站系统调测 3 个"载·扇"以下	站	1	操作测试终端(电脑)	1.26	125.00	1.26	157.50
6	TSW2-078(参)	5GNR 基站系统调测 3 个"载·扇"以下	站	1	微波频率计	1.26	140.00	1.26	176.40
7	TSW2-078(参)	5GNR 基站系统调测 3 个"载·扇"以下	站	1	误码测试仪	1.26	0.00	1.26	0.00
8	TSW2-079(参)	5GNR 基站系统调测 3 个"载·扇"以上每增加一个"载·扇"	载·扇	1	微波频率计	0.19	140.00	0.19	26.60
9	TSW2-079(参)	5GNR 基站系统调测 3 个"载·扇"以上每增加一个"载·扇"	载·扇	1	射频功率计	0.19	147.00	0.19	27.93
10	TSW2-079(参)	5GNR 基站系统调测 3 个"载·扇"以上每增加一个"载·扇"	载·扇	1	误码测试仪	0.19	0.00	0.19	0.00
11	TSW2-079(参)	5GNR 基站系统调测 3 个"载·扇"以上每增加一个"载·扇"	载·扇	1	操作测试终端(电脑)	0.19	125.00	0.19	23.75
12	TSW2-093(参)	5GNR 基站联网调测	扇区	4	移动路测系统	0.14	428.00	0.56	239.68
13	TSW2-093(参)	5GNR 基站联网调测	扇区	4	射频功率计	0.14	147.00	0.56	82.32
14	TSW2-093(参)	5GNR 基站联网调测	扇区	4	操作测试终端(电脑)	0.14	125.00	0.56	70.00

图 7.16　编制的表三丙

2. 表四编制

表四的编制

对于表四，软件设置与实际使用的概预算表格差别也很大。在本次实训使用的软件里，线缆等材料无需建设方提供，软件把主要设备当作材料费链接到表二的主要材料费了。同时，需要注意的是，表三选择的是 TSD3-066 安装组合式开关电源(工作电流在 600 A 以上)，而表四提供的电源却是 −48 V/200 A(工作电压/工作电流)，两者矛盾。传输设备 SPN 是含安装费的，这也就解释了为什么表三没有安装 SPN 的定额。

完成之后的表四甲如图 7.17 所示。

3. 表二编制

表二的编制

表二需要填写的只有人工费、机械使用费、仪表使用费和材料费四个费用，措施费、利润和销项税额均自动完成计算。

$$人工费 = 表三甲该预算值(工日) \times 单价$$

$$机械使用费 = 表三乙概预算值(工日)的总价$$

$$仪表使用费 = 表三丙概预算值(工日)的总价$$

$$材料费 = 主要材料费 + 辅助材料费$$

$$辅助材料费 = 主要材料费 \times 3\%$$

其中，主要材料费=国内器材预算表(表四甲)合计的除税价。

把上述费用填入对应位置则可生成表二，如图 7.18 所示。

国内器材预算表(表四甲)

序号	名称	规格程式	单位	数量	单价（元）	合计（元）			备注
					除税价	除税价	增值价	含税价	
Ⅰ	Ⅱ	Ⅲ	Ⅳ	Ⅴ	Ⅵ	Ⅶ	Ⅷ	Ⅸ	Ⅹ
1	美化方柱（含安装费）	4米，0.65风压	座	4	1450.00	5800.00	348.00	6148.00	
2	开关电源柜(含线缆)	-48V/200A	架	1	14313.00	14313.00	858.78	15171.78	
3	综合柜(含线缆)		个	1	1232.20	1232.20	73.93	1306.13	
4	交流配电箱(含线缆)	380V/100A	个	1	2363.00	2363.00	141.78	2504.78	
5	阀控式蓄电池组(含线缆)	-48V/1000AH	组	2	17100.00	34200.00	2052.00	36252.00	
6	基站机房空调(含线缆)	制冷量3匹	台	1	7300.00	7300.00	438.00	7738.00	
7	环境及动力监控设备(含线缆)	壁挂式	套	1	5500.00	5500.00	330.00	5830.00	
8	消防器材		套	1	434.00	434.00	26.04	460.04	
9	馈线窗		个	1	203.00	203.00	12.18	215.18	
10	接地排		个	3	113.00	339.00	20.34	359.34	
11	配电盒(含设备安装费与线缆)	200A	台	1	765.30	765.30	45.92	811.22	
12	GPS(含线缆)	集成避雷器GPS/北斗双模天线	个	1	632.00	632.00	37.92	669.92	
13	BBU(含线缆)	5G BBU	套	1	12756.00	12756.00	765.36	13521.36	
14	AAU3500(含线缆)	5G NR 3400-3600MHz，64T64R，100MHz	副	4	31012.00	124048.00	7442.88	131490.88	
15	ODF(含线缆)	48口	套	1	576.50	576.50	34.59	611.09	
16	SPN(含安装费及线缆)		台	1	7253.00	7253.00	435.18	7688.18	
17	室内走线架(含加固件及连接件)	400mm	米	11	23.00	253.00	15.18	268.18	

图 7.17　编制的表四甲

序号	费用名称	依据和计算方法	合计（元）
Ⅰ	Ⅱ	Ⅲ	Ⅳ
	建安工程费（含税价）	一+二+三+四	275738.52
	建安工程费（除税价）	一+二+三	258970.24
一	直接费	（一）+（二）	246084.67
(一)	直接工程费	1+2+3+4	241698.90
1	人工费	（1）+（2）	15890.46
(1)	技工费	技工工日×114元	15890.46
(2)	普工费	普工工日×61元	0.00
2	材料费	（1）+（2）	224507.04
(1)	主要材料费	主要材料费	217968.00
(2)	辅助材料费	主要材料费×3%	6539.04
3	机械使用费	机械台班单价×机械台班量	241.20
4	仪表使用费	仪表台班单价×仪表台班量	1060.20
(二)	措施项目费	1...15项之和	4385.77
1	文明施工费	人工费×1.5%	238.36
2	工地器材搬运费	人工费×3.4%	540.28
3	工程干扰费	人工费×6%	953.43
4	工程点交、场地清理费	人工费×3.3%	524.39
5	临时设施费	人工费×2.6%	413.15
6	工程车辆使用费	人工费×5%	794.52
7	夜间施工增加费	人工费×2.5%	397.26
8	冬雨季施工增加费	人工费×1.8%	286.03
9	生产工具用具使用费	人工费×1.5%	238.36
10	施工用水电蒸汽费	按实记取	0.00
11	特殊地区施工增加费	按实记取	0.00
12	已完工程及设备保护费	按实记取	0.00
13	运土费	按实记取	0.00
14	施工队伍调遣费	按实记取	0.00
15	大型施工机械调遣费	按实记取	0.00
二	间接费	（一）+（二）	9707.48
(一)	规费	1+2+3+4	5353.50
1	工程排污费	按实记取	0.00
2	社会保障费	人工费×28.5%	4528.78
3	住房公积金	人工费×4.19%	665.81
4	危险作业意外伤害保险费	人工费×1.00%	158.90
(二)	企业管理费	人工费×27.4%	4353.99
三	利润	人工费×20%	3178.09
四	销项税额	(一+二+三-主要材料费)×9.00%+所有材料销项税额	16768.28

图 7.18　编制的表二

4. 表五编制

表五为工程建设其他费，它是以工程费为基数进行计算的。同时，由于软件设置问题，表五里显示的“工程费”和“建筑安装费”其实就是表二的“建安工程费”。此处需要进行计算的主要有项目建设管理费、勘察费、设计费、建设工程监理费和安全生产费，完成编制的表五甲如图 7.19 所示。

表五的编制

序号	费用名称	计算依据及方法	合计（元）			备注
			除税价	增值税	含税价	
	Ⅱ	Ⅲ	Ⅳ	Ⅴ	Ⅵ	Ⅶ
1	建设用地及综合赔补费					不计取
2	项目建设管理费	工程费（除税价）x2%	5179.40	310.76	5490.16	财建（2016）504号
3	可行性研究费					不计取
4	研究试验费					不计取
5	勘察费	4250元/站	4250.00	255.00	4505.00	计价格[2002]10号
6	设计费	工程费（除税价）×4.5%	11653.66	699.22	12352.88	计价格[2002]10号
7	环境影响评价费					不计取
8	建设工程监理费	工程费(折前建筑安装费+设备费)×3.30%	8546.02	512.76	9058.78	发改价格[2007]670号
9	安全生产费	建筑安装费×1.50%	3884.55	349.61	4234.16	工信部通函[2012]213号
10	引进技术及进口设备其他费					不计取
11	工程保险费					不计取
12	工程招标代理费					不计取
13	专利及专利技术使用费					不计取
14	其他费用					不计取
15	生产准备及开办费（运营费）					不计取
	合计		33513.63	2127.35	35640.98	

图 7.19　编制的表五甲

5. 表一编制

表一的编制

表一为工程预算总表，在软件中只需要将表二的建安工程费和表五的工程建设其他费填入表一即可。完成编制的表一如图 7.20 所示。

序号	表格编号	费用名称	小型建筑工程费	国内安装设备费	不需安装的设备、工器具费	建筑安装 工程费	其他费用	预备费	总价值			
			预算价值（元）						除税价	增值价	含税价	其中外币
Ⅰ	Ⅱ	Ⅲ	Ⅳ	Ⅴ	Ⅵ	Ⅶ	Ⅶ	Ⅸ	Ⅹ	Ⅺ	Ⅻ	XIII
1	表二	建筑安装工程费				258970.24			258970.24	16768.28	275738.52	
2	表五	工程建设其他费					33513.63		33513.63	2127.35	35640.98	
		总计				258970.24	33513.63		292483.87	18895.63	311379.50	

图 7.20　编制的表一

7.1.8　工程实施

工程实施

工程实施主要进行天面和机房配套实施。在天面主要完成机房、GPS

和北斗天线安装以及美化方柱、AAU 和防雷接地，AAU 的光缆和电源线则需要等机房设备安装之后才能完成。进行工程实施时需要跟设计方案一一对应，比如图 7.21 中箭头指向的小区在右侧有 3 个安装位置，但根据设计方案只能安装在右上角。

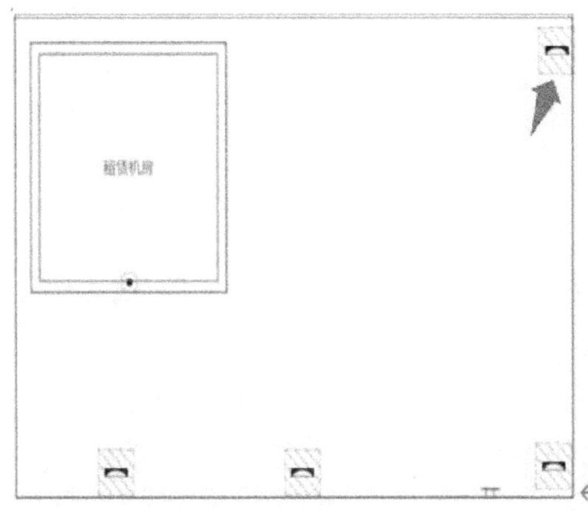

图 7.21　天面安装图

完成天面安装之后进入租赁机房全景，完成走线架和设备布放。在真实的工程实施中，应先根据设计方案安装走线架，但设计方案的走线架平面图没有定位，且软件为了操作方便，可以先安装好设备再铺设走线架。在施工时也要参照设计方案，比如图 7.22(a)所示把综合柜和电源柜位置对调是不正确的。在综合柜安装运营商主设备时应该使用第一人称视角，并且需要将机柜整体显示出来，以便将设备安装在正确的位置，如图 7.22(b)所示。

(a) 错误安装

(b) 正确安装

图 7.22　租赁机房设备安装

在机房配套实施时同样要注意所有的设备都要进行接地保护，而且地排要通过母线与接地极相连，软件会自行完成这一步，这也回答了为什么在概预算中需要添加 TSD6-12 和 TSD6-13 两条额定子目的原因。

7.1.9　工程验收

工程验收

工程验收内容较简单，是对工程设计与实施的评估。在软件操作时，只需要分别点击测试终端的 4 个小区，然后点击“开始测试”。如显示“测试通过”，则表示工程设计与实施没有问题，如图 7.23 所示。同时，测试终端也会显示时延、下载与上传速度。

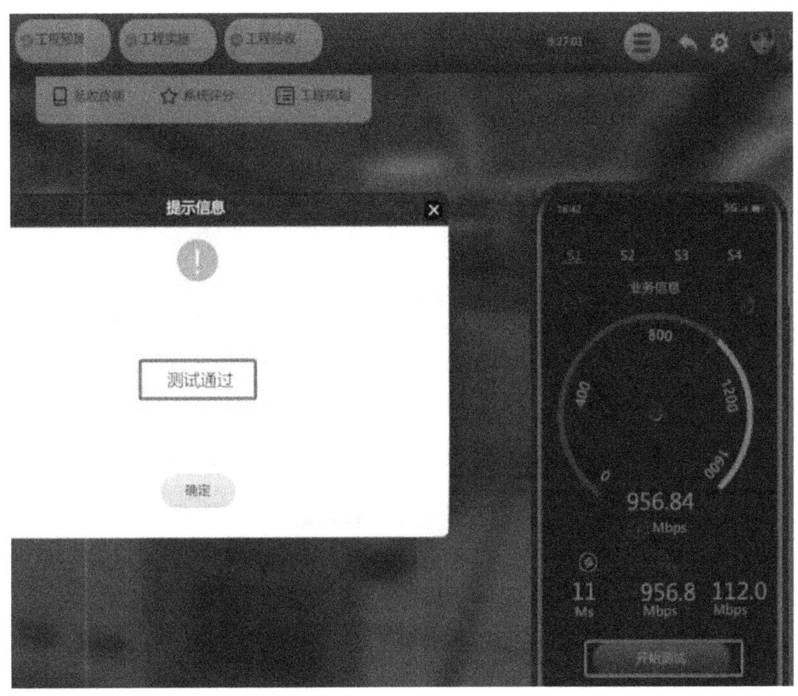

图 7.23　工程验收

■ 课后习题

操作题：

使用 Project5GPro 软件，完成新建宏站仿真操作配置。

任务 7.2　共建宏站仿真实训

课前引导

大家使用 5G 站点工程软件完成了新建宏站的仿真操作有什么体会？对接下来的共建宏站仿真操作有什么期待？

任务描述

本任务继续使用 5G 站点工程软件完成共建宏站的仿真操作，重点讲述在操作时与新建站的不同点和需要注意的关键点。

任务目标

熟练使用 Project5GPro 软件，完成室外共建宏站的勘察、设计、概预算编制和安装部署等内容。

7.2.1 工程选择与存档

与任务 7.1 类似，在此新建一个工程，然后新建一个存档，命名为“共建宏站”，并在说明处填写相关信息，如图 7.24 所示。

存档信息
名称
共建宏站
说明
新建塔桅+共享友商机房

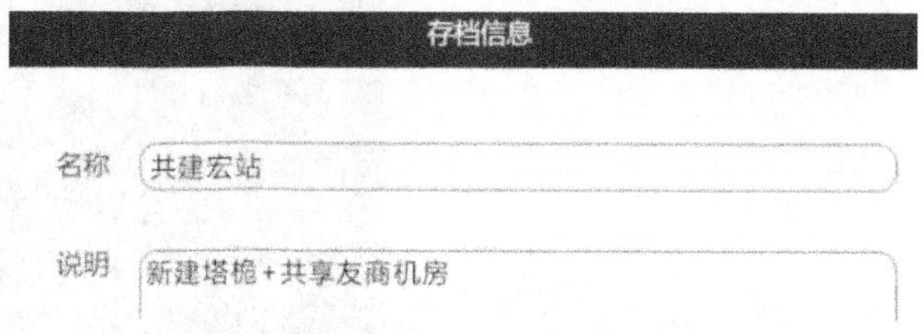

图 7.24 新建工程示意图

说明中的信息大致说明了关于本站铁塔和机房的建设概况，直接涉及工程规划的相关内容，如图 7.25 所示。

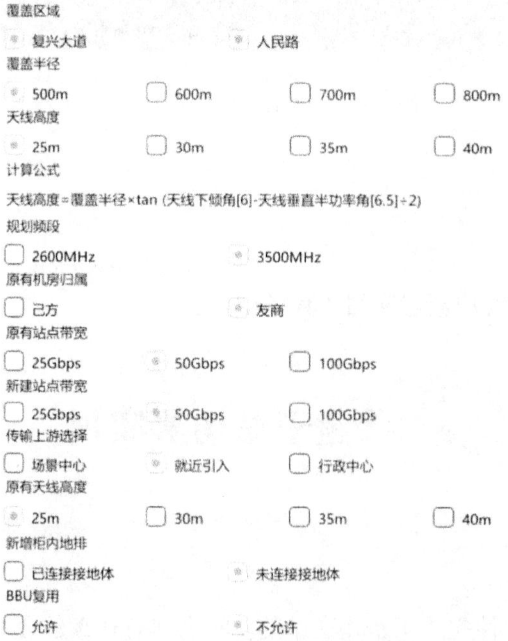

覆盖区域
复兴大道
人民路
覆盖半径
500m
600m
700m
800m
天线高度
25m
30m
35m
40m
计算公式
天线高度=覆盖半径×tan (天线下倾角[6]-天线垂直半功率角[6.5]÷2)
规划频段
2600MHz
3500MHz
原有机房归属
己方
友商
原有站点带宽
25Gbps
50Gbps
100Gbps
新建站点带宽
25Gbps
50Gbps
100Gbps
传输上游选择
场景中心
就近引入
行政中心
原有天线高度
25m
30m
35m
40m
新增柜内地排
已连接接地体
未连接接地体
BBU复用
允许
不允许

图 7.25 工程规划图

这里需要注意覆盖半径和原有资源情况。覆盖半径不同，对应的天线挂高也不同，它们将直接决定是新增铁塔还是利用旧铁塔。一般而言，原有资源信息，如原有站点带宽、原有天线挂高是不能改变的，所以一般通过新增系统的挂高需求来确定铁塔是新建还是利旧。

7.2.2　站点选址

站点选址

共建宏站的选址与新建宏站的选址步骤和方法是相同的，二者最大的区别是共建宏站在软件中强调有无通信资源可利旧。比如综合了交通、市电情况、承重要求和居民对建站的接受程度等因素对写字楼进行摸底测试，如果弹出如图 7.26 所示的提示，则表明不能在此进行建站。

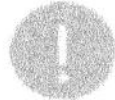

图 7.26　写字楼摸底测试

对酒店进行摸底测试后，显示信号强度很好，无需建站，如图 7.27 所示，因此最终选址为道路站。

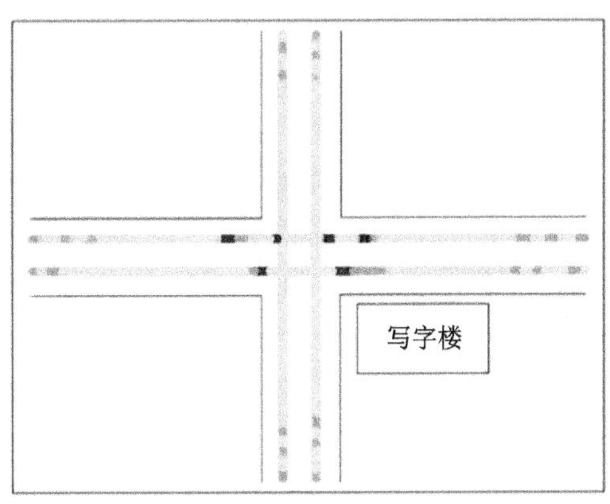

图 7.27　酒店摸底测试

7.2.3　站点勘察

站点勘察

站点勘察时需要注意以下几点：

(1) 基站配置。本工程是共享友商机房，所以 BBU 是不能复用的，即需要新增 BBU，3 个小区配置为 S111。

(2) 市电和电源利旧，所以无需新增引入外市电。

(3) 传输情况需要根据“工程规划”上游机房的选择来确定。

(4) 资源信息。由于新建设铁塔需要防雷接地，故防雷接地是利旧与新增，而传输线路、基带设备和天馈设备都是新建。

勘察页面中截取的需要注意的几点如图 7.28 所示。

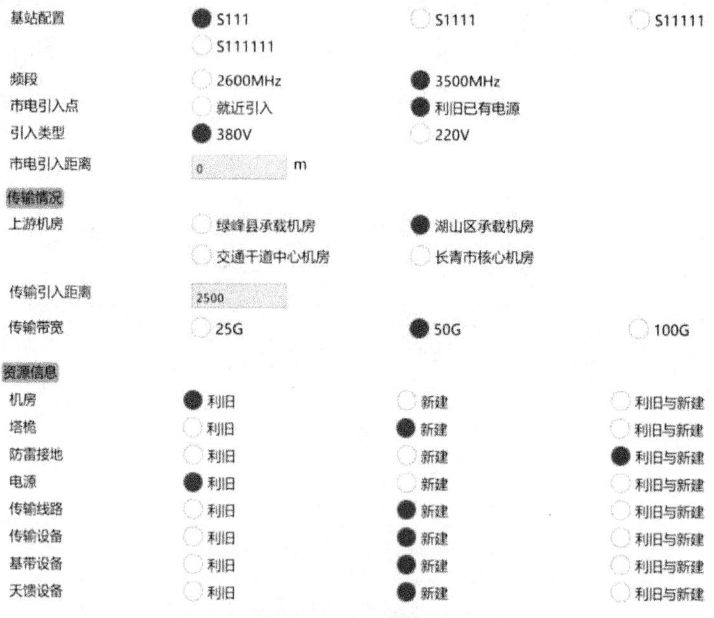

图 7.28　勘察页面中需要注意的几点

7.2.4　方案设计

方案设计包括完成天馈系统安装平面图(也即俯视图)、天馈系统安装立面图、机房设备布置平面图以及走线架布置平面图的方案设计。

天馈系统设计

(1) 天馈系统安装平面图。进行天馈系统安装平面图设计时，不需要把“利旧单管塔”拖到图中。关于小区，则需要在“天线基础参数表”中选择小区编号。完成后的天馈系统安装平面图如图 7.29 所示。

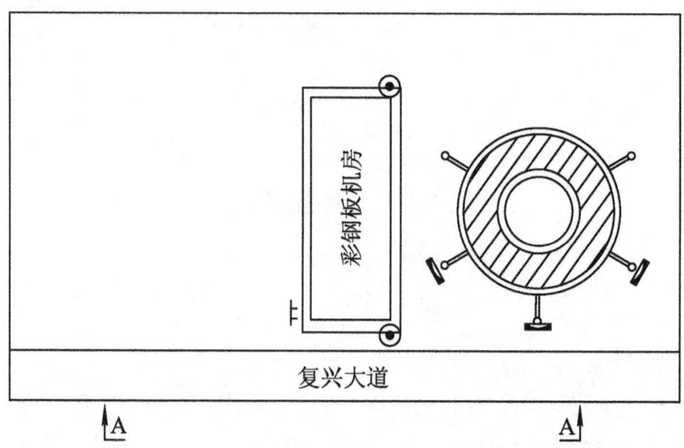

天线基础参数表

小区编号	挂高/米	方位角/(°)	机械下倾角/(°)	电子下倾角/(°)
S1	25	100	3	3
S2	25	180	3	3
S3	25	260	3	3

图 7.29　天馈系统安装平面图

(2) 天馈系统安装立面图。天馈系统安装立面图比较简单，只需要在铁塔对应高度的平台拖入三根天线、利旧彩钢板机房，并完成“北斗＋防雷器”设计即可。

机房配套设计

(3) 机房设备布置平面图。在设计机房设备布置平面图时，虽然无利旧综合柜和利旧友商的设备，但需要将勘察时机房的内部布置正确地设计在图纸中，如图 7.30 所示。

图 7.30　机房的内部布置

补充利旧电源柜和新增综合柜，然后在综合柜新增配电盒、BBU、SPN、ODF 等设备，完成之后的设计如图 7.31 所示。

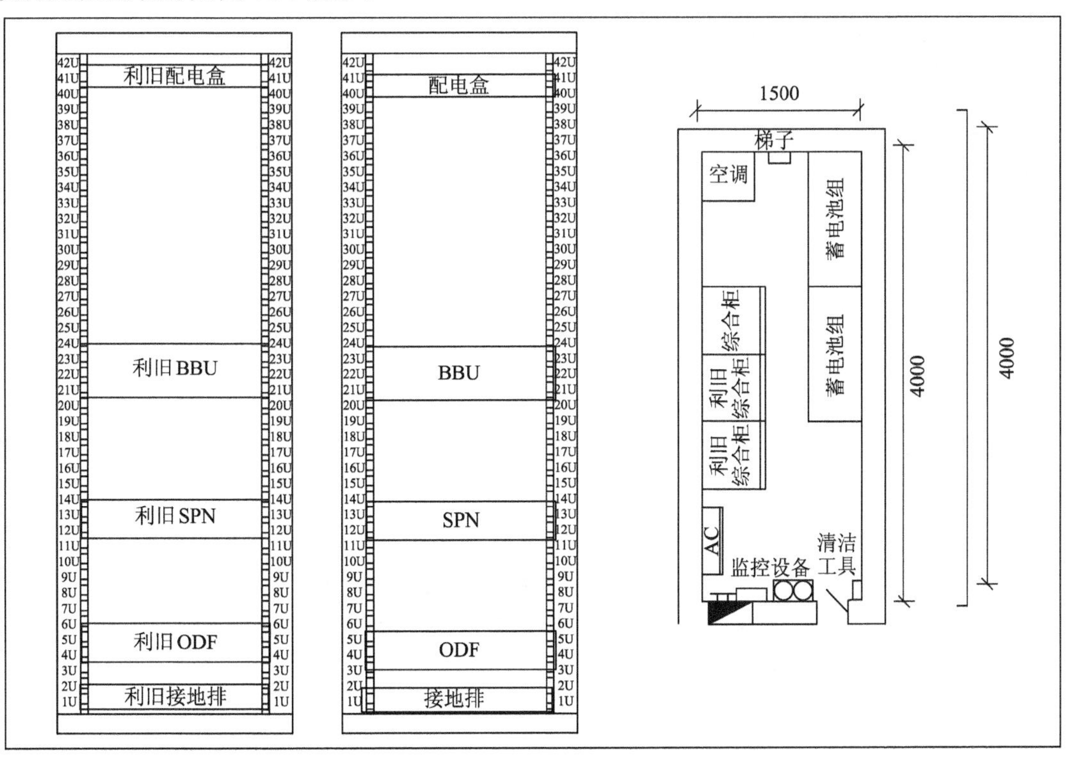

图 7.31　机房设备布置平面图

(4) 走线架布置平面图。本工程无新增走线架，只需要把“利旧彩钢板机房”图例拖入即可。

7.2.5 工程预算

表三的编制

1. 表三编制

表三包括表三甲(用于编制工程量并计算技工和普工总工日)、表三乙(用于计算机械使用费)和表三丙(用于计算仪器仪表使用费)。软件编制的表三甲如图 7.32 所示，编制时需要注意以下几点。

序号	定额编号	项目名称	单位	数量	单位定额值（工日）		概预算值（工日）	
					技工	普工	技工	普工
Ⅰ	Ⅱ	Ⅲ	Ⅲ	Ⅴ	Ⅵ	Ⅶ	Ⅷ	Ⅷ
1	TSD3-065	安装组合式开关电源(600A以下)	架	1	6.16	0.00	6.16	0.00
2	TSD6-011	安装室内接地排	个	1	0.69	0.00	0.69	0.00
3	TSD6-013	敷设室外接地母线	十米	1	2.29	0.00	2.29	0.00
4	TSW1-014	安装室内无源综合架(柜)(落地式)	个	1	1.61	0.00	1.61	0.00
5	TSW2-011	安装定向天线(地面铁塔上(高度))(40m下)	副	3	6.35	0.00	19.05	0.00
6	TSW2-052	安装基站主设备(机柜/箱嵌入式)	台	1	1.08	0.00	1.08	0.00
7	TXL7-027	增(扩)装光纤一体化熔接托盘	套	1	0.10	0.00	0.10	0.00
8	TSY2-083	安装、调测全球 定位系统(GPS)	套	1	4.00	0.00	4.00	0.00
9	TSW2-027	布放射频同轴电缆 1/2 英寸以下 4m 以下	条	1	0.20	0.00	0.20	0.00
10	TSW1-053	放绑软光纤 设备机架间放、绑 15m 以下	米条	5	0.29	0.00	1.45	0.00
11	TSW1-054	放绑软光纤 设备机架间放、绑 每增加1m	米条	60	0.02	0.00	1.20	0.00
12	TSW1-059	制作光缆成端接头	芯	96	0.15	0.00	14.40	0.00
13	TSW2-078（参）	5GNR 基站系统调测 3 个“载·扇”以下	站	1	20.68	0.00	20.68	0.00
14	TSW2-080	配合基站系统调测	站	1	4.22	0.00	4.22	0.00
15	TSW2-081	配合基站系统调测	扇区	3	1.41	0.00	4.23	0.00
16	TSW2-093（参）	5GNR 基站联网调测	扇区	3	8.68	0.00	26.04	0.00
17	TSW2-094	配合联网调测	站	1	2.11	0.00	2.11	0.00
18	TSW2-095	配合基站开通	站	1	1.30	0.00	1.30	0.00
				0	0.00	0.00	0.00	0.00
				0	0.00	0.00	0.00	0.00
				0	0.00	0.00	0.00	0.00
				0	0.00	0.00	0.00	0.00
		合计					110.81	0.00

图 7.32　编制的表三甲

(1) TSD3-065：本工程对于开关电源直接利旧了一个一次下电端子和一个二次下电端子，但软件要求选上该条定额子目。

(2) TSD6-013：因为是新建设铁塔，所以需要安装一条母线。

(3) TSW1-053 和 TSW1-054：要清楚 2 条定额的选取和数量计算依据。

(4) TSW1-059：主要是光纤托盘，在后面工程中提供的是 96 芯的光纤。

表三乙的编制相对简单，点击预算子目，选择需要的机械台班条目即可。完成后的表三乙如图 7.33 所示。

序号	定额编号	项目名称	单位	数量	机械名称	单位定额值（工日）		概预算值（工日）	
						数量(台班)	单价(元)	数量(台班)	合价(元)
I	II	III	IV	V	VI	VII	VIII	IX	X
1	TSD6-013	敷设室外接地母线	十米	1	交流弧焊机	0.04	120.00	0.04	4.80
2	TSW1-059	制作光缆成端接头	芯	96	光纤熔接机	0.03	144.00	2.88	414.72
				0		0.00	0.00	0.00	0.00
				0		0.00	0.00	0.00	0.00
		合计						2.92	419.52

图 7.33　编制的表三乙

表三丙的编制也是选择需要的仪表条目即可。完成后的表三丙如图 7.34 所示。

序号	定额编号	项目名称	单位	数量	仪表名称	单位定额值（工日）		概预算值（工日）	
						数量(台班)	单价(元)	数量(台班)	合价(元)
I	II	III	IV	V	VI	VII	VIII	IX	X
1	TSW1-059	制作光缆成端接头	芯	96	光时域反射仪	0.05	153.00	4.80	734.40
2	TSW2-078(参)	5GNR 基站系统调测 3 个"载·扇"以下	站	1	射频功率计	1.26	147.00	1.26	185.22
3	TSW2-078(参)	5GNR 基站系统调测 3 个"载·扇"以下	站	1	操作测试终端(电脑)	1.26	125.00	1.26	157.50
4	TSW2-078(参)	5GNR 基站系统调测 3 个"载·扇"以下	站	1	微波频率计	1.26	140.00	1.26	176.40
5	TSW2-078(参)	5GNR 基站系统调测 3 个"载·扇"以下	站	1	误码测试仪	1.26	0.00	1.26	0.00
6	TSW2-093(参)	5GNR 基站联网调测	扇区	3	移动路测系统	0.14	428.00	0.42	179.76
7	TSW2-093(参)	5GNR 基站联网调测	扇区	3	射频功率计	0.14	147.00	0.42	61.74
8	TSW2-093(参)	5GNR 基站联网调测	扇区	3	操作测试终端(电脑)	0.14	125.00	0.42	52.50
				0		0.00	0.00	0.00	0.00
				0		0.00	0.00	0.00	0.00
				0		0.00	0.00	0.00	0.00
				0		0.00	0.00	0.00	0.00
				0		0.00	0.00	0.00	0.00
		合计						11.10	1547.52

图 7.34　编制的表三丙

2. 表四编制

表四的编制

表四在编制时无其他需要特殊注意的内容。完成之后的表四甲如图 7.35 所示。

序号	名称	规格程式	单位	数量	单价（元）	合计（元）			备注
					除税价	除税价	增值价	含税价	
I	II	III	IV	V	VI	VII	VIII	IX	X
1	单管塔（含安装费）	45米，0.65风压，3平台间隔3米	基	1	144914.80	144914.80	8694.89	153609.69	
2	综合柜(含线缆)		个	1	1232.20	1232.20	73.93	1306.13	
3	接地排		个	1	113.00	113.00	6.78	119.78	
4	配电盒(含设备安装费与线缆)	200A	台	1	765.30	765.30	45.92	811.22	
5	GPS(含线缆)	集成避雷器GPS/北斗双模天线	个	1	632.00	632.00	37.92	669.92	
6	BBU(含线缆)	5G BBU	套	1	12756.00	12756.00	765.36	13521.36	
7	AAU3500(含线缆)	5G NR 3400-3600MHz，64T64R，100MHz	副	3	31012.00	93036.00	5582.16	98618.16	
8	ODF(含线缆)	48口	套	1	576.50	576.50	34.59	611.09	
9	SPN(含安装费及线缆)		台	1	7253.00	7253.00	435.18	7688.18	
				0	0.00	0.00	0.00	0.00	
				0	0.00	0.00	0.00	0.00	
				0	0.00	0.00	0.00	0.00	
				0	0.00	0.00	0.00	0.00	
	总计					261278.80	15676.73	276955.53	

图 7.35　编制的表四甲

3. 表二编制

表二在编制时无其他需要特殊注意的内容。完成之后的表二如图 7.36 所示。

序号	费用名称	依据和计算方法	合计（元）
Ⅰ	Ⅱ	Ⅲ	Ⅳ
	建安工程费（含税价）	一＋二＋三＋四	316378.15
	建安工程费（除税价）	一＋二＋三	297446.34
一	直接费	（一）＋（二）	287202.89
(一)	直接工程费	1＋2＋3＋4	283716.40
1	人工费	（1）＋（2）	12632.20
(1)	技工费	技工工日×114元	12632.20
(2)	普工费	普工工日×61元	0.00
2	材料费	（1）＋（2）	269117.16
(1)	主要材料费	主要材料费	261278.80
(2)	辅助材料费	主要材料费×3%	7838.36
3	机械使用费	机械台班单价×机械台班量	419.52
4	仪表使用费	仪表台班单价×仪表台班量	1547.52
(二)	措施项目费	1...15项之和	3486.49
1	文明施工费	人工费×1.5%	189.48
2	工地器材搬运费	人工费×3.4%	429.49
3	工程干扰费	人工费×6%	757.93
4	工程点交、场地清理费	人工费×3.3%	416.86
5	临时设施费	人工费×2.6%	328.44
6	工程车辆使用费	人工费×5%	631.61
7	夜间施工增加费	人工费×2.5%	315.81
8	冬雨季施工增加费	人工费×1.8%	227.38
9	生产工具用具使用费	人工费×1.5%	189.48
10	施工用水电蒸汽费	按实记取	0.00
11	特殊地区施工增加费	按实记取	0.00
12	已完工程及设备保护费	按实记取	0.00
13	运土费	按实记取	0.00
14	施工队伍调遣费	按实记取	0.00
15	大型施工机械调遣费	按实记取	0.00
二	间接费	（一）＋（二）	7717.01
(一)	规费	1＋2＋3＋4	4255.79
1	工程排污费	按实记取	0.00
2	社会保障费	人工费×28.5%	3600.18
3	住房公积金	人工费×4.19%	529.29
4	危险作业意外伤害保险费	人工费×1.00%	126.32
(二)	企业管理费	人工费×27.4%	3461.22
三	利润	人工费×20%	2526.44
四	销项税额	(一＋二＋三－主要材料费)×9.00%＋所有材料销项税额	18931.81

图 7.36 编制的表二

表二的编制

4. 表五编制

表五的编制也无特殊需要注意的，只需要清楚软件中表五显示的“工程费”和“建筑安装费”其实就是表二的“建安工程费”，然后按照相关的费率完成计算即可。完成编制的表五甲如图 7.37 所示。

工程建设其他费预算表(表五甲)

序号	费用名称	计算依据及方法	合计（元）			备注
			除税价	增值税	含税价	
	Ⅱ	Ⅲ	Ⅳ	Ⅴ	Ⅵ	Ⅶ
1	建设用地及综合赔补费					不计取
2	项目建设管理费	工程费（除税价）×2%	5948.93	356.94	6305.87	财建（2016）504号
3	可行性研究费					不计取
4	研究试验费					不计取
5	勘察费	4250元/站	4250.00	255.00	4505.00	计价格[2002]10号
6	设计费	工程费（除税价）×4.5%	13385.09	803.11	14188.20	计价格[2002]10号
7	环境影响评价费					不计取
8	建设工程监理费	工程费(折前建筑安装费＋设备费)×3.30%	9815.73	588.94	10404.67	发改价格[2007]670号
9	安全生产费	建筑安装费×1.50%	4461.70	401.55	4863.25	工信部通信[2012]213号
10	引进技术及进口设备其他费					不计取
11	工程保险费					不计取
12	工程招标代理费					不计取
13	专利及专利技术使用费					不计取
14	其他费用					不计取
15	生产准备及开办费（运营费）					不计取
	合计		37861.45	2405.54	40266.99	

图 7.37 编制的表五甲

表五的编制

5. 表一编制

表一的编制

表一为工程预算总表，在软件中只需要将表二的建筑安装工程费和表五的工程建设其工程建设其他费填入表一即可。完成编制的表一如图 7.38 所示。

序号	表格编号	费用名称	小型建筑工程费	国内安装设备费	不需安装的设备、工器具费	建筑安装 工程费	其他费用	预备费	总价值			
			预算价值（元）						除税价	增值价	含税价	其中外币
Ⅰ	Ⅱ	Ⅲ	Ⅳ	Ⅴ	Ⅵ	Ⅶ	Ⅷ	Ⅸ	Ⅹ	Ⅺ	Ⅻ	ⅩⅢ
1	表二	建筑安装工程费				297446.34			297446.34	18931.81	316378.15	
2	表五	工程建设其他费					37861.45		37861.45	2405.54	40266.99	
		总计				297446.34	37861.45		335307.79	21337.35	356645.14	

图 7.38　编制的表一

7.2.6　工程实施

工程实施

室外工程实施主要进行 AAU 的安装，方位角、下倾角的设置以及相关的线缆连接。铁塔平台处有接地排，可以切换视角完成接地线连接。其他线缆则需要机房设备完成之后才能引接到 AAU。完成实施后的室外部分如图 7.39 所示。

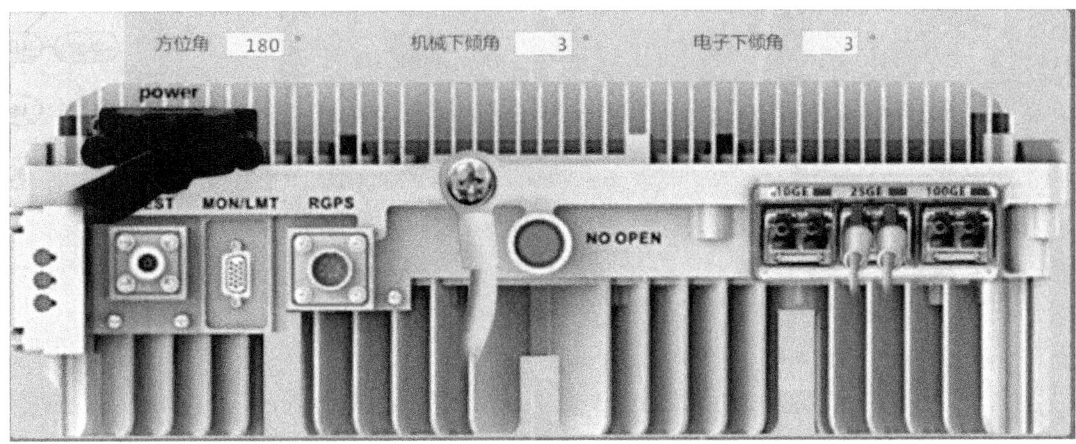

图 7.39　室外部分工程实施完成的示意图

正如设计方案所示，虽然并无利旧友商的综合柜和主设备，但软件要求在工程实施时也需将此部分内容展示出来，并按照设计方案的排列进行施工。利旧部分在软件中用黄色的图例显示，新增部分则用蓝绿色的设备表示。完成之后的工程实施如图 7.40 所示。

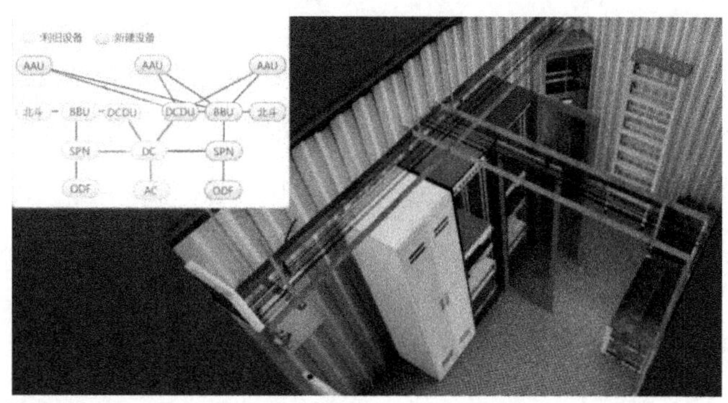

图 7.40 机房实施完成示意图

只有安装好配电盒才能向 AAU 引接电源线，安装了 BBU 才能从基带板向 AAU 引接光纤。此外，从 SPN 引接 LC-FC 光纤至 ODF 时需要选择正确的光端口。

7.2.7 工程验收

工程验收

工程验收内容较简单，是对工程设计与实施的评估。在软件操作时显示的工程验收界面与新建宏站的界面有所区别，需要分别测试信号输出、覆盖区域、语音呼叫和数据业务。如果其中任何一个指标不满足要求，则表示验收不通过，需要重新检查实施内容直至通过为止。通过工程验收的工程示意图如图 7.41 所示。

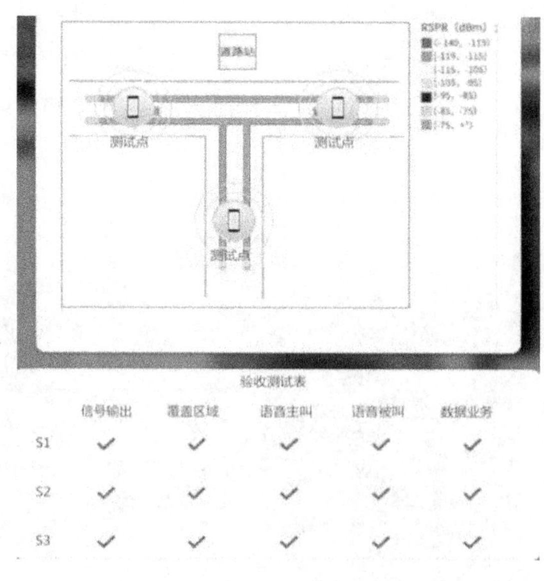

验收测试表

	信号输出	覆盖区域	语音主叫	语音被叫	数据业务
S1	✓	✓	✓	✓	✓
S2	✓	✓	✓	✓	✓
S3	✓	✓	✓	✓	✓

图 7.41 工程验收示意图

■ 课后习题

使用 Project5GPro 软件，完成共建宏站仿真操作配置。

参 考 文 献

[1] 王建平，陈改霞，耿瑞焕，等. 无线网络技术[M]. 北京：清华大学出版社，2020.
[2] 易著梁，黄继文，陈玉胜. 4G 移动通信技术与应用[M]. 北京：人民邮电出版社，2017.
[3] 梁雪梅，白冰，方晓农，等. 5G 网络全专业规划设计宝典[M]. 北京：人民邮电出版社，2019.
[4] 刘忠，陈佳莹，林磊. 新一代 5G 网络：从原理到应用[M]. 北京：中国铁道出版社有限公司，2021.
[5] 杨光. 通信工程勘察设计与概预算[M]. 北京：高等教育出版社，2020.
[6] 华为技术有限公司. HUWEI GSM DBS3900 硬件结构与原理，2008.
[7] 爱立信(中国)通信有限公司. 爱立信数字基站的操作与维护，2006.
[8] 华为技术有限公司. HUWEI GSM DBS3900 硬件结构与原理，2008.
[9] 中兴通讯股份有限公司. 中兴通讯 UTRAN 设备及配置介绍，2012.
[10] 中兴通讯股份有限公司. LTE 基本原理及关键技术，2013.
[11] 中兴通讯股份有限公司. ZXSDLVBOX 实习指导手册，2014.
[12] 中通服咨询设计研究院有限公司. 5G 无线网工程施工指导手册，2020.
[13] 中国铁塔股份有限公司. 中国铁塔美化机房参考图层，2016.
[14] 中国铁塔股份有限公司海南省分公司. 中国铁塔股份有限公司海南省分公司 5G 网络外市电精细化建设指导原则，2020.
[15] 中国铁塔股份有限公司海南省分公司. 中国铁塔股份有限公司海南省分公司 5G 网络动力配套精细化建设指导原则，2020.
[16] 华为技术有限公司. 华为 5G 电源解决方案，2020.
[17] 深圳市艾优威科技有限公司. 5G 站点实操课程，2022.